The Sence of Wonder

センス・オブ・ワンダーへのまなざし

レイチェル・カーソンの感性

多田 満——［著］

東京大学出版会

Our Life with "*The Sense of Wonder*":
Seeing Through Rachel Carson's Eyes
Mitsuru TADA
University of Tokyo Press, 2014
ISBN 978-4-13-063341-3

はじめに

「『真の人生』にいちばん近いものは、たぶん幼年時代である」（フランスの詩人アンドレ・ブルトン）。一方、理性＝損得勘定によってすべてがあらかじめ定められているのが、「おとなの生活」である。つまり、幼年時代はいつも新鮮で、驚きと感動にみちあふれているのに、われわれの多くは大人になるまえに、美しいものや畏敬すべきものへの直感力（センス・オブ・ワンダーの感性）をにぶらせ、あるときはまったく失ってしまうのである。

センス・オブ・ワンダーの感性は、環境問題の古典『沈黙の春』（一九六二年）で知られるレイチェル・カーソンの思想を形づくる根底にあり、『センス・オブ・ワンダー』（一九六五年）をはじめ『潮風の下で』（一九四一年）や『海辺』（一九五五年）など彼女の作品すべてに見出すことができる。

そもそも感性とは、目や耳、鼻などの感覚を通して外界に反応する、人にとっては肉体的にも精神的にも、その生存や生命の本質にかかわる能力である。「われ感じるゆえにわれあり」（今西錦司・生態学者）。自然の息づかいを感じる。人の心を感じる。神の気配を感じる。すべて感性のはたらきである。

一方、西田幾多郎（哲学者）は『善の研究』（一九一一年）のなかで、哲学の課題は真理の探究にあるというよりも、むしろよき生の探究にあると述べている。「真理とはなにか」ということと、「善とはなにか」ないし「よき生とはなにか」ということは、分けることができないものであり、真理はよき生のために必要なのであって、よき生は真理のために必要なのではない。ソクラテス（古代ギリシャの哲学者）も述べているように、よき生、つまり「よく生きる」ことが第一のことであり、根本なのである。

本書は、科学技術による物質的な豊かさだけでなく、精神的な豊かさが求められる現代社会のなかで「よく生きる」、すなわち、人類が育んできたセンス・オブ・ワンダーの感性をはたらかせて、それぞれが「感性に生きる」（自然や人と調和して生きる）ために書いたものである。

古来より日本人は、感性をはたらかせて三つの調和のなかで生きてきた。それは、自然（生きものや生命）との調和（つながり）、人との調和（感謝と思いやり）、神（自然に宿る神や精霊、あるいは祖霊などの見えないもの）との調和である。これら三つの調和により、感動する心や人生を愛する心が養われ、健全な精神も育まれるのであろう。

東日本大震災後の「生活の豊かさについてなにかあなたの価値観で変化があったこと」についてのアンケートでは、「身近なところにある重要性に気がついた」がもっとも多かった。身近なところにある自然や社会に対して生命の本質にかかわる感性（センス・オブ・ワンダー）をはたらかせることで、人間本来の生命力やエネルギーを取り戻すこともできるのではないだろうか。それがまた震災後の「希望」につながるのではないかと思われる。

陽光降りそそぐノルマンディー地方（フランス北西部）の自然を生涯にわたってこよなく愛したクロード・モネ（画家）は、こう語っている。「私は、鳥が歌うように、絵を描きたい」と。自然のなかで鳥も人も同じ世界を見ているけれども、その世界は違っていて、それぞれべつの世界がある。自然と深くつき合っていく、すなわち「センス・オブ・ワンダー」の体験をかさねるうちに、われわれはそのような多様な世界のなかで生きていることに気づかされる。

ところで環境研究は、「自然と社会と生命のかかわりの理解にもとづいた」研究とされる。それによって、「いかに生きていくか」の統合的なビジョン（世界観やエコフィロソフィなど）を人びとに提示することも必要であろう。そこで本書では、自然、科学、芸術、生命、社会それぞれのセンス・オブ・ワンダーとのかかわりから、自然観や社会観、生命観などの世界観につながる理解を試みている。

「良い書物を見出すこと、良い少数の友人を作ること、これは人生における一つの『出会い《エンカウンター》』である」（南原繁・元東京大学総長）。生涯において、思わぬときに、思わぬ人にめぐりあう、また思わぬ良書にめぐりあうことがある。そしてこれがその人の一生涯を決定的なものにすることがある。その書物（とりわけ古典とよばれるもの）や友人が、生涯を通じて変わらぬ「よく生きる」ための伴侶や嚮導者となることがある。本書を通して『センス・オブ・ワンダー』をはじめとするカーソンの著書が、「良い書物」との「出会い」になることを願っている。

本文中で用いたカーソンの著書の訳文は、おもに『センス・オブ・ワンダー』と『海辺』（以上、上遠恵子訳）、『沈黙の春』（青樹簗一訳）からの引用であり、翻訳をされた両氏にお礼申し上げる。

センス・オブ・ワンダーへのまなざし／目次

はじめに

センス・オブ・ワンダーへのまなざし

レイチェル・カーソン没後五〇年に捧ぐ

レイチェル・カーソンの言葉——地球の美しさについて深く思いをめぐらせる人は、生命の終わりの瞬間まで、生き生きとした精神力をたもちつづけることができるでしょう

地球のこよなき美しさは、生命の輝きのなかにあり、それはすべての花びらに新しい思考を生みおとす。われわれは、美しさに心を奪われている時にのみ、真に生きているのだ。他のすべては幻想であり、忍耐に過ぎない——リチャード・ジェフリーズ

上遠恵子訳

サクラバラ
（イラスト：祐季子）

第1章――カーソンとセンス・オブ・ワンダー

1　レイチェル・カーソンの生涯とその思想

「海の伝記作家」カーソン

一九〇七年五月二七日、レイチェル・L・カーソン（一九〇七〜一九六四）は、アメリカ合衆国ペンシルベニア州のピッツバーグを二〇キロほど北に行ったアレゲニー川沿いのスプリングデールで生まれた。当時、人口約二五〇〇人の静かな小さな町だった。アレゲニー Allegheny という名前は、ネイティブアメリカンの言葉で「美しい川」という意味で、そこには美しい田園風景が広がっていた。

文学と音楽を愛する母マリアは、姉兄とはやや年齢の離れた末っ子のレイチェルをことのほかかかわいがり、早くから読み聞かせをしていた。それとともに彼女は、母親と一緒に、森や野原、小川のほとりを散歩し、自然の神秘と美しさに目を見はりながら少女時代を過ごした。後年、カーソンは母のことを、「私が知っている誰よりも、アルベルト・シュバイツァー（一八七五〜一九六五）の『生命への畏敬』を体現していた。生命あるものへの愛は、母の顕著な美点でした」と語っている。

その後、少女時代からの夢であった作家を目指すために、ペンシルベニア州の女子大学に入学したものの、二年のときに必須科目だった生物学にすっかり惹きつけられ、メリーランド州のジョンズ・ホプキンズ大学大学院に進学した。その夏、マサチューセッツ州の、大西洋に面したウッズホール海洋生物研究所での六週間の生活を「生涯でもっとも幸福な日々」と回想している。

大学の寄宿舎の窓を雨と風が激しくたたいていたある夜、ヴィクトリア朝時代のイギリスの詩人A・テニスン（一八〇九〜一八九二）の詩の一節「強い風が海に向かって咆哮している。さあ、私も行こう」が心に燃え上がってきて、「私の進路が、かつて見たこともない海に通じていること、私自身の運命が海となんらかのかかわりをもっていることを告げているかのようでした」と語っている。

カーソンは、大学院の修士課程を修了後、アメリカ内務省の漁業局（のちに魚類・野生生物局）の生物専門官に採用された（一九三六年）。彼女に与えられた仕事は、海洋資源などを解説する広報誌の執筆と編集であった。その後、局長のすすめによって全国誌『アトランティック・マンスリー（*The Atlantic Monthly*）』に送った原稿「海のなか（Undersea）」が一九三七年九月号に掲載された。この短編がきっかけとなり、『潮風の下で（*Under the Sea-Wind*, 1941）』は出版され、大学時代に、生物学への途を選ぶことによって、断念した作家への途が再び開かれたといえよう。

その後、『潮風の下で』とともに「海の三部作」とよばれる、『われらをめぐる海（*The Sea Around Us*, 1951）』、『海辺（*The Edge of the Sea*, 1955）』を発表し、いずれもアメリカではたいへんなベストセラーになった。なかでも『われらをめぐる海』は、「海の伝記作家」カーソンの描いた「海の伝記」とよばれている。雄大な海の生命力や不思議さ、美しさが、見事に表現されていて、さながら、生命あふれる海の叙事詩のようでもある。さらに、海の生物が「断つことのできない絆」で結ばれているという「食物連鎖」にかかわる考え方は、『潮風の下で』にすでにあらわれていたが、それが『沈黙の春（*Silent Spring*, 1962）』では大きな役割を占めることになる。『われらをめぐる海』の成功で経済的な基盤を得たカーソンは、一九五二年に公務員の職を辞し、ようやく執筆に専念できるようになった。

『海辺』では、海辺に生息する生物の形態や生態とその地質学的環境を詳細に観察し、海の「生物学的様相」を描いている。それだけでなく、海辺がいかに「美と魅力に溢れた場所」であるかについて、「私は海辺に足を踏み入れるたびに、その美しさに感動する」と、カーソンは述べている。

晩年の五年間は、「病気のカタログ」と表現したほど矢継ぎ早に襲ってくる病魔の攻撃に耐えながら、『沈黙の春』を雑誌『ニューヨーカー』に書き上げ、そのうえ産業界からの批判を受けて闘った。「この連載記事は、当時の社会に先鋭化しつつあった不安な世相を見事につかみ、『沈黙の春』は一躍ベストセラーとなった。人体および生態系に及ぼす合成殺虫剤の危険性を説いた同書は、今ではこの分野の古典である」と、のちに世界自然保護基金（ＷＷＦ）の科学顧問シーア・コルボーン（一九二七〜）らは、『奪われし未来（*Our Stolen Future*, 1996）』のなかで述べている。

カーソンは、『沈黙の春』を書き終えたとき、自分に残された時間がそれほど長くないことを知り、最後の仕事として、『ウーマンズ・ホーム・コンパニオン』という雑誌に「あなたの子どもに不思議さへの目を開かせよう（Help Your Child to Wonder, 1956）」と題して掲載されたエッセイに手を加えはじめた。しかし、それを新たな作品に完成させることができず、亡くなった翌年、彼女の夢を果たすべく、友人たちによって一冊の本として出版された。それが、『センス・オブ・ワンダー（*The Sense of Wonder*, 1965）』である。

それには、カーソンの二つのメッセージが込められている。ひとつは、子どもをもつ親に向けたメッセージであり、子どもに生まれつき備わっている「センス・オブ・ワンダー」をいつも新鮮に保ちつづけるためには、少なくともひとり、大人がそばにいて、自然についての発見の喜びや感動を一緒にわかちあうことが大切だということである。もうひとつは、われわれすべての人びとに向けたメッセージであり、それは、地球の美しさと神秘を感じとることの意義と必要性である。地球の美しさと神秘を感じとれる人は、生きていることへの喜びを見出すことができ、生き生きとした精神力を生涯保ちつづけることができるのである。

カーソンの環境思想——六つのセンス

環境問題の古典ともよばれる『沈黙の春』や『センス・オブ・ワンダー』をはじめとするカーソンの作品から、彼女の意思を未来に向かって語り継ぐとき、次に示す六つのセンスSenseにまとめることができる。それらはまた、カーソンの環境思想を形づくるものである。

①神秘さや不思議さに目を見はる感性（Sense of Wonder）

カーソンは、「もしもわたしが、すべての子どもの成長を見守る善良な妖精に話しかける力をもっているとしたら、世界中の子どもに、生涯消えることのない『センス・オブ・ワンダー＝神秘さや不思議さに目を見はる感性』を授けてほしいとたのむでしょう」と、破壊と荒廃へとつき進む現代社会のあり方にブレーキをかけ、自然との共存というべつの道を見出す希望を、子どもたちの感性のなかに期待している。

子どもたちのセンス・オブ・ワンダーは自然に備わっているので、われわれはそれを新鮮なまま保ちつづけることが必要なのであると述べているように、教育の過程を通じて子どもたちのセンス・オブ・ワンダーを維持していくことが大切である。

「環境基本法」（一九九三年制定）にもとづく政府全体の基本的計画である「第一次環境基本計画」（一九九四年）では、環境教育の推進に際して重視・留意すべき点として、「自然の仕組み、人間活動と環境の関わり、その歴史・文化等についての理解だけではなく、自然とのふれあい体験等を通じて自然に対する感性や環境を大切に思う心を育てること、特に、子どもに対しては、人間と環境の関わりについての関心と理解を深めるための自然体験や生活体験の積み重ねが重要である」と指摘している。この感性は、まさにセンス・オブ・ワンダーであり、カーソンが、『センス・オブ・ワンダー』でわれわれに語りかけた内容そのものである。

②生命に対する畏敬の念（Sense of Respect）

カーソンは、われわれが生存しつづけるためには、生態系のすべての構成員を含めて自然と共存することの必要性を認識しなければならないと強調した。『沈黙の春』はシュバイツァーに捧げられたが、この世を去る少し前に、野生生物保護委員会の理事になり、「人間は、すべての生物に対して思いやりをかけるシュバイツァー的倫理――生命に対する真の畏敬――を認識するまでは、けっして人間同士の間でも平和に生きられないであろう」と自らの生命についての考え（信念）を残している。

③自然との関係において信念をもって生きる力（Sense of Empowerment）

『センス・オブ・ワンダー』で、「地球の美しさについて深く思いをめぐらせる人は、生命の終わりの瞬間まで、生き生きとした精神力をもちつづけることができるであろう」「自然界に接することの喜びと意義は、科学者だけが享受するものではない」「自然の美は、あらゆる個人や社会にとって、かれらが精神的な発達をとげるために必要な場である」とカーソンは確信している。

④科学的な洞察（Sense of Science）

『沈黙の春』のなかで、化学物質（殺虫剤）の生物への蓄積データから、生態学的な方法により食物連鎖による生物間のつながりを明らかにして、最後には、その影響が人間に及ぶことを警告している。これらは、化学物質の生態系へのリスク、すなわち生態リスク（生態系に悪影響を及ぼすおそれ）の考え方に結びついている。また、ＤＤＴ（有機塩素系殺虫剤）による鳥類への生殖異常から内分泌攪乱性の化学物質（環境ホルモン）の存在を予見していた。

一方で、「まだ生まれ出てこない未来の子孫たちのために、なんとしても、癌予防の努力をしなければならない」と、「予防」に重点を置いて、化学的発がん物質を現代の社会からできるだけ取り除くことの決意を促している。また、「胎児がさらされる化学薬品はわずかの量にすぎないが、年のゆかぬ子どもほど毒に敏感に反応することを考えれば、その作用を無視するわけにもゆかない」と、化学物質の低濃度曝露によるリスクに着目している。胎内で活発に細胞分裂をくりかえす胎児、あるいは乳幼児などは、化学物質の影響を受けやすいのである。これらは、未然に健康被害を回避するための化学物質の健康リスク（ヒトの健康に悪影響を及ぼすおそれ）の考え方に結びついた。

いままでは、健康リスク評価を発がん性や内分泌攪乱性と低濃度曝露に着目しておこない、環境リスク（健康リスクと生態リスク）の観点から化学物質の規制をおこなっている。今後は、胎児や乳幼児などの脆弱集団を対象にその評価基準の検討が必要とされる。

また、化学薬品の廃棄物や降下物が、放射能の効果を強めることや、「化学薬品は、たがいに作用しあい、姿をかえ、毒をます」と、化学物質の複合汚染による相乗効果を予測している。さらに、農薬などによる化学的防除に代わる、遺伝学や生理生化学、生態学など生物学の方法による生物学的防除の必要性を説いており、これは、広く代替原則の考え方につながった。

⑤環境破壊に対する危機意識（Sense of Urgency）

『沈黙の春』で、「植物は、錯綜した生命の網の目のひとつで、草木と土、草木同士、草木と動物のあいだには、それぞれ切っても切り離せないつながりがある。もちろんわれわれ人間が、この世界をふみにじらなければならないようなことはある。だけど、よく考えた上で手を下さなければならない。忘れたころ、思わぬところで、いつどういう禍いをもたらさないともかぎらない」と自然の生態系が破壊される危険性を指摘している。

⑥自主的な判断（Sense of Decision）

『沈黙の春』で、「どんなおそろしいことになるのか、危険に目覚めている人の数は本当に少ない」「私たち自身のことだという意識に目覚めて、みんなが主導権をにぎらなければならない。いまのままでいいのか、このまま先へ進んでいっていいのか。だが、正確な判断を下すには、事実を十分知らなければならない。ジャン・ロスタンは言う――《負担は耐えねばならぬとすれば、私たちには知る権利がある》」と述べている。そして、安全で安心な社会のために、カーソンのいう「べつの道」に進んでいく確かな判断を、自分たち一人ひとりが下さなければならない。

2 『センス・オブ・ワンダー』を読む

センス・オブ・ワンダーの世界

カーソンは『センス・オブ・ワンダー』で、子どもたちの世界は、いつも生き生きとして新鮮で美しく、驚きと感激に満ちあふれているのに、われわれの多くは大人になるまえに澄みきった洞察力や美しいもの、畏敬すべきものへの直感力をにぶらせ、あるときはまったく失ってしまう。もしも、すべての子どもの成長を見守る善良な妖精に話しかける力をもっているとしたら、世界中の子どもに、生涯消えることのない「センス・オブ・ワンダー＝神秘さや不思議さに目を見はる感性」を授けてほしいとたのむであろうと述べている。

そして、「大都会の密集地帯に育った若者は、有機的創造物の美と調和を知るようになる機会をほとんどもたない」とオーストリアのコンラート・ローレンツ（動物行動学者、一九〇三〜一九八九）の『人間性の解体（*Der Abbau des Menschlichen*, 1983）』の言葉にあるように、『センス・オブ・ワンダー』には、「有機的創造物」である生きもの（生命）や自然の「美と調和」に接することの大切さが語られている（第2章）。

カーソンは、海辺の生命に「小さくはかないもの」を見つけ出すとともに、妖精や精霊などの人間を超えた存在を認識し、おそれ、驚嘆する感性を育み強めていくことのなかに、永続的で意義深いなにかがあると信じ、「自然の力（普遍の『生命力』）」には、それ自体の美しさと同時に、象徴的な美と神秘がかくされていると述べている。

また、イギリスの博物学者リチャード・ジェフリーズ（一八四八〜一八八七）の『わが心の記（*Story of My Heart: My Autobiography*, 1883）』を読んでいるとき、そのなかの「地球のこよなき美しさは、生命の輝きのなかにあり、それはすべての花びらに新しい思考を生みおとす。われわれは、美しさに心を奪われている時にのみ、真に生きているのだ。他のすべては幻想であり、忍耐に過ぎない」[(1)]（P・ブルックス、上遠恵子訳）という数行の文章は、「ある意味において、私が生きて来た信条（信念）の声明です」とカーソンは述べている。この信念を支えたのは、シュバイツァーから受け継いだ生命へのかぎりない畏怖と敬意である「生命への畏敬」と自身の「センス・オブ・ワンダー」という感性であったといえる。

美は、欲、疑い、関心、理屈にとらわれず、それはどうなっているのか、それにはどんな意味があるのか、なんの役に立つのか、いかにあるべきかの問いを起こさせない。これらの問いを無効にする。鳥の渡り、潮の満ち干、春を待つ固い蕾のなかには、それ自体の美しさと同時に、象徴的な美と神秘がかくされている。自然がくりかえすリフレイン――夜の次に朝がきて、冬が去れば春になるという確かさ――のなかには、かぎりなくわれわれをいやしてくれるなにかがあるとカーソンは語っている。そして、自然にふれるという終わりのない「よろこび」は、けっして科学者だけのものではなく、大地、海、空とそこにすむ驚きに満ちた生命の輝きのもとに身を置くすべての人が手に入れられるものなのである。

フランス文学者で、哲学者の森有正（一九一一～一九七六）は、『木々は光を浴びて』（一九七二年）というエッセイ集のなかで、北海道の支笏湖を訪れ、湖畔の原生林を歩いた際に抱いたある印象について、「人間がつくった名前と命題とに邪魔されずに、自然そのものが裸で感覚の中に入って来るよろこび、いなそれは『よろこび』以前の純粋状態だ。あとになってから、私のこの状態に『よろこび』という名をつけるのだ」と記している。これらの「よろこび」につながる人間本来のもっている根源的な感性が、センス・オブ・ワンダーなのである。

ところでカーソンは、『センス・オブ・ワンダー』の執筆の意図について、「美を感じる心や、新しい未知なるものに出会う感動、共感、憐れみ、賞賛、そして愛、といった感情がいったん呼び覚まされれば、だれしもその感情の対象について、知識を得たいと願うものだ」と表現している。それは、美しいものを美しいと感じる感性がひとたびよびさまされると、次はその対象となるものについてもっと知りたいと思うようになる。そのようにして見つけ出した知識は、しっかりと身につくものであることを示している。

たとえば、海辺の生物を理解するための知識は、美しいホネガイやテンシノツバサガイの貝殻を拾

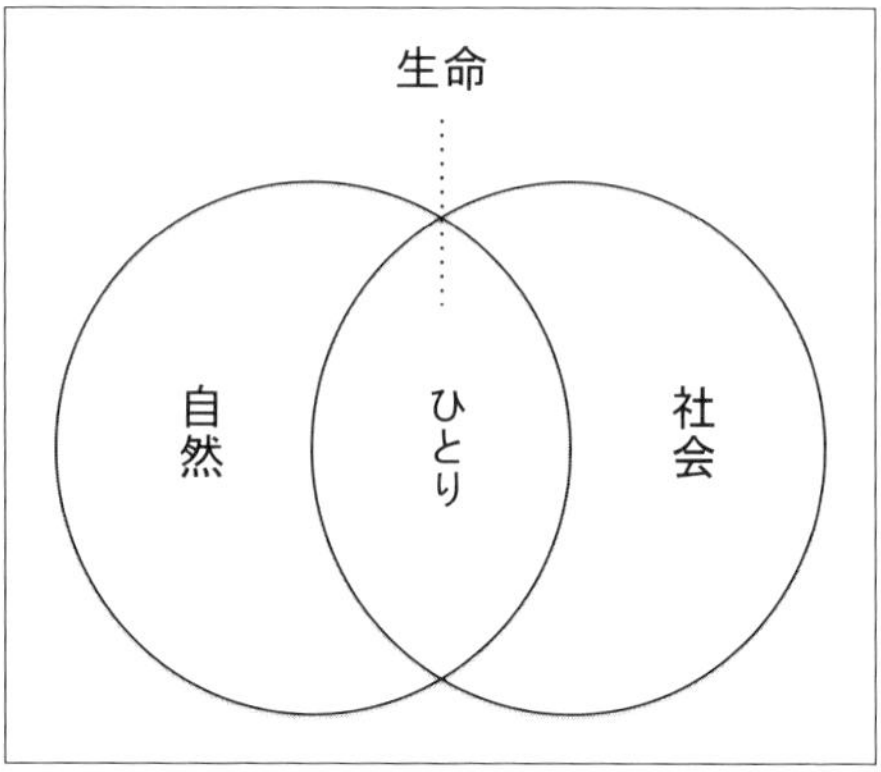

図 1-1　人間について。人間一人ひとりは、自然の一部（一員）であり、社会の一部であり、それらのあいだで感性をはたらかせて生きている生命である。

い上げて、「これはホネガイだ」とか、「あれはテンシノツバサガイだ」というだけでは十分ではない。真の知識は、空の貝殻にすんでいた生物のすべてに対して直観的な理解力を求めるものなのである。それは、波や嵐のなかで、かれらはどのようにして生き残ってきたのか、どんな敵がいたのだろうか、どうやって餌を探し、種を繁殖させてきたのか、かれらがすんでいる特定の海の世界との関係はなんであったのかというような生態学にかかわる知識である。

カーソンは『センス・オブ・ワンダー』で、生きものや自然の「美と調和」に接することの大切さを語り、破壊と荒廃へとつき進む現代社会のあり方にブレーキをかけ、自然との共存という「べつの道」を見出す希望を、幼いものたちの感性のなかに期待している。「幼い日々は広い海」、子どもたちは「感性の海」を生きている。そして、地球（自然）の美しさと神秘を感じとる感性、「センス・オブ・ワンダー」を大人になってからももちつづけることは、地球（生態系）を健全に保つために必要なことである。さらに、自然（生態系）に対してだけでなく、人間がつくりだす社会に対しても、その感性を敏感にはたらかせていかなければならない。人はそれぞれ、自然とつながり、社会とつながり、それらのあいだにおいて、感性でもってかかわりながら生きている。それが、すなわち人間なのである（図1-1）。

三つのセンス・オブ・ワンダー

『センス・オブ・ワンダー』の「センス sense」は、「感性」と訳されているが、『広辞苑（第六版）』によると、その意味として「感覚によってよび起され、それに支配される体験内容。従って、感覚に伴う感情や衝動・欲望をも含む」とある。ここでいう感性とは、「感性を研ぎ澄ます」や「鋭い感性」で用いる「ものを見たり、聞いたり、食べたりしたとき、それに対して生まれる感情や抱くイメージ、またそれらに対する感受性」（都甲潔）のことであり、感覚・知覚によって得られる知的情報以外の情的側面を指す。母親の肌の温かみ、やわらかさ、乳の匂い、味に接して、心地よさを感じ、乳児が微笑むことに「感性」の発生の原点があろう。すなわち、それはもって生まれたヒトの本能的な感性（感じるはたらき）であり、受動的な精神能力（感覚的能力）とよべるものである。

近代日本を代表する哲学者、西田幾多郎（一八七〇〜一九四五）は、日本最初の哲学書といわれる『善の研究』（一九一一年）のなかで、草花や木を前にしたとき、われわれは「生々たる色と形とを具えた草木」に面々相対しているのであり、「純物体」的な草や木に相対しているのではない。またわれわれは単に知覚の、あるいは知識の対象としてのみ草木に相対しているのではない。草花や木は知

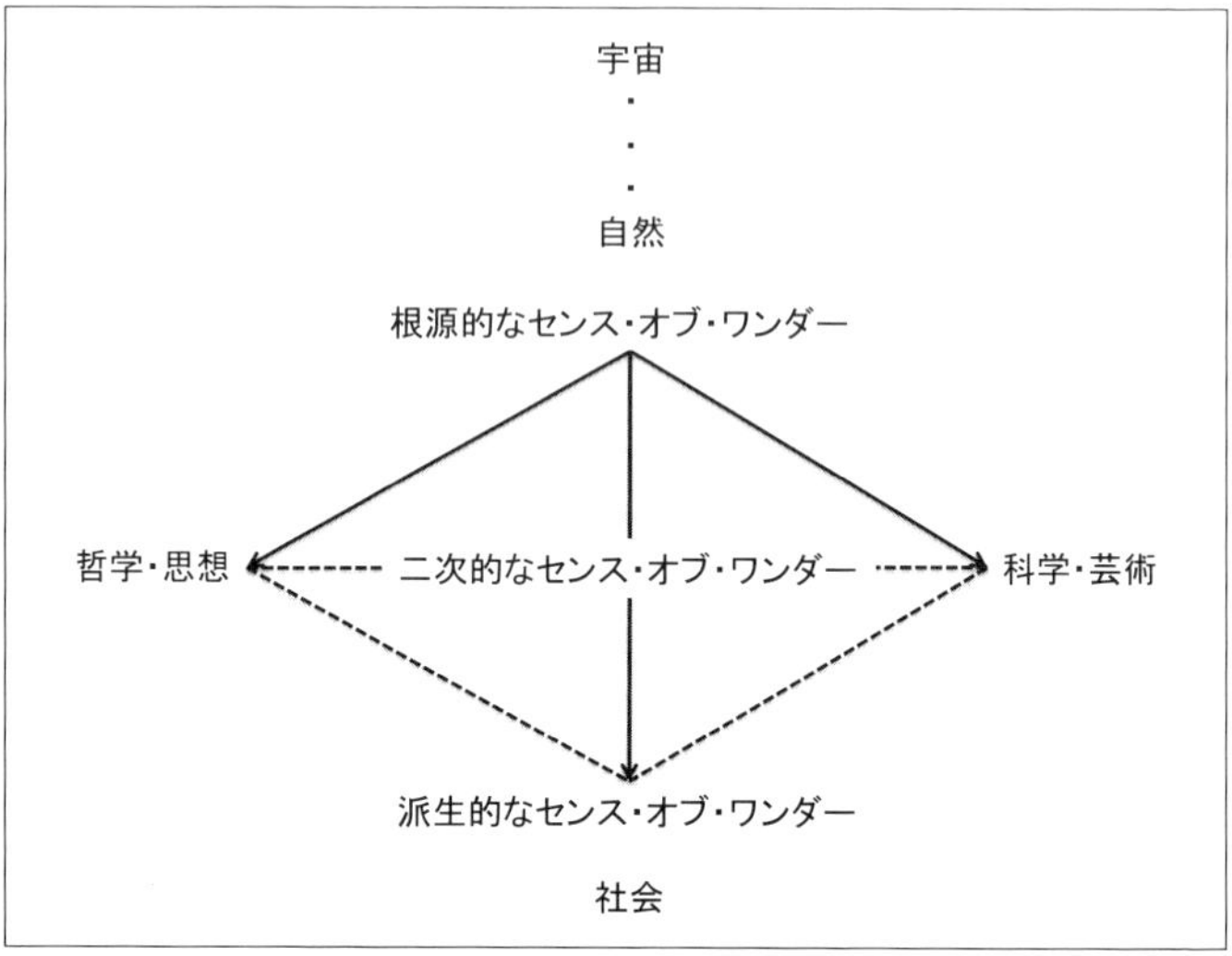

図 1-2　三つのセンス・オブ・ワンダーの関係図。

識の対象であるとともに、われわれに潤いややすらぎを与えるもの、つまり「情意より成り立ったもの」でもある、というように述べている。

『センス・オブ・ワンダー』の冒頭にあるように、ある秋の嵐の夜、一歳八カ月になったばかりの甥のロジャーを毛布にくるんで、雨の降る暗闇のなかを海岸へ下りていったように、カーソンは、ロジャーを乳幼児期のころから「自然界への探検」、海辺や森のなかに連れ出している。この経験は、西田のいう「情意」による直接的な経験、「純粋経験」(2)であり、カーソンの「センス・オブ・ワンダー」による「驚きの経験」に通ずるものである。これはまた、乳幼児期に育まれる本能的、あるいは根源的ともいえるセンス・オブ・ワンダーの感性（図1-2）であり、それを大人になってからももちつづけることで、生きる喜びを感じ、生命の終わりの瞬間まで、生き生きとした精神力を保ちつづけることができるのである。

それは、カーソンのいう「不思議なことにわたしたちは、『センス・オブ・ワンダー』を働かせることで、心の底から湧きあがるよろこびに満たされた」経験につながるものであり、イギリスの哲学者にして経済学者のJ・S・ミル（一八〇六〜一八七三）の考える「道徳的義務感とは関係なく選ぶ喜び」、すなわち、崇高な経験である「高級な喜び」であって、人びとは、それを一度経験するとまた経験したくなるというものである。このような経験から生まれる願望こそ、正しい道徳的判断の根拠であるという。

カーソンも幼少のころ、母親と一緒にあふれるばかりの不思議さをたたえた自然のなかで、根源的なセンス・オブ・ワンダーは育まれ、この「高級な喜び」を経験していたと考えられる。その後、この経験は、彼女の環境思想を形づくる六つのセンスのうちのひとつである「生命に対する畏敬（すべての生物に対して思いやりをかけるシュバイツァー的倫理）」を念じ、それはまた、『沈黙の春』のなかでみられる生命に対する道徳的な倫理観にも結びついていったのであろう。

乳幼児期からこのような経験を重ねることで、センス・オブ・ワンダーの感性も磨かれていく。子どもたちは密室から出て人工のものとの対話から離れ、自然のなかでいのち（生命）あるものとの対話を楽しむようにしないと、感性は潤いを失って無機的になり、鈍り、やがて萎縮してしまうのである。そして、自然のいのちあるものとの対話、感じとったものを言葉や態度であらわしてこそ、感性は深まり広がりをもつ。少年期以降は、乳幼児期の「情意」から、知的情報をともなった「知情意」

により科学や芸術に対する感性が磨かれ、さらに哲学や思想に対する感性が研ぎ澄まされることになる。これらの「知情意」によって形成される感性を、「情意」による根源的センス・オブ・ワンダーの感性に対して、「二次的なセンス・オブ・ワンダー」の感性とよぶ。それは知的直観であり、究極的な意味での「純粋経験」でもある。

スイスの心理学者J・ピアジェ（一八九六〜一九八〇）は、科学者について「心ときめかす驚きは、教育や科学的探求において、本質的な原動力になるものである。優れた科学者を他と区別するのは、他の人が、何とも思わないことに驚きの感覚をもつことである」と述べている。それは、「心ときめかす驚き＝センス・オブ・ワンダー」の感覚であり、新たな「気づき」へとつながる感性（二次的センス・オブ・ワンダー）である。

人類は長い歴史のなかで、自分の住んでいる世界を観察し、それがどんな広がりをもっており、どんな歴史を経て今日にいたったかを探求してきた。ポーランドの天文学者、N・コペルニクス（一四七三〜一五四三）は、地球もまた、みずから動く天体のひとつであると、宇宙のなかでの「地球の位置」を示した。一方、イギリスの博物学者、チャールズ・R・ダーウィン（一八〇九〜一八八二）は、かれの進化論のなかで、ヒトもまた、変化をとげてきた動物（生物種）のひとつであると、生物全体のなかでの時間的な「ヒトの位置」を示した。そしてカーソンは、『沈黙の春』で「生命の連鎖が毒の連鎖にかわる」「最後は人間」と食物連鎖のつながりのなかでの人間（図1-3）としての空間的な「人の位置」を示したといえる。これらの「気づき」は、かれらの「知情意」の経験により研ぎ澄まされた二次的センス・オブ・ワンダーの感性によるものであろう。

一方で、芸術や哲学・思想というのは、人間が生きていくのに根源的に必要なものである。芸術家の作品に自然や社会に対する新たな「気づき」を見出すことができれば、それは、自然や社会の芸術化（あるいは、概念化）とよべるものであろう。第4章にみる環境芸術は、まさにそれを目指した環境（自然や社会）の芸術化といえる。

すなわち、自然や社会とのかかわりのなかで、科学的な発見や芸術化に導く感性、さらに、哲学や思想を導き出す感性、あるいはそれらを享受する感性もまた、これら新たな「気づき」へとつながるセンス・オブ・ワンダーの感性であろう。よって、これらの感性は、根源的なセンス・オブ・ワンダーにつながる「二次的なセンス・オブ・ワンダー」の感性とよぶことができるだろう（図1-2）。根源的なセンス・オブ・ワンダーが、受動的な精神能力であるのに対して、この感性は、能動的な精神能力（鋭く、そして豊かに閃く感覚的能力）であると考えられる。なお、科学者や芸術家、哲学者の感性は、悟性や理性と混ざり合うことで知性が形成され、それぞれの概念を生み出している。そして、われわれ人の感性は概念が緻密になるほ

図1-3　人間について。人は空間と時間のあいだ（つながり）のなかで生きている。すなわち、自然と社会の空間（環境）と、過去（祖先）と未来（子孫）の時間（世代）のあいだで生きている。

ど鋭く豊かになることが知られている。

カーソンは『沈黙の春』で、「明らかな徴候のある病気にふつう人間はあわてふためく。だが、人間の最大の敵は姿をあらわさずじわじわとしのびよってくる（医学者ルネ・デュボス博士の言葉）」と述べている。過去の公害のようにその変化が局所的に過度に急激に起こるとすれば、すぐに社会に顕在化し、その問題はわれわれの「目に見えるもの」になるだろう。一方で、現在において、たとえば化学物質（放射性物質を含む）のように「目に見えないもの」が、人間生活にじわじわと影響を及ぼしている社会に、われわれは生きている。

センス・オブ・ワンダーの「ワンダー wonder」には、「感嘆（驚嘆）する、不思議に思う」以外にも、派生する「疑う、怪しむ」という意味がある。それゆえ、自然（生態系）に対してだけでなく、人間（自然と社会につながりをもつ人びと）のつくりだす社会に対しても、「センス・オブ・ワンダー（疑う、怪しむという感性）」を敏感にはたらかせていかなければならない。それは、根源的なセンス・オブ・ワンダーから派生する社会に対するセンス・オブ・ワンダー（能動的な精神能力である感性）による「気づき」であり、その感性は、「知情意」の経験による「派生的なセンス・オブ・ワンダー」とよべるものであろう（図1-2）。

感性から「観性」へ

二〇一一年三月一一日に発生した東日本大震災以降、人びとは、安全で安心な社会のために、「いかに生きていくか」、また「いかに行動するか」を求められている。人間社会を真に動かす基底にあるのは、人びとの意識・価値観（なにが大切かの尺度）であり、それら価値観を形成するのが世界観（たとえば、自然観や社会観）である。この世界観とは、一人ひとりの自然の観方や社会の観方のことである。

たとえば、「人間にとってなくてはならないもの。心慰められ、畏るべきもの」という自然の観方（自然観）もあれば、「情報とコミュニケーションによって成り立つもの。安全で安心を得られるもの」という社会の観方（社会観）もあるだろう。また一人ひとりの人間は、自然と社会のつながりによって生かされている。自然観と社会観から、「いまを生きる人間とはなにか」という人間の観方、人間観を導き出すこともできるだろう。

ところで、平安初期（九世紀）に弘法大師、空海（七七四〜八三五）によって日本にもたらされた密教[3]には、多数の経典や儀軌（行法の規範書、手引書）がある。それらには、体系的であるか、断片的であるかの違いがあるとはいえ、なんらかの観法にふれた記述を見出すことができる。空海の『十住心論』[4]（八三〇年）の巻第八に「一切衆生の身中にみな仏性あり」と述べられているように、観法には、いずれも即身成仏を究極の目的とするかぎり、行者自身が本来もっている「仏性に目ざめる」ための方法が記載されている。これはまた、一人ひとりが本来もっている「理性に目ざめる」「人間性に目ざめる」などの表現にも共通して用いられている。なお、即身成仏とは、特定の修行を積んだ行者だけがなるものではなく、われわれ一人ひとりが、それぞれの宗教的な自覚と、正しい実践によって、この現世の体のままに、真実に目ざめた者になることをいう。

ここで、これまでの世界観の観方を観法に擬えると、自然観なら、一人ひとりが本来もっている「自然性に目ざめる」ことになり、社会観なら「社会性に目ざめる」ことになる。つまり、感性は「感じるはたらき」であり、「感じる」ことで新たな「気づき」につながるように、「観性」は、世界を「観るはたらき」であり、「観る（審らかに観る）」ことで「自然性」や「社会性」の「目ざめ」につながる。「観る」とは、精神を集中して心眼で観ることであり、本質を見極めること、本質に迫ることである。そして、「『観る』とはすでに一定しているものを映すことではない。無限に新しいものを見いだして行くことである。だから観ることは直ちに創造に連なる。しかしそのためにはまず純粋に観る立場に立ち得なくてはならない」（和辻哲郎『風土』一九三五年）。

すなわち、感性による新たな「気づき」が「観性」につながり、自然や社会を「観る」ことで、その「目ざめ」が自然観や社会観になるのである。それはまた、自然観や社会観など、世界観へと投影されたところに、みずからの心のうちを見つめる意識を生み出している。「同じ物を相手にしていても、ある人は一つか二つくらいのことしか、そこから汲み出すことができない。このことはふつう、能力の差だと思われている。しかし実は人は、その物から何かを汲み出しているのではなく、自分の中から汲み出しているのだ。その物に触発されて、自分の中で応じるものを自分で見出しているのだ」（フリードリッヒ・ニーチェ、信太正三訳）といえる。感性による「気づき」から、「観性」による「目ざめ」の、これら一連のつながりは、センス・オブ・ワンダーという感性が出発点になると考

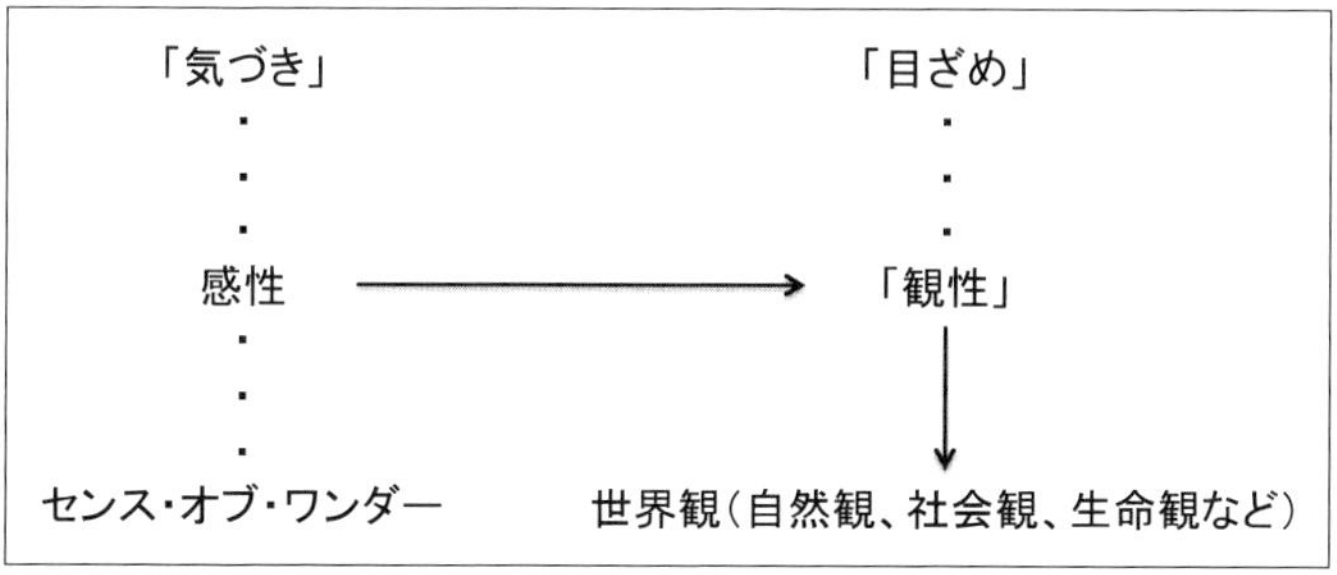

図 1-4　感性から「観性」への関係図。

えてよいだろう（図1-4）。

　たとえば、大震災による原発事故を経験することで、社会に対するセンス・オブ・ワンダー（疑う、怪しむという感性）により、多くの人びとは、それまでの原発依存の社会に気づき、「観性」によって持続可能な脱原発依存の社会への移行に目ざめたのである。いままでの社会の大きな転換であり、一人ひとりの社会観を根底から変えた悲惨な経験であったといえるだろう。

　一方、鈴木貞美（国際日本文化研究センター・総合研究大学院大学名誉教授、一九四七〜）は『生命観の探究』（二〇〇七年）で、「自然観、社会観など、あらゆる世界観の底には必ず生命観がひそんでいる」「さまざまな人間の観念の営みをトータルにとらえるための装置とみなしうる『生命観』という基本軸を設定することによって、さまざまな分野に分断されている多くの世界観を比較検討し、それら相互の対立と関連、上位と下位の関係や、その変化を明確にすることができる」と述べている（図1-5）。

　たとえば、地球上に存在する一つひとつの生命は、重く大切であり、それには等しく価値がある。いまあるすべての生命は、四〇億

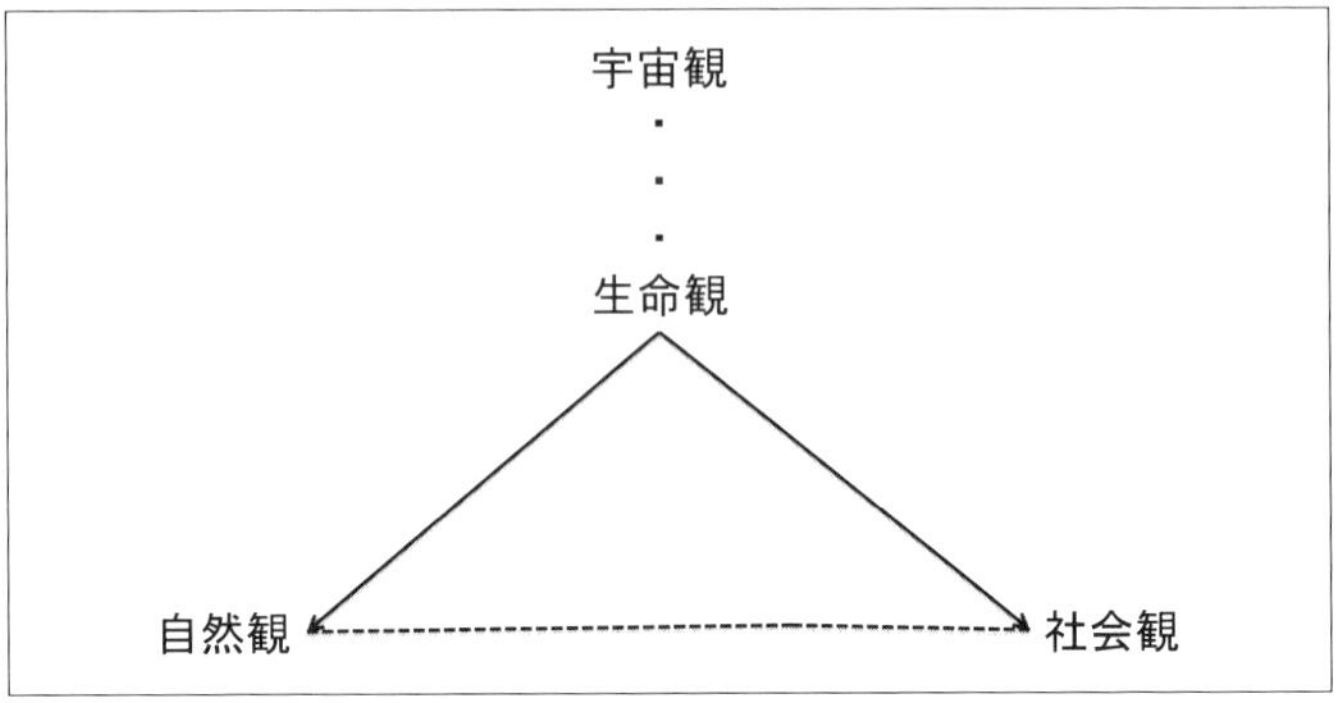

図 1-5　生命観を基本軸とする世界観の関係図。

年という長い時間のつながりのなかで生きているからである。かけがえのない地球と生命の歴史であり、「生命誌 Biohistory」[5]といえるものである。そのことに気づき、その価値に目ざめることで、それはひとつの生命観になる。しかし、生命観は、それ自体として取り上げて論じられることは概して少ない。作家の石牟礼道子（一九二七〜）が、『苦海浄土――わが水俣病』（一九六九年）で、自然や社会のなかでのいのち（生命、魂）の共生を説いたように、自然観や社会観と結びつけて語られることのほうが多い。

また、古代から人びとは、洋の東西を問わず、太陽、月、星、天体のすべての存在とその動きが、この地球上に住む人間をはじめ動物や植物に及ぶと信じていた。生まれた月日で、各人の星座が決まっていて、人の吉凶はその決まった星の動きに左右される。それは人をはじめとする生命に宇宙とのつながりをセンス・オブ・ワンダーの感性で気づき、それが「観性」によって目ざめ、生命や宇宙の観方、すなわち生命観や宇宙観になったと考えられる（図1-5）。

このような生命観を基本軸とする宇宙観は、第5章にみるマクロコスモスとミクロコスモスをつなぐ宇宙の真理を説いた密教の「両界曼荼羅図」や、博物学者で民俗学者、南方熊楠の思想の根源をなすモデルである「南方マンダラ」、あるいは、漫画家、手塚治虫の大作である『火の鳥（未来編）』に象徴される「宇宙生命」にみることができる（第5章）。また、第4章にみる人と環境の関係性を問う環境芸術は、人びとに自然観や社会観を提示するだけではなく、それら世界観にもとづく人間観や、あるいは、生命観や宇宙観をも視野に入れた芸術への展開をはじめている。

（1）（原文）The exceeding beauty of the earth, in her splendor of life, yields a new thought with every petal. The hours when the mind is absorbed by beauty are the only hours when we really live. All else is illusion, or mere endurance.（Brooks, P. 1972. *The House of Life: Rachel Carson at Work*. Boston: Houghton Mifflin Company）

（2）『善の研究』の冒頭（第一編「純粋経験」）で、西田は「純粋経験」を説明して、おおよそ次のように述べている。「通常、経験といわれているものは、すでにその内に何らかの思想や反省を含んでいるので、厳密な意味では純粋な経験とはいえない。純粋経験とは、一切の思慮分別の加わる以前の経験そのままの状態、いいかえれば直接的経験の状態である。例えば、ある色を見たり、音を聞いたりするその瞬間、それがある物の作用であるとか、私がそれを感じているとかいった意識や、その色や音が何であるかという判断の加わる以前の原初的な意識や経験の状態である」。

たとえば、道を歩いていて、思いがけなく野辺に咲く花を見て、「アッ！」と驚きの言葉を発したその瞬間の状態である。その瞬間においては、自分と花は一体になっていて両者の区別はない。このような「純粋経験」は、意識以前の、いわば前意識的（未意識的）な主客（主観と客観）の未分の状態にある。そこに反省的（知性のうちに向かう）思惟がはたらいて、「私が花を見ている」とか、「その花はタンポポである」とかいった判断が生ずると、「私」と「花」、主客が分離してくる。一方、芸術や哲学における知的直観である「純粋経験」は、超意識的ないし脱意識的な主客の統一的状態であるとされる。

（3）密教＝秘密仏教の略。大乗仏教思想をもとにし、儀礼的な要素を加味した教え。密教はインドで興り、八世紀に中国（唐）に伝わった。九世紀はじめ、遣唐使として入唐した空海は長安（現、西安）で恵果（中国僧）から密教の秘法を授かり、日本に伝えた。密教は成立年代からみると、「初期仏教」（ブッダが語った仏教）→「大乗仏教」→「密教」という順番になる。なお、それ以外の仏教を「顕教《けんぎょう》」といい、「密教」と対比。

（4）正確には『秘密曼陀羅十住心論』は、空海の代表的著述のひとつで、八三〇年ころ、淳和天皇の勅にこたえて真言密教の体系を述べた書で、全一〇巻からなる。第5章、注8参照。

（5）生命誌の世界は、生命科学で得られる知識だけでなく、生きものすべての歴史と関係を知り、生命の歴史物語を読みとる作業である。科学から誌への移行は、自然、人間、人工など、あらゆるものの関係づくりにつながり、新しい世界観の組み立てへのはじまりでもある（中村桂子・JT生命誌研究館館長）。

第2章——自然——美とセンス・オブ・ワンダー

1　海辺の世界

海辺の鳥——『潮風の下で』より

『潮風の下で』は、海辺の生きもの、大海原の生きもの、そして海底の生きものの三部からなり、「一部　海辺」では海辺の鳥のことが、「二部　沖への道」ではサバの話が、「三部　生命の回遊」ではウナギのことが主として描かれる。まず読んで気づくのは、登場する生物の描写の独特な点である。この作品は、海辺の鳥や海の魚のことを描いているが、あたかも小説のようにその学名や形態からつけられた名前の主人公が登場する。一部の「第一章　上げ潮」では、リンコプスという名前のクロハ

図 2-1　ミユビシギ（*Crocethia alba*）（カーソン 1993 より）。チドリ目シギ科の鳥。美しい中型のシギで、海岸線を代表する鳥の一種である。長距離の渡りをする鳥で、北極圏で繁殖し、冬は、はるか南のパタゴニアで過ごす。日本には冬鳥または旅鳥として全土にあらわれ、8-10 月と 5 月に見られる。全長約 19 cm。後指がなくて前の指 3 本だけなのがこの種の特徴である。夏羽は上面が赤褐色、下面は白色、冬羽では上面だけ灰白色に変わる。非繁殖期には、群れであらわれ、2-3 羽から 20-30 羽であることが多く、ときには 200-500 羽の大群であらわれることもある。

サミアジサシの生態が、「第二章　春の飛翔」では、ブラックフットとシルバーバーという名前のミユビシギ（図 2-1）の活動が、「第三章　北極圏の出会い」では、オークピックという名前のオスのシロフクロウの生活が、その記述の中心になっている。それぞれの主人公は、時間の感覚があったり恐怖を感じたりする。

カーソンのベッドサイドに常に置いてあったヘンリー・デイヴィッド・ソロー（一八一七〜一八六二）の『日記』（一八三七〜一八六一年）とともに、もっとも好きな『かわうそタルカ（*Tarka the Otter*, 1927）』や『鮭のサラー（*Salar the Salmon*, 1935）』の著者H・W・ウィリアムソン（一八九五

〜一九七七)、あるいは、『ピーター・ラビットのおはなし(*The Tale of Peter Rabbit*, 1902)』のH・ビアトリクス・ポター(一八六六〜一九四三)がそうであったように、彼女もまた、題材にする生きものたちとの一体感を抱いていた。その反面、カーソンはかれらのような擬人化に陥りやすいことも承知していた。日本人とアメリカ人の動物観に関する社会調査でも、そのもっとも多くが動物を擬人化するような「情緒的」な態度を示している(石田戢ほか)。

そのため、「海の生物とは、どんなものかを感覚的につかむためには、想像力をきたえ、人間の持つ考えや規準を切り捨てる必要がある」「他方、魚、エビ、クシクラゲ、鳥などが、現実に生命をもったものであることを人びとに理解させるためには、それを人間の行動と類比させて記述しなければならない」(上遠恵子訳)と、カーソンは語っている。

彼女は『潮風の下で』のなかで、海の生物の形態や行動、生態を詳しく観察するとともに、自然に対するセンス・オブ・ワンダーの感性を鋭敏にはたらかせている。その具体例を、「第二章 春の飛翔」の主人公ともいえる二羽のミユビシギ、メスのシルバーバー(Silverbar、この鳥は翼を広げると上面にはっきりと白い線が見られるのが特徴)とオスのブラックフット(Blackfoot、この鳥の成鳥は黒く光沢のある脚が特徴)の記述に見る。

第二章の舞台は、ノースカロライナ州の観光地の海岸から数マイル離れた、とりわけ魅力的な無人の海岸である。その海岸は、にぎやかな町とは広い入り江で隔てられ、地元の人びとが「土手」とよぶ、幅の狭い土地に周囲を取り巻かれていた。「春と秋にその海岸を訪ね、渡り鳥を観察した」「この場所を舞台にして、だれもが海辺でよく見かける、波うちぎわを駆けている鳥、ミユビシギと呼ばれるシギの一種を主人公にした物語を書いた」とカーソンは回想している。

まず、凍って不毛なツンドラ地帯の入り江の岸辺に飛来する海鳥の第一陣としてミユビシギはやってくる。若いシルバーバーは、一〇カ月近く前に北極圏を離れ、アルゼンチンの草原地帯やパタゴニアの海辺へ行ってしまったので、雪を見たことがなかった。彼女は生まれてからのほとんどの期間を、太陽の光が燦々と降りそそぐ広々とした砂浜や見渡すかぎりの緑の草原で過ごしてきたのである。ところがツンドラ地帯にやってきたミユビシギたちは、雪嵐をまともに受け止めていた。「お互いに寄り添い、羽と羽をくっつけ、そしてうずくまり、かぼそい足がこごえるのを自分たちの体温で防いでいた」。

ツンドラにも新しい生命にあふれる雪どけの季節がはじまる。いままでは、ブラックフットは自分のなわばりに少しでも侵入しようとしたオスと激しく争った。このあと、かれは首の羽を得意げにふくらませるように立ててシルバーバーの前を行進するのである。彼女が黙ってそれを見ているあいだに、かれは空中に舞い上がり、羽ばたきながらいななくようにけたたましく鳴いたのであった。

さらにカーソンは、南へ旅立つムナグロ（図2-2）の群れの行動についても描写している。平原に集まってきた胸が黒く、背中に金色の小さなまだらをつけた鳥たちの出発は真夜中にはじまる。まず、六〇羽ほどの最初の群れが空中に舞い上がり、平原の上を旋回した。そして、編成をきちんと組み、南に向かって飛んでいく。それからほかの群れが次々に翼をととのえ、羽音高くリーダーのあとにつづいていった。最初の旅立ちから一時間が過ぎたころから、飛び立つ鳥たちは群れに分かれるのではなく、とぎれることなく出発し出した。いまや、空には力強い鳥の川が流れ込んでいるようだった。やがて空が明るくなり、新しい一日がやってきたが、流れは止むことがなかったのである。

勇敢に生命の炎を激しく燃えたぎらせながら懸命に飛んでいるかれらのなかには、道中で落伍してしまうものもいるに違いない。しかし、かれらは渡りの途中で起こりうる失敗や災難に気がつくふう

図 2-2　ムナグロ（*Pluvialis dominica*）（作図：清谷勇亮）。チドリ目チドリ科の鳥。シベリア北部や北アメリカ北部の極地のツンドラで繁殖し、冬には南アメリカや太平洋各地の島々、ニュージーランド、東南アジアの沿岸などへ渡る。日本では渡りの途上の 8-10 月と 4-6 月に立ち寄る旅鳥であるが、一部は本州中部以南で越冬する。全長 24 cm に達する。冬羽では上面は黄褐色と黒褐色の細かいまだら模様で、下面は淡色。夏羽では上面は黒褐色で、黄褐色の小斑が散在する。下面は顔の下半分から腹までが黒色になる。ムナグロの名はこれに由来し、英名の golden plover は上面の黄褐色に由来する。非繁殖期には群れ、30 羽くらいまでが多い。

もなく、北の空を楽しげにさえずりながら飛んでいくのである。「鳥たちは渡りの衝動に突き動かされ、すべての欲望や情熱を力の源として使いつくすために、いま一度燃え上がらせる」のであった。

ところで、カーソンはメイン州における最後の夏のこと、九月のはじめのある朝、友人であるドロシー・フリーマンと別荘の南にある半島の岩だらけの先端で、ひとときを過ごしたときのことを覚書（ドロシー・フリーマンへの手紙、一九六三年九月一〇日）に残している。「ニューエイグンで過ごした朝の模様のすべての情景のうちで最も印象的だったのは、羽の小さなモナーク蝶（オオカバマダラ、図2-3）で、彼らは一匹また一匹とただようようにゆっくりと飛んで行きました。それはあたかも、何か見えない力に引かれて行くようでした」（P・ブルックス、上遠恵子訳）と。

これらムナグロとモナーク蝶の旅立ちには、どちらもカーソンの自然に対するセンス・オブ・ワンダーの感性によって気づいた、生命の本質である「生きようとする意志」(1)を見て取ることができる。

一方、『潮風の下で』には、チドリ目のミユビシギ（シギ科）やムナグロ（チドリ科）以外にも、ミズナギドリ（ミズナギドリ目ミズナギドリ科）やカモメの仲間（チドリ目カモメ科）など海鳥類が多く登場する。世界には、ペンギン目、ミズナギドリ目、ペリカン目、チドリ目（の一部）を含む三五〇種（鳥類全体約九〇〇〇種の四％）ほど、七億個体以上の海鳥類が北極から南極まで分布している。海鳥類は、年間七〇〇〇万トンの魚やオキアミ（エビに似た終生プランクトンの甲殻類）、イカなどを捕食している。これは最近の世界における年間漁獲高に迫る量である。海鳥類は、マグロなどの大型の捕食性魚類、クジラ・アザラシなどの海生哺乳類に次ぐ、海洋生態系における三番目の高次

図 2-3　オオカバマダラ（左：♂、右：♀）（Muséum de Toulouse, France より）。オレンジ色の羽に白い斑点が散る黒の縁取りのあるオオカバマダラ（*Danaus plexippus*）は、毎秋、カナダやアメリカ北部からおよそ 2 カ月かけて 2000–4500 km を南下し、暖かいメキシコで越冬する。このような渡りが可能なのは、脳や眼、触角などの進化によっていくつもの遺伝的な適応が生じたためであるとされる。両羽を開いた幅が約 12 cm、体重 0.5 g。気温が上がるときに起きる上昇気流に乗って空に舞い上がり、風に乗って 1 日におよそ 120 km も飛行する。本種の一部はアメリカ南部などで越冬するが、95% はメキシコ中部のミチョアカンとメキシコ両州にまたがる約 5 万 6000 ha の生物圏保護区に戻ってくる。その数は推定 2000 万 -1 億匹にのぼる。保護区は 2008 年にユネスコ世界遺産に指定された。なお、モナーク蝶はレイチェル・カーソン日本協会のシンボルマークでもある。

捕食者として重要な役割を担っている。

共存――『海辺』より

海辺は、太古の時代に大地と水が出会ったところであり、われわれの遠い祖先の誕生した場所である。潮の干満と波が回帰するリズムと、波打ち際のさまざまな生物には、動きと変化、そして美しさがあふれている。カーソンは、生物と地球を包む本質的な調和によって海辺を解説しようと試みている。

まず、『海辺』の序章では、海辺に足を踏み入れるたびに、「生物どうしが、また生物と環境とが、互いにからみあいつつ生命の綾を織りなしている深遠な意味を、新たに悟るのであった」と述べている。また第一章の「海辺の生きものたち」では、現在の海辺に生息しているカイメン、クラゲ、あらゆるゴカイ類、巻貝に似た単純な軟体動物や節足動物など無脊椎動物（海辺のおもな生物はそのなかに含まれる）[2]や藻類の大部分の種の原形は、約五億年前のカンブリア紀に出現していること、さらにカンブリア紀末期から数億年にわたって生物の形態は周囲の環境によりよく適応するように進化し、原始的なグループの細分化が起こり、現在も見られるような新たな種が生まれたことが述べられる。

地球上の海岸は、岩礁海岸と砂浜、サンゴ礁の三つの基本的な形に分けることができる。第二章と三章、四章は、それぞれ、カーソンが調査をおこなったアメリカの大西洋岸[3]のメイン州の岩礁海岸とノースカロライナの砂浜、フロリダのサンゴ礁の海岸における海藻や海草と密接な関係により共存するフジツボやイガイ（二枚貝の一種）、タマキビ類（巻貝の仲間）、ゴカイ類などの無脊椎動物をはじめさまざまな生物についての解説である。終章では、すべての海岸では、海の永遠のリズムのなかで、生命は形づくられ、変えられ、支配されつつ過去から未来へと無常に流れていくと述べられる。

ところで、地球上では、三〇〇〇万種とも推定される生物種が多くの異なるやり方で相互作用をしている。生物間の相互作用は、その相互作用にかかわるそれぞれの種（個体や個体群）にとって利益になるか（＋）、害になるか（－）によって、両方の種が利益を得る「相利共生（＋／＋相互作用）」と両方の種が害を受ける「競争（－／－相互作用）」、ひとつの種は利益を得るがほかは害を受ける「消費者-犠牲者相互作用（＋／－相互作用）」の三つに分けることができる。このような生物間や種間の三つの型の相互作用は、どこに生物がすむか、またどれだけ豊富に存在するか、それはまた、第三章に見る生物多様性を決定する鍵となる。すなわち、相互作用の多様性は、遺伝子の多様性と種の多様性、生態系の多様性とならべてとらえることができるであろう。そして、「多様な相互作用により全体の構造と性質（機能）が現れる」と考えられる。

この相互作用のうち、相利共生は、植物（約八〇％の種）と菌類、植物とミツバチなど多くの動物種の送粉者（花粉媒介者）で知られる。また、造礁サンゴ（サンゴ礁を形成するサンゴ）とそのポリプの表層細胞の内部の褐虫藻、同様に宿主イソギンチャク（一二〇〇種ほど知られるイソギンチャク類のうちの一〇種）とその体内に生息する褐虫藻と、イソギンチャクが隠れ場所になっているクマノミ類（スズメダイ科に属するサンゴ礁魚類であり、インド-太平洋地域に幅広く分布）との共生関係もよく知られる。一方、消費者‐犠牲者相互作用とは、「食う‐食われる」(捕食‐被食)関係、すなわちカーソンが、『潮風の下で』や『われらをめぐる海』で述べたように「無限の鎖」「生命の織物 living fabric」や「断つことのできない絆」とたとえた食物連鎖・網による相互作用のことである。

彼女が『海辺』で、「穏やかな海では、外海に面した海岸のように強い波を受けることもなく海藻が海岸を支配している」と述べた岩礁海岸の潮間帯は、野外実験を用いた群集生態学の発祥地である。それは、「群集構造決定における種間の相互作用の役割について仮説を立て、その仮説を野外実験によって検証する」という研究アプローチである。従来、生態学では、このようなアプローチで、「競争」や「消費者‐犠牲者相互作用」などの「負の相互作用」が注目されて調べられてきた。

カーソンは、これらの相互作用以外にも、底生の無脊椎動物の詳細な観察を通して、「岩礁海岸」の潮間帯の大型褐藻のツノマタ類が、生きものたちの安全な場所になっているのは、「ツノマタは丈が低く、枝が多く、複雑に入り組んでいるので、そこにすむ生物にとっては、たたきつける波へのクッションになっているからなのである」と、海藻がすみ場所の物理的な「環境の緩和」の役割を果たしていることに気づいて、海藻や海草のさまざまな無脊椎動物への正の影響について述べている。つまり、海藻や海草による「環境の緩和」により生物群集構造に影響を与え、さまざまな生物に「正の相互作用」による共存を可能にしていることが示されている。この共存とは、カーソンの自然に対する感性(二次的センス・オブ・ワンダー)による「気づき」であり、「自然の観方」でもある。(4)

たとえば、ツノマタはかなりびっしりと生えているので、およそ一〇〇万ものコケムシに生活空間を提供していること、タマキビ類の生息場所やヒトデの幼生の育児室になっていること、一年を通して、イガイやゴカイ類、甲殻（カニ）類、棘皮動物、軟体動物などさまざまな底生動物に生活場所を提供していること、また、イソガワラ（褐藻類）も、微小動物（甲殻類、ウミボタル、ゴカイ類、ヒモムシ類など）に隠れ屋を提供することについて述べている。

ツノマタやイソガワラなどの海藻だけでなく、サンゴ礁の浅瀬の砂浜に密生するタートル・グラス（アマモ類）などの海草も多くの動物にとって、隠れ家ともなり安全地帯にもなる海中の島にたとえている。このように海藻や海草にはこれら無数の生物のニッチ niche（生態的地位のことで、生息域や適所、居場所）が含まれており、ツノマタやタートル・グラスなどの群生を「海辺の小さなハビタット habitat（生息場所）」とよぶことができる。

これまで見てきたように、個々の生物は相互に「つながり」をもつことで共存している。これら関係の総体（ネットワーク）が生物群集の様相である。それは、相互作用――「つながり」――関係の総体によっておのずと完成された「共存の世界」そのものなのである。生物間の相互作用は、カーソンのいう「自然の力（自然の変貌に対してカーソンが感じた普遍の『生命力』）」により共存へと向かう。その力は、「共存力」とよべるものである。彼女は、人類もまた「あらゆる生物を統制する広大無辺の力の支配下にある」(5)と述べているが、「共存力」はこの「広大無辺の力 cosmic forces」のひとつといえるだろう。

「美と調和」の世界——カーソンの作品より

『沈黙の春』の第一章、「春がくると、緑の野原のかなたに、白い花のかすみがたなびき、秋になれば、カシやカエデやカバが燃えるような紅葉のあやを織りなし、松の緑に映えて目に痛い」「春と秋、渡り鳥が洪水のように、あとからあとへと押し寄せては飛び去るころになると、遠路もいとわず鳥見に大勢の人たちがやってくる」。これは、「アメリカの奥深くわけ入ったところ」の町として描かれた風景で、カーソンの「原風景」のようなものである。彼女が幼少期を過ごしたスプリングデールを憶いつつ描いたのであろう。

これはまた、平安時代に日本の原風景として描かれた『枕草子』の第一段、「春はあけぼの。やうやうしろくなりゆく山ぎは（空の、山に接する部分）、少しあかりて、紫だちたる雲の細くたなびきたる」「秋は夕暮れ。夕日のさして山の端（山の、空に接する部分）いと近うなりたるに、からすの寝所へ行くとて、三つ四つ、二つ三つなど飛び急ぐさへあはれなり。まいて、雁などの連ねたるが、いと小さく見ゆるは、いとをかし」を彷彿とさせる。どちらも四季の移ろいに「美と調和」の世界を描き出しており、カーソンの自然に対する感性には、古来の日本人に通ずるものがある。

彼女の最初の作品である『潮風の下で』では、ミユビシギなどの鳥やサバなどの魚の記述だけではなく、野原や海辺の描写も鮮やかである。「いまやツンドラは一日のうち二十時間は太陽の光のもとにあり」「やがて、ツンドラの表面はたくさんの花に彩られるようになった。まず、山岳地帯のダイコンソウの白い花が咲きはじめた。次には紫色のユキノシタが、そして、キンポウゲの花で大地は黄色に染められていった。そこでは光沢のある金色の花びらをふみつけて、花粉をいっぱいつけた蜂のうなるような羽の音がにぎやかだった」「九月、野生のカラスムギの円錐形の花が金茶色にかわった。太陽の光のもと、湿地はやわらかな緑や茶色をしたイチゴツナギ（牧草）や、灯心草の暖かい紫色、そして、深紅のアツケシソウで輝いていた。ミズキはすでに川の土手に燃える赤い炎のように色づいている」（上遠恵子訳）。

これらの絢爛たる筆致は、第4章にみるモネなどの色彩豊かな印象派の絵画のようであり、やや幻想的でもある。こうした描写には、作家として立つことを志したカーソンの本領である、とりわけ鮮やかな色彩感覚に対する彼女の根源的なセンス・オブ・ワンダーの感性が発揮されている。

さらに『海辺』では、海辺がいかに「美と調和」に満たされた場所であるかを、岩場の奥まった静かな潮だまりについて、微妙な色合いの緑や黄土色、ヒドロ虫類の真珠のようなピンク色など、壊れやすい春の花園にたとえ、ツノマタのもつ青銅色の金属的なきらめき、サンゴ色の藻類のバラのような美しさが、潮だまりいっぱいにあふれていると述べている。

「地球のこよなき美しさは、生命の輝きのなかにあり、それはすべての花びらに新しい思考を生みおとす」（ジェフリーズ）。この一文は、生命への賛歌、普遍の「生命力」をたたえる散文詩のようでもある。人はだれしも、花が美しい、あるいは蝶が美しいと感じる。科学とはまったく関係ない。しかし、人間がこの感情をもっていることは、地球上の自然を根本的に破壊することの非常に大きな歯止めになっている。倫理ではなく感性（根源的センス・オブ・ワンダー）で気づいて、「花が美しい、だからこれを大事にしよう」という生命に対する価値を見出しているのである。東日本大震災後、石牟礼道子は「花を奉る」という詩を書いている。その最後の一行をこう結ぶ。「地上にひらく一輪の花の力を念じて／合掌す」

＊

二一世紀の今日、過去に起こった水俣病事件、環境ホルモン問題、そして福島第一原発事故を考えると、カーソンが警告した「目には見えない」化学物質（放射能を含む）による環境汚染は、人類（現在と未来の人間）全体の運命にかかわる大きなリスクをともなう問題である。この難問をめぐる議論において確かなことは三つある（南原実）。

一　真実は直面するまでだれにもわからない。
二　人類の生存をめぐる不安が中心にある。
三　あれこれとかぎりなく議論することができる。

蓋然的、心理的、論理的なこれらの確かさに対して、揺るぎのない確かさは、カーソンやジェフリーズが述べている美しいものを美しいものとしてみる目（感性）を抜きにしては、この困難な問題は解けないということにある。美は、欲、疑い、関心、理屈にとらわれず、それはどうなっているのか、それにはどんな意味があるのか、なんの役に立つのか、いかにあるべきかの問いを起こさせない。これらの問いを無効にする。美を感じなくなった人間の心（魂）は、自然（あるいは生命）を破壊しても痛みを感じない。

カーソンは『センス・オブ・ワンダー』で、生きものや自然の「美と調和」に接することの大切さを語り、破壊と荒廃へとつき進む現代社会のあり方にブレーキをかけ、自然との共存という「べつの道」(6)を見出す希望を、幼いものたちの感性のなかに期待している。「幼い日々は広い海」、子どもたちは「感性の海」を生きている。そして、地球（自然）の美しさと神秘を感じとる感性、「センス・オブ・ワンダー」を大人になってからももちつづけることは、地球（生態系）を健全に保つために必要なことである。さらに、自然（生態系）に対してだけでなく社会に対しても、感覚（派生的センス・オブ・ワンダー）を敏感にはたらかせていかなければならない。

2　自然観――自然を観る

自然とともに――「生命への畏敬」

カーソンは少女のころから知的好奇心が旺盛で、大きくなったら作家になると決めていたという。彼女はむさぼるように本を読み、とりわけ子ども向け文芸誌『セント・ニコラス』に強い影響を受けた。一〇歳のとき（一九一七年、第一次世界大戦にアメリカ参戦）にこの雑誌の「リーグ」という投稿欄に「雲のなかの戦い」という物語を投稿し銀賞を得た。その後も通算で五編の作品を送り、一九一九年には金賞を得ている。W・フォークナーやE・E・カミングズ、E・B・ホワイトなど有名な作家や詩人、劇作家たちもこの雑誌に投稿し、賞を得て誌面を飾っている。

最後に送った作品は、一五歳のときのもので、当時すでに「セント・ニコラス・リーグ」の名誉会員として認められていた。スプリングデールの丘陵地帯での「鳥の巣探し」の思い出を描いたこの作品は、自然を題材としたもので、「私の好きな楽しみ」（一九二二年）を主題とする部門に投稿された。彼女が早くも自然に対する鋭い観察眼を備えていたことがよくあらわれている。

「さわやかな五月の朝の小道を思うと、期待に胸が高鳴ります」「なにより大好きな一日がかりの遠出に出発しました。経験豊かな森の住人たちが、『鳥の巣探し』と呼んでいる楽しみです」「まもなく太い道からそれて、私たちは森の奥へと進みました。そして、行きついたのは、かぐわしいマツ葉が敷きつめられたなだらかな丘」「聞こえてくるのは、梢を鳴らすそよ風と遠くから響くせせらぎだけ。威厳に満ちた静寂に、畏敬の念 awes さえ感じられてきます」（古草秀子訳）。

この文章には、カーソンの自然に対するセンス・オブ・ワンダーの感性とともに畏敬の念があらわれているが、この自然への畏敬は、シュバイツァーの「生命への畏敬」につながる。『沈黙の春』は、「シュヴァイツァーの言葉――未来を見る目を失い、現実に先んずるすべを忘れた人間。そのゆきつく先は、自然の破壊だ」ではじまる。かれは、神学者であり、牧師であり、音楽家であり、そして、赤道直下のアフリカのガボンの原生林のなかで医師として献身し、ノーベル平和賞を与えられた。生きとし生けるものの生命を尊ぶこと、すなわち、「生命への畏敬」こそは、倫理の根本でなければならないとの思想を、その生涯を通じて実践した。かれは、三〇歳になるまでは科学と芸術のために生き、三〇歳になってから医学を学び、三八歳になってアフリカに向かった。(7)

「見わたすかぎりどこまでも広がる熱帯林の真ん中を流れる、ガボンのオゴウェ川を蒸気式の引き船でゆっくりと上流に向かって旅をしているとき、不意に、それまで思いついたこともなかった『生命への畏敬』という言葉が、かれの心に閃いた」(須藤自由児訳)。それから五〇年余、かれは奉仕と献身の生涯を送ったのである。カーソンはこのようなシュバイツァーを深く尊敬し、『沈黙の春』をかれに捧げた(ちなみに最初の作品である『潮風の下で』は、母に捧げている)。

シュバイツァーは、すべての生命のもとにある――現実に生命の本質そのものである――のは、「生きようとする意志」であると考えた。すなわち、かれが、「生命への畏敬」の念を導き出すのは、この「生きようとする意志」に関する反省からである。かれは個人的な生命から出発する(「私は生きることを欲する生命である」)が、すべての生命が根源的な相互依存の関係にあることの主張へと進んでいく。それぞれの生命は孤立してではなく、ほかの「生きようとする意志」のあいだで生きることを欲するのである。

生きることを欲する自己の個体的な意志(あるいは生命)を、ほかの生命と、そして生命を通して大いなる存在と、直接的、経験的な仕方で同一視することが、シュバイツァーの倫理的神秘体験の根本である。実際、畏敬の経験が神秘的な本性をもつことはまさにその「畏敬」という語に含意されている。つまり「畏敬」とは、「畏れ」「驚き」、そして「神秘」を意味するのである。

「われわれが神と自然から受けた最高のものは生命であり、休息も静止も知らない単子（モナス）の自動回転運動である。この生命をはぐくみ育てる衝動は、各人に生まれついていて破壊しがたい。しかし生命の特性は自他にとって常に秘密である」（ゲーテ、高橋健二編訳）。すなわち、生命の内的な本性は、「はぐくみ育てる衝動」＝「生きようとする意志」であり、「自他にとって常に秘密」＝神秘でもある。

＊

カーソンは、『潮風の下で』の「二部　沖への道」では、スコムバー（Scomber、分類学上の学名）と名づけられたサバの冒険が描かれる。サバはマグロに食べられ、カモメにも食べられ、マグロはシャチに食べられる。こうして、「あるものは死に、あるものは生き、生命の貴重な構成要素を無限の鎖のように次から次へとゆだねていくのである」。彼女は、ニューイングランド沖にあふれるさまざまな魚をこのように描写して、そこに「生命の織物」が織り上げられていると述べている。

カーソンが自然に対するセンス・オブ・ワンダーの感性で気づいたこれら「無限の鎖」や「生命の織物」という表現は、海辺の生命の織りなす生態系を見事に描くキーワードであるとともに、シュバイツァーの「すべての生命が根源的な相互依存の関係にあること」の主張に結びつくものである。これはまた、カーソンの「自然の観方」であり、彼女自身の自然観につながるものである。
シュバイツァーのさまざまな著作のなかで、『生命の畏敬』に対するもっとも正しい理解は、かれの場合そうであったように、個人的な経験によってもたらされている。それは、予期しないときに、野生の生物を突然見かけることであったり、ペットと一緒にいるとき、あるいは乗馬[8]などの経験（アニマルセラピー）であったりする。それがなんであれ、それはわれわれの心を解き放してくれるなにものかであり、そしてまたわれわれにほかの生命の存在を気づかせるなにものかである。カーソンは、『沈黙の春』が出版された翌年一九六三年、野生生物研究所のシュバイツァー・メダル受賞のおりに、彼女自身が生命の存在とその意義について深く感じとったときのことを次のように述べている。

「私自身の記憶をたどって見ると、それは一匹の小さなカニが真っ暗な夜の浜辺にひっそりとうずくまっているのを見かけた時のことでありましょう。その小さなひ弱い生きものは、磯波の打ち寄せてくるのを待っていましたが、それは完全にこの世界に安住の地を見出しているように思えました。それは生命の象徴であり、そしてまた生命が、それを取りまく環境の物理的な力に適応していく姿を象徴しているように思われました」（P・ブルックス、上遠恵子訳）と。ここには、シュバイツァーの生命の「生きようとする意志」を見て取ることができる。それはまた、カーソンの「生命の観方」であり、生命観につながるものである。

以上のように、カーソンは、自然において生命あるものが共存していること、人間と自然が調和していることをもっとも大事に考えた。それに対して『沈黙の春』で告発されたような自然における農薬の大量使用という人間の行為をもっとも愚かなことだと考えた。「私たちはいま、自然界に対し技術を用いて戦っております。文明には、そのような行為が許されるのか、果たしてそれは文明の名に値するのか、これはきわめて正当な疑問であります」（P・ブルックス、上遠恵子訳）と述べるカーソンの思想のなかには、シュバイツァーの影響がはっきりとあらわれている。

日本人の自然観――古典文学に観る

人類が、最初にこの日本列島にやってきたのは、四万年ほどまえといわれる。そのあとも相次いで、南から北から西からと、いろいろな経路をたどって日本列島に到達した人びとは、単系統の民族ではなく、いくつものグループが複雑に入り組んだ日本人をつくってきた。日本列島に住みつき、独特の言葉で意思の疎通をはじめた日本人（縄文人や弥生人）は、日本列島に固有の文化を育ててきた。われわれの先祖は、森は「八百万の神」の住処《すみか》として崇め、森羅万象（全宇宙にある一切の「もの」と「こと」。われわれの想いの対象）に神を観ていたのであろう。そして、豊かな森を維持する暮らしを展開してきたのである。それはまさに、自然に対する感性（根源的なセンス・オブ・ワンダー）によって「人と神の調和」した世界に生きていたのであろう。

『古事記』は、このような日本が国として形成しつつあったころ、飛鳥時代に天武天皇が稗田阿礼《ひえだのあれ》に編纂を命じて（六八一年）、七一二年、太安万侶《おおのやすまろ》によって元明天皇（女帝）に献上された。天地のはじまりから伊邪那岐（イザナギ）命と伊邪那美（イザナミ）命という男女の神が日本列島を生み出す「国造り」の神話時代から、第三三代推古天皇（在位、五九三〜六二八）までの歴史が三巻にまとめられている。

一般に『古事記』は現存最古の歴史書とされている。しかし、歴史のみならず、神話・伝説・歌謡・祭祀・信仰・芸能など、日本文化全般に関連する記事が多く含まれており、さらには、空海が『三教指帰《さんごうしいき》』（七九七年）で取り上げた、道教・儒教・仏教などの外来の諸宗教や諸思想の影響も見られる。したがって、『古事記』は日本人にとって根本になるものの見方や考え方を知るうえで、きわめて重要な書なのである。

「神話には、自分がいま生きている世界を敬う姿勢が、ひとつの価値観としてあらわれている」といわれる。火や水など人間を取り巻く多くのものに神の名がつけられるのは、そのあらわれである。たとえば、八岐大蛇《やまたのおろち》神話の舞台とされる斐伊川（島根県）に行くと、大蛇のような曲がりくねった流れがあらわれる。鉄砲水などの猛威を振るう川から神話が生まれたと考えれば、古代人が抱いていた自然に対する畏れがあらわれている。そこに登場する多くの神々は、各地に鎮座する神社に祭られており、『古事記』は、日本人の宗教や精神に多大の影響を与えてきた。

ここで大事なことは、「神代は遠い昔のことでなく、いまも在る」ということである。神代でイザナギとイザナミは国土を、そして草木を生んだが、それらはいまも私たちの眼前にある。その草木をはじめとする自然が美しく神秘的に見えるのは、まばゆい太陽の光（天照大御神《あまてらすおおみかみ》、アマテラス、図2-4）を反射してすべての生命（いのち）が、よりいっそう輝きを増すからである。われわれの生

図 2-4　天安河原《あまのやすかわら》（作図：清谷勇亮）。アマテラスを祀る天岩戸神社（宮崎県高千穂町）の近くを流れる岩戸川のほとりには、巨大な岩盤と洞窟がある。ここは、「天の岩屋戸神話」において八百万の神々が集まり、岩戸開きの相談をした場所であると伝えられている。

きている世界は、『古事記』に記されている神代の世界に、いまなお直接つながっているといえよう。すなわち、「人と神の調和」した世界に生きているのである。

　なお、原始的な段階で最初にあらわれた「造化三神」とよばれる神のうち二柱は、「産霊《むすひ》」（タカミムスヒは、アマテラスとかかわり深い政治的な神。カムムスヒはスサノオやオオクニヌシとゆかり深い出雲の守り神）とよばれ、新たな生命を生むことを指す言葉である。生命のないところから萌え出たものであり、生きものを生み出すことをつかさどるものが神[9]であった。生命力を神格化したものが尊い神とされていたのである。たとえば、古代日本語のたらすものが「よし」とされた。

「よし」「あし」は、道徳的善悪や哲学的善悪をあらわすのではなく、生命力に満ちた楽しい生活をもたらすものが「よし」とされた。

ところで、民族としての日本人の価値観を具体的に掘り下げていくと、自然観、死生観、歴史観の三つにいきつく。『古事記』を読むと、自然との「調和」を大切にしてきた日本人の自然観がわかり、生き方や幸福に対する価値観がわかる。それから、天皇を中心とした歴史観もわかる。とりわけ「人と自然の調和」を大切にしてきた日本人の『古事記』成立以前に培われた固有の自然観がよくわかる。『古事記』は、人の「こころ」といにしえの「もの」（自然）の調和から生まれた「こと」（出来事）の記録である。それは、歴史書ではあるが、日本で最初の「人と自然の調和した関係」が描かれた文学、ネイチャーライティング（第4章）と考えてもよいだろう。『古事記』は、人と自然の交感[10]により研ぎ澄まされた「場所の感覚[11]」が見て取れるからである。そしてこの「調和」は、自然だけでなく、話し合いで国を譲った「出雲の国譲り」（図2-5）の話にあるように、国と国、人と人の関係、すなわち「人と人の調和」にも広がっていく。

日本の神話には、東南・東北アジアなどの神話の影響を受け、混ぜ合わせて成立したと考えられるものが多い。その意味で日本の神話は国際性があるともいえる。海外に目を転じると、太平洋の島々に渡ったポリネシア人たちにとって、夜空に散らばる星々は島にたとえられている。星々のなかを運行する月や金星や火星はカヌーにたとえられた。かれらが伝えた「天地分離の神話」や「島釣り神話」などは、『古事記』の神話と類似した点が少なくない。太平洋の神話世界には、同時に大海原を

図 2-5　出雲大社（島根県出雲市）（作図：清谷勇亮）。大国主命の「国譲り神話」にその創建が語られる。オオクニヌシを中心とする出雲系の神々はアマテラスをはじめとする天孫系とは対立関係にあるが、『古事記』には、『日本書紀』にない出雲系譜の神話が多く取り入れられている。さまざまな神代からの伝承が残る出雲国を象徴する神社として特別の崇敬を集める。本殿は「大社造」とよばれる建築様式で、「神明造」の伊勢神宮内宮正殿と双璧をなす。

駆けた人びとの自然観や世界観が反映されている。一方、「因幡の白兎」も、似たような内容の動物説話が東南・東北アジアにある。このように日本の神話は国際性が豊かであるといえる。

また『古事記』には、「草木国土悉皆成仏（草木も土も洩れなく成仏する）」という思想を見出すことができる。この思想の淵源は、天台大師、智顗《ちぎ》（五三八～五九七）の『摩訶止観』（五九四年）に見る、「一色一香無非中道（一色一香中道に非ざる無し）」にある。日本においては、空海が『吽字義』（八二〇年ごろ）に「草木也成。何況有情（草木また成ず。何況や有情をや）」といい、草木の成仏を明言した。無情有仏性説[12]を主張した最澄（七六七〜八二二）ののち、この問題が大きく扱われていくことになる。これは、イザナギ・イザナミの生んだ草木にまで仏性をもっているというのであるが、インド仏教では、仏性をもっているのは、人と動物までで、それが日本では、草木にまで仏性をもっているという考え方に変わった。

一方、奈良時代に編纂された日本最古の和歌集『万葉集』には、自然が積極的に歌われているが、作者の心情（恋の思い）を自然に照応させた歌も多い。和辻哲郎（哲学者、一八八九〜一九六〇）は、『日本古代文化』（一九二〇年）で、「彼らは自然を愛して、そこに渦巻ける生命と一つになる。自然の美は直ちに彼らの内生である」と述べ、人と自然の一体化を指摘している。また、平安時代の『古今和歌集』は、一巻から六巻までが自然の歌、一一巻から一五巻までが恋の歌である。ところが、恋の歌も自然を詠んで、そこに恋人を見つける自然の歌なのである。

カーソンは、「地球は生命の糸で編み上げられた美しいレース編みでおおわれていて人もその編み目の一つである。自然の法則は人知を越えたもので、永遠に汚されることはない」という自然観をもっていた。「草木国土悉皆成仏」も、常に人と自然が一体のものとして受け止められてきた（人と自然の調和）。これは、『万葉集』や『古今和歌集』の宇宙観に通ずる仏教の日本的理解にほかならない。また、それがのちの道元（一二〇〇〜一二五三）や日蓮（一二二二〜一二八二）など鎌倉仏教の共通の前提になるとともに禅寺の庭園の自然観にもつながった。そして、現在においてもこのような和歌や俳句、山水画や花鳥画、あるいは庭園に見られる自然、とくに草木などの植物が日本文化の中心になっているのである。

人類の存亡にかかわる「人間の叡智」による環境破壊が進むこの時代において、「草木国土悉皆成仏」は、重要な人類共通の「自然の観方」、自然観になるのではないだろうか（梅原猛・哲学者）。日本は、国土の三分の二が森林で「森の国」であるという。太陽の恩恵を受け、そして森の恩恵（「自然の叡智」）を受ける。それは、新緑に輝く神々の森でもある。これまでの「人間の叡智」による自然支配の文明から、古来の日本人がそうであったように「自然の叡智」による自然共生の「新しい文明」に変えていく、これは人類の急務であると思われる。

＊

日本語には、風景、風土、風格、風流、風情……と風を含む単語が多い。風が見えない神となって、さまざまな言葉に宿っているかのようである。『古事記』と時を同じくして、その歴史書に対して郷土史的な地理の書ともいえる『風土記』が元明天皇の命（七一三年）により編纂された。写本として『出雲国風土記』（ほぼ完本）と『播磨国風土記』『肥前国風土記』『常陸国風土記』『豊後国風土記』の五つが現存している。「歴史を離れた風土もなければ、風土を離れた歴史もない」（和辻哲郎）といわれるように、「風土」という名は、和辻によると、水土と同じだとしてある。

『風土記』は、地理と民俗（庶民の生活）についての報告からなる日本で最初の記録だが、これを読むと「風景」や「風土」がランドスケープ（景観）と、ある重要な点で異なっていることがわかる。風土とは、その土地に根ざした風景であり、風景には、草木はもとより野鳥・野獣といった動物たちが内在しているのである。よって、『風土記』は人間だけでなく、非・人間的な存在も含めた土地の報告（地誌）になっている。というのも、それはそこに人間が住みはじめる前神話的な「こと」を伝えているからである。

そこで語られている土地の名の起源は、古い神々の名と結びついている。「風」の漢字的な起源のひとつは鳳にあるとされる。甲骨文字に残る神話上の大鳥の羽ばたきが起こす風である。それは風神のイメージにも受け継がれている。「風土」とは、自然―神―人のつながりの世界であり、古代の人びとは、根源的なセンス・オブ・ワンダーの感性によって、そこに自然を観ていたのであろう。たとえば、『出雲国風土記』に人の女に恋をしたワニ（サメのこと）の話がある。また、『常陸国風土記』には、同様に蛇と女の恋物語が記されている。一見不気味に見えるこうした話も、古代の人びとにとっては、人もワニや蛇と無関係な存在ではない、自分たち人も自然の一部だという「自然の観方」があって生まれたのであろう。『風土記』には、『古事記』には記されない神話が語られ、土地と暮らしが育んだ古代の人びとの思いが息づいている。

風薫る五月、新緑輝く神々の森に、木漏れ日のなか頬にやさしくふれる風は土（自然）の香りを運んでくれる。直接見ることのできない風は、生物のもつ原初的な感覚である触覚と嗅覚で感じとることができる。地球上の生物のうちで昆虫は七〇％を占めている。予想される未知種まで入れると全体の九九％になるともいわれる。まさに地球は「虫の惑星」である。それゆえ、漢字の風のなかにある「虫」は昆虫だけでなく、空と土にすむものすべての集合的な「蟲」のイメージなのかもしれない。人間が住む以前に、さまざまな風とそのなかまたちがすんでいた場所が、産土《うぶすな》としての「風土」だという考え方を、われわれは忘れてしまっている。その「風土」を先祖の霊も風になって山から下りてきて心地よく漂っているのだろう。

　歴史という時間と地理という場所の古典である『古事記』と『風土記』を読むことで、古来日本人の感性（根源的なセンス・オブ・ワンダー）による「気づき」によって、「自然を観る」ことができるであろう。自分が生まれ育った土地の歴史的、地理的な物語を知ることは、非常に重要なことである。そうすることで、日本人特有の自然観をはじめとする死生観、歴史観といったものが、現代の日本人にも、実はしっかりと根づいていることに気づくのではないだろうか。

　東日本大震災を経て、日本人は日本文化の貴重さにもっと気づくべきであり、そのためには、センス・オブ・ワンダーの感性をはたらかせて、味わい深い日本の文学（古典）を読み、美しい日本の風景を眺め、そしておいしい日本の食べものを楽しむ――そうすることで日本をもっと愛する心が生まれてくる。その背後には、われわれの美意識や自然観もひそんでいる。

　ところで「食べもの」というのは、もともと神々や自然からの賜《た》ぶ物（たまわりもの）であり、食べるというのは、「生かされている」というまさに生命（いのち）[13]にふれる経験である。食べものは、いのちをつないでいくものであり、日本人の進化の道程（文化）をつくっていくものである。たとえば「おむすび」は、古代、神への供物としてつくられ、『古事記』にみられる「産霊」との関係が指摘されている。その形（三角形）からは、いのちを生む神の住処である山がイメージされる。「食べもの」が生まれ育つ風土（水土）に支えられた日本文化は、これからの新しい「国造り」にもきっと寄与するはずである。それはまた、二〇二〇年東京五輪誘致のスローガンでもある「ディスカバー・トゥモロー（未来をつかもう）」にもつながるであろう。(14)

コケを観る――コケの森、コケの庭

「君が座っているその場所からすぐ手の届くところに、神秘的な、ほとんど知られていない生命体が生きている。極小サイズの壮観さだ」（エドワード・オズボーン・ウィルソン、アメリカの昆虫学者）。

われわれは、普段の生活のなかで、ブロック塀のすみや敷石のあいだに芝生状やビロード状になっている状態、もしくは饅頭のような塊の状態のコケを目にする。これらの塊は、極小サイズのコケの植物体がお互いに密に寄り添って、まるでひとつの個体のようにコロニーをつくって生活している。コケにかぎらず、小さくて弱い生物はよく群れをつくって生活する。これは群れることがその生物にとって、過酷な環境のなかで子孫を残して生き残っていくうえで有利だからだと考えられている。

コケのコロニーのなかには、外界に比べて安定していて穏やかな環境が形成されている。そのため、高山や極地などの厳しい環境でさえも生育する極小サイズの生物が、コケがつくりだしたこの環境を利用している。コロニーのなかには、クマムシ類[15]やダニ類、トビムシ類などのほか、線虫類や原生動物が何種類も生息している。これらの生物にとって、コケのコロニー（群落）はまさに「コケの森」なのである。南極のシグニー島においては、厚さ六センチのコケのコロニー、一平方センチあたりに、「地球最強の生物」ともいわれる約七〇〇匹ものクマムシ類が生息していたという報告がある。

コケは、菌類や藻類をのぞいて陸上植物のなかでは、もっとも小さい生物のなかまである。森に入ってまず、目に飛び込んでくるのは樹木であり、次いで下草、最後に目を近づけてやっと認識されるのが、土や岩、樹幹の表面に生えているコケである。しかしながら、「その（なかの）生物学的豊かさ、われわれの理解を超えて鮮明かつ複雑な、おびただしい生命に対しては、畏敬の念を抱くという以外には言葉が見つからない。葉を一枚めくるたびに、そこには神秘がある。ここ以外には地球上のどこにもない生命の形が、長い年月をかけて進化してきた複雑な生命の関係性がここにはある。だから、うっかり踏まないようにお気をつけなさい」（ロビン・ウォール・キマラー、三木直子訳）。

日本は、世界でも有数のコケ（蘚苔類）の豊かな国である。世界のコケの約一割、一六〇〇種を超えるコケのなかまが生育している。日本は「森の国」であるという。国土の七〇％以上を山で覆われ、そのうちほとんど原始林というべきものが四割もある。その湿潤な気候から、日本は「宝の山」ならぬ「コケの山」であり、その熱帯雨林のように見えるコケのコロニーは「コケの森」なのである。

＊

日本人は、遠目には、このように小さくて、あまり目立ちもしない、小さな生物であるコケに対して深い関心を寄せ、これを美の対象として庭園のなかに取り入れ、いわゆるコケの庭をつくって身近に鑑賞している。このような民族は日本人のほかにはいないであろう。

ところで、コケの多くの種は、水はけや日当たりなどによりその種に適した環境にしか生えてこない。気むずかしい生物である。そのため、コケの種に応じて好きな環境をつくってやって、気ままに育つようにしてやらねばならない。それだけにできあがった庭は調和の姿そのもので、人はその美しさに心を奪われるのである。そして、その「美と調和」にひとつの自然観が表現されるのである。コケ庭の美しさは、同時にコケのコロニーの美しさでもある。コケ庭は熱帯雨林のように直立するもの、這うもの、絡み合うものなど、多種多様の種が肩を寄せ合って生きている姿でもある。種の違いは形だけでなく色調の違いもともなう。そしてそれぞれが四季により、天候により、上木の落とす影により変化していく。コケ庭はまさに色と形と潤いの交響曲であり、地面に描いた錦絵でもある。

京都には趣のあるコケ庭をもつ寺院（おもに禅寺）が多数みられる[16]。なかでも禅寺の庭園は、浄土をあらわすものであり、庭は仏の宇宙、仏そのものとなる。自然の庭を介して、仏との一体化を実現しようとしたのである。コケの宇宙が庭の宇宙に息づいている。

＊

コケ庭は、日本人の自然（コケ）に対するセンス・オブ・ワンダーの感性のあらわれであり、日本文化のひとつのあらわれでもある。一方のコケは、古典的な文化において多様な自然の事物のなかでも、主要な表象のひとつとして、独特の美意識の対象となっていた。

たとえば、古典文学のなかで、コケはさまざまな形で表現されてきた。『源氏物語』には、文箱の蓋に春や秋の風物を箱庭のようにしつらえ、やりとりをする場面がある。春と秋のどちらがすぐれているかをテーマとする、春秋優劣論が戦わされている部分である。源氏の邸宅・六条院は、四季を象徴する四つの部分に分けられていた。秋の町に住む秋好中宮が、秋たけなわのころ、色とりどりの花紅葉を混ぜ合わせて送ってきたのに対し、春の町に住む紫の上は、コケを敷きつめ、巌と松に見立てた石と枝をしつらえて、秋好中宮に送り返す。

御返りは、この御箱の蓋に苔敷き、巌などの心ばへして、五葉の枝に、
風に散る紅葉はかろし春のいろを岩ねの松にかけてこそ見め
紫式部『源氏物語』二十一帖「少女《おとめ》」

「松」は、春を「待つ」に通じる。風に散る紅葉などより、コケに生えた永遠に変わらぬ岩根の松に春の緑を見てほしいというのである。「自然を観る」美意識が、文学・庭園・工芸品などさまざまなジャンルを貫き反復されていくさまがよくあらわれている。

このような古典的な文化の自然観は、近代以降の文化にも受け継がれながら、一方で、それまでに

は見られなかった新しいイメージも生まれた。日本の近代文学には、苔むすという時間の経過だけでなく、苔莚《こけむしろ》の意味で使われる場合も多い。

天然がきれいに掃き清めたこの苔の上に
あなたもしづかにおすわりなさい。

高村光太郎『智恵子抄』（一九四一年）より

さらに、コケが静かさ、清浄さのイメージで用いられており、コケの上に腰を下ろしたときの滑らかさや冷たさなどの感触もしばしば描かれる。

苔はまことに、ひんやりいたし、
いはうやうなき、今日の麗日。

中原中也「春日狂想」『在りし日の歌』（一九三八年）より

また、宮沢賢治（一八九六～一九三三）もコケをよく作品に登場させた作家である。詩集『春と修羅』（一九二四年）には、火山の噴火が植物に与えた影響について考える詩にコケが登場する。近代文学におけるコケの描写の、それまでとの違いは、水中世界が美意識の対象として耽美的に取り上げられたことにもある。上田敏（一八七四～一九一六）の訳詩集『海潮音』（一九〇五年）に収められた「珊瑚礁」は、水中世界の美としてのコケを描き出す。ここでは極彩色の水中世界のなかでコケが登場している。

一方で、一九世紀末のフランス象徴派詩人による水中世界の描写を、中原中也（一九〇七～一九三七）が訳している。

俺は好きだぞ、随分好きだ、
池に漬って腐るのは、
あの気味悪い苔水の下
漂ふ丸太のそのそばで。

アルチュール・ランボー「渇の喜劇」『ランボオ詩集』（一九三七年）より

コケが水と腐敗を連想させ、デカダンス詩人の好尚にかなったようである。日本文学に登場する美や清浄さを連想させるコケとは対照的であり、日本人との自然（生物）に対するセンス・オブ・ワンダーの感性の違いが見て取れる。

*

カーソンは、『センス・オブ・ワンダー』で、甥のロジャーと連れだって雨上がりにメインの森を歩いて、スポンジのように雨を十分吸い込んだトナカイゴケ（地衣類）は、厚みがあり弾力に富んでいるので、ロジャーは大よろこびで、ひざをついてその感触を楽しみ、ふかふかとしたコケのじゅうたんに叫び声をあげていたと、苔莚について述べている。また、「雨が降るととりわけ生き生きとして鮮やかに美しくなる」と森のなかのようすや「コケの森」について描いている。

すなわち、カラシ色やアンズ色、深紅色などの不思議ないろどりをしたキノコのなかまが腐葉土の下から顔を出し、地衣類やコケ類は、水を含んで生き返り、鮮やかな緑色や銀色を取り戻す。森のコケをのぞけば、熱帯の深いジャングルのようで、コケのなかを這いまわるさまざまな虫たちは、うっそうと茂る奇妙な形をした大木のあいだをうろつくトラのように見えること。そして、クマムシ（またの名をウォーターベア water bear）の太くて短い八本の脚で歩くさまは、小さな小さなホッキョクグマにそっくりである。つまり、いろいろな木の芽や花の蕾、咲き誇る花など、小さな生きものたちを虫眼鏡で拡大すると、思いがけない美しさや複雑なつくりを発見することができるのである。世界はそのままでも美しいが、もっと近くで見れば見るほどさらに美しいものになる。

このようにカーソンは、日本人の小さいものや細部に対する感覚（美意識）と同様な自然に対する感性（根源的センス・オブ・ワンダー）で、コケや小さな生きものたちへの関心を示し、自然の「美と調和」を描いている。それは、日本人と共通する彼女の「自然の観方」であり、自然観に結びついているのである。

（1）本章2節1項、参照。
（2）地球上でもっとも古い植物で、海水にも淡水にも生えている。
（3）高等植物といわれる種子植物、六億年ほど前に地上にあらわれたもので、現在、海で生活しているものの祖先は、陸地から海へ帰っていったもの。
（4）外肛動物の仲間で、低木のような奇妙な形をしており、ゼラチン状のとても丈夫な枝に何千というポリプをつけ、その先端から触手を出して餌をとる。サンゴに似た炭酸カルシウムなどの外壁からなるコロニーをつくる。
（5）「生物科学について」（一九五六年）、レイチェル・カーソン、リンダ・リア編、古草秀子訳『失われた森　レイチェル・カーソン遺稿集』参照。
（6）第6章、注23参照。
（7）外的な力（たとえば、外的な拘束力をもつ法律）による規制ではなく、自己自身による自己自身の拘束であって、内面的な納得性をもつ自発性にもとづいている。
（8）馬の歴史は人類の歴史と同じほど古い。「神が創造したもっとも美しいもの」「人間が征服したもっとも高貴なもの」、それは馬であるといわれている。乗馬の歴史も古く、一説には古代ローマ帝国時代にまで起源をさかのぼる。乗馬は、人馬一体の動きが理想とされる。人と馬とのあいだの持続的な交感（第7章、注3）を通して一体感が得られることによって満足感が高まり、乗馬後は心身ともにリラックスした状態になる。その後、多くの人は乗馬によって日常生活が楽しくなり、周囲の人ともコミュニケーションの機会が増すなど、精神面での変化があらわれる。なお、馬のリズミカルな揺れが、人間の脳や体を刺激することによって得られる効果は、筋肉の発達や血液の循環を助け、姿勢や平衡感覚、移動感覚、各部の機能を向上させ、健康全般を促進する効果がある。

(9) 神という漢字は、祭壇をあらわす「示」と、稲妻をあらわす「申」からなる。稲妻のように超自然的で、人知が及ばない力を示す。とりわけ、もっとも神秘的で不思議なのは、あらゆる生きものや人を生かしている力(生命力)である。そこで東洋医学では、生命活動をつかさどるおおもと、生命そのものを「神」とよぶようになった。神があるかぎり人は生き、神がなくなると死ぬと考えた。「失神」という言葉は、命がなくなったような状態を示す東洋医学の言葉からきている。また「神経」とは、生命(神)を調節する道(経)という意味の造語である。

(10) 人と自然のあいだになんらかの対応関係を見出す感覚あるいは思考。その内容は、感覚的、心理的レベルから民族的、宗教的レベルまで多様であるが、その根底には人と自然のあいだに連続性と関係性を見出すコスモロジーがある。

(11) 第4章、注2参照。

(12) 仏性の対象が「有情(心のはたらきをもっている)」のものから、植物(草木)のように「無情」のものにまで拡大解釈された説。

(13) 旧石器時代から現代まで、われわれ人類は、種として断絶することなく生き延びてきた。その理由のひとつが、さまざまな気象条件に適応した文化をその時々につくりあげてきたからであり、さまざまな文化が、相互に影響し合いながら新たな時代に対応する文化を生み出してきたからである。ユネスコ(国際連合教育科学文化機関)は二〇〇一年に、「文化の多様性に関するユネスコ世界宣言」を採択した。

そのなかで文化の多様性は、「人類共通の遺産」であると明記している。文化の多様性を認識することは、異なる文明や文化との対話と相互理解に貢献するからである。

(14)　縄文時代には豊かな狩猟・漁労採集文化があり、弥生時代には稲作農業を営む弥生文化があった。寿司は生魚の下にコメがある。まさに弥生文化の上に、縄文文化が載っている（梅原猛）。日本文化そのものである。寿司にかぎらず日本人の繊細な感性に育まれた伝統的な食文化である和食が、ユネスコの無形文化遺産に登録された（二〇一三年一二月）。明治時代、イギリスの旅行家で紀行作家のイザベラ・L・バード（一八三一～一九〇四）は、単身で日本に渡り、全国各地を旅した。その著書『日本奥地紀行（*Unbeaten Tracks in Japan*, 1880）』のなかで、「美しさ、勤勉、安楽さに満ちた魅惑的地域」（山形県・置賜地方）、「実り豊かに微笑する大地」と、日本の自然の美しさばかりでなく、豊かな人間性や勤勉性、そして食文化の豊かさにも感動している。

(15)　クマムシ類は、四対八脚のずんぐりとした脚でゆっくり歩く姿から緩歩動物で、形がクマに似ていることからクマムシとよばれる。体長は〇・〇五～一・七ミリメートル。熱帯から極地方、深海底から高山、温泉のなかまで、海洋・陸水・陸上のほとんどありとあらゆる環境に生息する。マイナス二七二度から一五一度以上の温度で生存でき、放射線にも強く、数年間の乾燥にも耐え、三〇〇気圧の圧力下でも生き延びることができる。また、生存に必要なものが極端に不足するときには代謝を停止できるほか、大量の放射能を浴びてDNAが損傷した場合には、これを修復することもできる。乾燥させたクマムシを人工衛星（FOTON-M3）に乗せ、宇宙空間で太陽からの放射線に直接さらされたものの、地球に帰還後、正常に繁殖している（二〇〇七年九月、欧州宇宙機関〈ESA〉）。

(16)　西芳寺（苔寺）をはじめ、竜安寺、三千院、南禅寺、銀閣寺（図2-6）などがよく知られる。オオスギゴケをはじめ、ホソバオキナゴケやヒノキゴケ、ハイゴケなどの蘚類が見事なコロニーをつくり、

図 2-6　オオスギゴケ（*Polytrichum formosum*）などの蘚類、慈照寺（銀閣寺・京都市）境内（2012年3月28日撮影）。「コケの作る小宇宙と熱帯雨林の類似点には驚いてしまう。似ているのは見た目だけではない。地面を敷き詰めるコケの背の高さは、熱帯雨林のおよそ3000分の1だというのに、それでもそこには熱帯雨林と同じ種類の構造、同じ種類の機能が備わっているのだ。熱帯雨林の動物たちと同様に、コケの森の中に生きる動物たちもまた、複雑な食物網でつながり合っている。草食動物がおり、肉食動物がいて、捕食動物がいる。生態系における、エネルギーフローと栄養の循環、競争関係、共生関係の法則はここでもあてはまる。こうした法則は、大きさの違いを明らかに超越しているのだ」（ロビン・ウォール・キマラー『コケの自然誌』三木直子訳）。

図 2-7 妙法寺（神奈川県鎌倉市）境内（2013 年 9 月 23 日撮影）。法華堂付近からコケの石段と仁王門をのぞむ。

池庭の地割の美をひときわ引き立てている。コケ庭は、梅雨の時期、雨水を含んで色鮮やかに映えるが、秋の紅葉の盛りには、紅葉の赤とコケの緑が見事に照り映え、自然の造形美の調和をかもし出している。

一方、東の苔寺ともいわれる鎌倉の妙法寺には、朱塗りの仁王門から法華堂へ向かう石段全体にジャゴケやヒメジャゴケなどの苔類が着生している（図2-7）。境内を散策すると、ジャゴケ類以外にも、ホソバオキナゴケやコバノチョウチンゴケなど、雑多のコケが観察される。この庭には、「自然の姿そのままを表現する技法が作庭に生かされている」のである。このような自然を写そうとしたコケ庭には、「草木国土悉皆成仏」という精神があらわされている。

第3章——科学——観察とセンス・オブ・ワンダー

1　自然から科学へ

観察と観測

観察の「観る」には、「見渡して見比べる、見比べて考える」という意味がある。一方「見る」は、単に「ものの存在・形などを目に止める」という意味である。自然科学は自然現象を観察する。人文・社会科学は人間や社会現象を観察することからはじまる。物理学者で随筆家の寺田寅彦（一八七八〜一九三五）は、「科学者と芸術家」（一九一六年）と題するエッセイで、科学の研究を画家のスケッチにたとえた。「常人が見のがすような機微の現象に注意してまずその正しいスケッチを取るのが大切」とし、そこから「突然大きな考えがひらめいて来る事もあるであろう」と、「まずその正しいスケッチを取る」こと、すなわち観察することが大切であると説いている。

カーソンは徹底的な「観察の人」であった。実験室で顕微鏡をのぞくことはもちろん、外に出かけて多くの生きものを学術的に調査することまで、彼女を一躍有名にした「海の三部作」も、専門の海の生物をすみずみまで観察、正確に把握しているからこそ「見てきたかのように」書けた傑作だといわれている。

また『沈黙の春』の執筆のきっかけは、周囲の自然を素朴に見つめていた人びとが、小鳥たちの無言の死になにかがおかしいと、カーソンに助けを求めたことからであった。彼女自身も、早くから野外で起こっている異変を観察、すなわち見比べて考えていたのである。

三〇年ほど前から毎年、全国の小・中・高校生を対象に、「自然は友だち　わたしの自然観察路コンクール」（財団法人国立公園協会主催）がおこなわれている。作文には、観察されたものの羅列や図鑑の写しではなく、その生きものを見た自分の感想が書かれていて、生きものに対し興味深く観察したようすが読む人にとてもよく伝わってくる。しかし、以前のような自然の豊かなところではなく、自分の住んでいる町（地域）を題材とし、身近な生きものや自然を描いた作品が増えてきている。これは近年、生物多様性や地球温暖化などが大きく報道されるようになり、身のまわりの生きものや自然環境に目を向ける子どもたちが増えてきたからである。

このコンクール応募がきっかけとなり、より多くの子どもたちが、地域の身近な自然（生態系）に目を向け、そのすばらしさに興味をもって、「いま-ここ（いまの瞬間この場所）」でみずから観察することで、おのずとかれらの感性は研ぎ澄まされていくのである。次は、その観察の対象となるものについてもっとよく知りたいと思うようになる。植物があるから虫がいて、虫がいるから鳥が食べにくる。虫が好きになると、植物や鳥にも関心が広がる。カーソンは『センス・オブ・ワンダー』のなかで、「『知る』ことは『感じる』ことの半分も重要ではない」と、まず感性を育むことが大切であると述べている。

さらに自然観察から進んで、「自然を自分の体の一部として大切にできる子どもを育てたい」という考え方に象徴されるように、人（自己）と自然との統一的理解を図る模索がなされてきた。これが、自然に対するセンス・オブ・ワンダーの感性をはたらかせて、「人と自然がつながっていることを実感的に学ぶ」という「自然体験」である。この「体験」とは、「観察」も含んだ自己と自然との「いま-ここ」での応答的関係、すなわち「自然との対話」である。

自然観察や自然体験は、地域に暮らす子どもたちだけでなく、大人たちにとっても、その自然との応答的関係性を基礎とした生涯にわたる学習過程の一部であり、環境教育につながるものである。同時に児童や生徒に向けて、かれらが将来いかなる職業や立場になろうとも地球上の自然の一員として、常に地域の身近な自然と体験的にかかわりながら暮らすことの大切さとその方法を伝えることは、環境教育の重要な使命であり、環境リテラシー（環境に関する人間として身につけておくべき必須能力）のひとつといえる。それはまた、地球上の自然（環境）に対して「魂の目を向けかえること」であり、そのことによって人間は、確かな幸福にあずかりうるのであろう。

すなわち、地球の美しさと神秘を感じとれる人は、「人生に飽きて疲れたり、孤独にさいなまれることはけっしてないでしょう。たとえ生活のなかで苦しみや心配ごとにであったとしても、かならずや、内面的な満足感と、生きていることへの新たなよろこびへ通ずる小道を見つけだすことができると信じます。地球の美しさについて深く思いをめぐらせる人は、生命の終わりの瞬間まで、生き生きとした精神力をたもちつづけることができるでしょう」と、カーソンは『センス・オブ・ワンダー』のなかで語っている。

そして、「科学者になるには自然を恋人としなければならない。自然はやはりその恋人にのみ真心を打ち明けるものである」(寺田寅彦)と。カーソンは、作家の夢をかなえるためにペンシルベニア州の女子大学に入学し、入学後の自己紹介文に、「野生の生きものは私の友だち」と書いているが、幼少のころから、自然との対話のなかで、さまざまな打ち明け話を、草花や昆虫、鳥など身近な自然の生きものからささやかれたに違いない。自然を、海を愛し作家となったカーソンにとって、自然は、「友だち」から「恋人」へと変わり、彼女の感性を介して「真心」を打ち明けたのであろう。

＊

現在、日本の各地で、さまざまな開発による直接的な影響だけでなく、われわれのおこないが、自然環境に大きな影響を及ぼしている。こうした影響によるさまざまな生態系の変化は、「いま-ここ」

で具体的な細部を「虫の目」で観てすぐにわかることより、そうでないことが多い。たとえば、一九五八年からハワイ島で継続して観察・計測（観測）されてきた大気中の二酸化炭素濃度の過去の変化（流れ）を「魚の目」で観ること（モニタリング）により、われわれは温暖化の現象に気づくことができたのである。

生態系のうちでも、海の熱帯雨林ともたとえられるサンゴ礁は、生物多様性の宝庫であり、生物学的にはもちろん、社会的・経済的にも重要な資源となっている。しかし、その豊かな生態系は俯瞰的に「鳥の目」で観ると、資源としての採取、過度の観光利用、水質汚染や赤土の流入、そして気候変動にともなう海水温の上昇など、人間活動によるさまざまな脅威（複合影響）に直面している。二〇一二年にブラジルで開催の持続可能な開発会議（リオ＋20）に向けた国連環境計画（ＵＮＥＰ）の報告書では、一九八〇年以降に世界で三八％ものサンゴ礁が失われ、なおも深刻な状況がつづいていると指摘された。

このような生態系の変化をいち早く察知し、人間の直接・間接的な影響をとらえるためには、同じ場所で、生物の観察によりその種数や個体数を計測する、つまり生物を「観測する」（生物モニタリング）ことである。そして、なにが「人間の影響による変化」で、なにが「生態系の本来の移り変わり」なのか。これらを見分けるためには、生物モニタリング（「魚の目」で観る）を続けることで、これまでと違った変化のパターンを見出していく必要がある。毎年の変化もあれば、数十年に一度の変化もある。「生態系の本来の移り変わり」を理解し、その異変をとらえるためには、継続した長い観測が必要となる。

そこで、環境省では、基礎的な生物情報の収集を長期にわたり継続して、日本の自然環境の量的・質的な劣化を早期に把握するために、全国一〇〇〇カ所程度のモニタリングサイトを生態系タイプごとに設置している（重要生態系監視地域モニタリング推進事業）。

自然性の高い森林、多様な在来生物が生息する里地・里山、人為改変が進められてきた河川・湖沼・海岸、豊かな生物相を育む干潟・藻場・サンゴ礁など、それぞれの生態系タイプの特性をふまえて調査サイトを設置し、各タイプごとの調査手法によるモニタリングを継続している。また、鳥類を指標種として取り上げ、いくつかの生態系を横断的にカバーする。そして、とらえた自然環境の変化を有効な保全対策につなげていくために、収集された情報をすみやかに公開し、関係者はもちろん、多くの人びとがその事実を理解することが重要であり、専用のサーバー（モニタリングサイト１０００）により、すみやかなデータ収集と情報提供を進めている。

このような現代科学を支える観測技術は、ルネッサンス期の芸術家にその源がある。もっとも偉大な科学的発見は科学そのものであるといわれるが、自然をありのままに観察することの重要性にはじめて気づいたのは、自然を写そうと試みた芸術家である。ルネッサンスの天才、レオナルド・ダ・ヴィンチ（一四五二〜一五一九ユリウス暦）が生まれる二五年前、何人かの芸術家が、自然を正しい透視法（遠近法）によって観察し表現する新しい方法を考案した。「芸術の科学と、科学の芸術を研究せよ」といったダ・ヴィンチは、さらに線形透視法を科学的に発展させ、とりわけ歴史上もっとも有名な二つの作品、《最後の晩餐（Ultima Cena）》（一四九五〜一四九八年、サンタ・マリア・デッレ・グラツィエ教会所蔵）と《モナ・リザ（Mona Lisa）》（一五〇三〜一五〇六年、ルーブル美術館所蔵）を生み出した。

ところで、この世界（宇宙）は、科学の目では、いまだ観測できない正体不明の「暗黒物質（ダークマター）」（全体の二三％）と「暗黒エネルギー」（宇宙を加速膨張させるエネルギー、七三％）でできているという（米航空宇宙局〈ＮＡＳＡ〉）。すなわち、人が認識できる世界は、宇宙全体の四％にすぎない。

そんな宇宙の「いま-ここ」で、雨上がりの新緑から深緑に光り輝くとき、道ばたでふと立ち止まって、いつもとは違う低い視点からあたりを眺めてみる。「たまには背をかがめ、あるいはできるだけ低くなるようにしゃがんで、草や花、その間を舞う蝶に間近に接したほうがいい。そこには、今まではは歩く際に遠く見下ろしていた草花や虫とはべつの世界がある。幼い子どもが毎日あたりまえのように目にしている世界の姿が広がっている」（フリードリヒ・ニーチェ、白取春彦訳）のである。

自然と科学のつながり

われわれが享受している現代文明は、科学（サイエンス science）を抜きにしては語ることはできない。science は、ラテン語の scere（スケレ——知る）からつくられた scientia（知識や知ること）を語源とし、もともとギリシャ時代にはじまった自然、あるいは宇宙の摂理を知るということであった。紀元前四世紀の古代ギリシャの哲学者アリストテレス（前三八四～前三二二）の説明によれば、かれより二、三世紀前に活躍したミレトス（アナトリア半島西海岸）のタレス（哲学者、前六二四～前五四六）とかれの後継者たちは、「自然現象のふるまいを支配する自然法則があり、それらを理解することで未来の自然の出来事を予想できる」という信念をもっていた。タレスが生きた年代について確実にわかっていることは、紀元前五八五年にかれが日食を予見していたことである。

ルネッサンス期以降、一七世紀[1]の西欧において、ダ・ヴィンチがはじめたとされる実験と推論という研究方法の確立と研究者共同体の成立による「科学革命」が起こった。この共同体は、現在では、量子物理学の分野などで巨大な規模になっている。たとえば、「対称性の破れ」（南部陽一郎）の発見[2]によって一九六四年に提唱された万物に重さ（質量）を与えたとされる素粒子（実際は、ヒッグス場[3]が励起した状態であり、現在、ヒッグス場は宇宙全体に一様に満たされている）、ヒッグス粒子の発見（二〇一二年七月四日に欧州原子核研究機構〈ＣＥＲＮ〉から発表）には、世界中から計六〇〇〇人の研究者が集まった。日本からは東京大学など一六機関の約一一〇〇人が参加し、日米欧の「アトラス（ＡＴＬＡＳ）」チームの中心的な役割を果たした。

一方、一七世紀の「科学革命」から一八世紀の啓蒙期にかけて、もともと西欧では二種の自然イメージと二種の科学が交錯していた。ひとつは、自然を「記号＝書物」的イメージから見る立場で、イタリアの物理学者で天文学者のガリレオ・ガリレイ（ユリウス暦一五六四～グレゴリオ暦一六四二）に代表され、数学的諸科学を懐胎し、「自然の法則を知ることによって自然を支配する」方法を生んだ。
そのうち物理学や化学は、現代にいたっては工学の技術と結びつき、たとえば原子力産業や石油化学産業を生み出し、物質的な技術文明における中心的役割を果たしている。これらの科学は、技術文明を通して「文明の科学」ということもできよう。

もうひとつは、自然を「森＝迷宮」的イメージで見る立場で、イギリスのフランシス・ベーコン（哲学者、一五六一～一六二六）に代表され、博物誌的諸科学を懐胎した。自然は、隠微でもつれた迷路の走る迷宮、あるいは数々の経験と個々の事物という森であり、それは万人を誤らせる、とするベーコンの信条、「森＝迷宮」という自然観により、自然を複雑なもの、不可解性とみなして、それまでの生命的博物誌の路線を継承・展開させ、ビュフォン（博物誌）的総合主義にいたった。これは、個物の特殊性こそ基本であるとする「自然の個別化信仰」によるもので、生態学や環境主義の母体となり生物多様性の概念を生んだ。これはまた、自然や環境を守ることにつながる「文化としての科学」といえよう。

そして啓蒙期には、観察や実験にもとづいて証明された体系的知識、あるいは信頼しうる方法にもとづいた法則的知識という、より限定された意味でのサイエンスの用法が確定された。一九世紀以降、科学は個別諸科学に専門分化をとげ、「科学者」とよばれる社会階層を生み出し、単なる知的制度にとどまらない社会制度として新たな段階、「第二の科学革命」から現在にいたっている。

科学の究極の目的のひとつは、われわれ人の感覚だけではとらえることのできないある規則性を自然のなかから発見し、一見無関係な現象のなかから関連性を見出し、ますます多様性、多面性を加える自然現象をなぞりうる法則を設定することにある。こうした自然現象の根底にある秩序と単純性を把握する直観的な感性は、「創造的な芸術家」のみならず「創造的な科学者」にとっても欠かすことのできないものである。

科学的な真理の発見とは、とりもなおさず自然の宝庫から新たな様相と枠組みを取り出すことにほかならないのである。（自然）科学は自然現象を観察することからはじまる。そして観察にとどまらず、もともと科学は「自然との対話」をあらわし、しかもその自然とは、われわれ人間自身もまたそこに含まれている構造物を意味する。つまり人間と自然はともにあり、自然という現実についての問い、「自然とはなにか」（自然科学）と、人間という存在についての問い、「人間とはなにか」（人文・社会科学）とは切り離せないものである。

科学は、「自然との対話」であり、ほかの多くの人間の文化活動にごくあたりまえにある超越的なものの探究の一部であり、一過程である。この超越的なものに対する関係は、石器時代以来、つねに人間につきまとってきたものであり、それこそが人間の感性によるあらゆる領域での創造性の豊かな発現といわれるものへとつながっている。

「観察の人」であったカーソンは、とりわけ海辺の生きものの生態（すなわち、生物の分布や個体数）を詳細に観察して、そこには独自に完結している要素はなにひとつなく、単独で意味をもつ要素もない。一つひとつが、複雑に織り上げられた全体構造の一部分なのであり、生物は数多くの結びつきによって周囲の世界とつながっている。その結びつきは、海の世界の生物を理解しようと思うなら、生物学にも化学にも、地質学にも物理学にも関連するさまざまな科学に関心をもつことが欠かせないのである（論文「海辺」、一九五三年）と、米国科学振興協会（ＡＡＡＳ）のシンポジウム「ザ・シー・フロンティア」で発表している。カーソンはこのなかで、「動物はどうして特定の場所にすんでいるのか」「かれらとその生息環境を結びつけているものはなにか」といった生態学的問題を検討するだけでなく、自然とさまざまな科学のつながりについての考えを示している。

そして、『海辺』の「まえがき」で、海辺を知るためには、生物の目録（種名のリスト）だけでは不十分であり、海辺に立つことによってのみ、私たちは、陸の形を刻み、それを形づくる岩と砂がつくられた大地と海との長いリズムを感じることができる。そして、私たちの足もとに、渚に絶え間なく打ち寄せる生命の波を、心の目と耳で感じとるときにのみ理解を深めることができると、「知る」ことにも増して、「感じる」ことの重要性を述べている。

つまり、海辺の生物を理解するためには、空になった貝殻を拾い上げて「これはホネガイだ」とか、「あれはテンシノツバサガイだ」と種名をいうだけでは十分ではない。波や嵐のなかで、かれらはどのようにして生き残ってきたのか、どんな敵がいたのだろうか、どうやって餌を探し、種を繁殖させてきたのか、かれらがすんでいる特定の海の世界との関係はなんであったのかというような生態学にかかわる直観的な理解力であり、それはとりもなおさず「自然との対話」なのである。

一九九二年、環境と開発に関する国連会議（リオ・サミット）において、「京都議定書」などの「気候変動枠組条約」とともに採択された「生物多様性条約」では、生物多様性とは、すべての生物のあいだに違いがあることであり、生物多様性が「遺伝子の多様性」「種の多様性」「生態系の多様性」の三つのレベルにより構成されているとしている。

この三つのレベルのうち「種の多様性」が博物学を生み出し、その後のダーウィンの進化論につながり、そして「森＝迷宮」の科学、生態学へと発展した。カーソンが『海辺』で述べている生物の目録とは、この「種の多様性」を知るためであり、それには、生物それぞれの種の分類をおこなう必要がある。

＊

これまで、生物の形態、すなわち、個体間の外見の細部における違い（たとえば、コケの茎葉体・葉状体の形やユスリカの交尾器の微細構造など）によって種の分類はなされてきた。それには、微小な形態の観察から、その形態の細かな物理計測、計測結果を用いた統計処理などの数理解析が用いられる。いまでは、生物の形態の構造や機能は、工学の技術と連携して、ヤモリの足の吸着能（↓粘着テープ）やハスの葉の撥水作用（↓傘、ウインドブレーカー）、サメの肌（↓競泳水着）、蚊の口吻（↓痛くない注射針）などを利用したバイオミメティクス（生物模倣技術）に応用されている。新幹線では、フクロウの羽やカワセミのくちばしの形（↓東北新幹線の新型車両Ｅ５系「はやぶさ」）を模倣したことによって、騒音や空気抵抗が低減している。

このような生物の構造とその機能についての専門家の着想は、それぞれが専門とする問題について、「自然（生物）との対話」によって、直観的に閃いているのである。それはまた、専門をめぐる知性がその専門家の感性を研ぎ澄ませているのである。工学にとって生物に学ぶということは、パラダイムシフト(4)になり、社会の技術革新につながる。これからも、生物と工学や環境科学が連携することが、ますます必要となるであろう。

ほとんどの人が気にも止めない「池の水草や海藻をほんの少しガラスのいれものにとり、虫眼鏡や顕微鏡を通して観察すると、かわった生きものたちをたくさん見ることができ、かれらが動きまわるようすは、何時間見ていても見あきることがない」（カーソン）。ピアジェは、科学者について、ほかの人が、なんとも思わないことに驚き（センス・オブ・ワンダー）、その感性を通して自然（生物）を観ること、すなわち「自然との対話」が、新たな探求のきっかけになると述べている。

それはまた、芸術と自然と科学の類似性を指摘し、抽象絵画の父（創始者）とされるロシアのワシリー・カンディンスキー（一八六六〜一九四四）のような芸術家の感性にもあてはまる。かれは、デンマークの雑誌『具体化』（一九三五年）の記事のなかで、「われわれが肉眼や顕微鏡や望遠鏡を通して、すべてのものの『隠された魂』を観るこの経験を、わたしは『内面的視覚』とよぶ。この視覚は、堅い殻や外観の『フォルム』を貫通して内部へと到達する。そしてわれわれのすべての感覚をもって、物体の内面的『鼓動』をわれわれに知覚させている」と述べている。かれは、この「隠された魂の鼓

図 3-1 ワシリー・カンディンスキー《空の青（Himmel blau）》（1940年、キャンヴァス、油彩、100×78 cm、国立近代美術館・パリ）。プランクトンと小さな水中微生物の印象の創造である。そのなかの多くの多彩なフォルムと形状は、未知の世界を顕微鏡を通して眺めるように、空の青の背景に対して漂っているように見える。「和らげられた」幾何学的フォルムと揺らめく色彩におけるバイオモルフィック的な作品である。

動」を水中のプランクトンなどの小さな生物の原型を通じてかれ独自の「フォルム」で作品に表現している（図3-1）。「今日の閃きが、明日の煌めき（探求や作品）」につながるのである。

生物多様性へのまなざし

地球上で誕生した生命は、四〇億年に及ぶ進化の歴史のなかで、独自の「かたち」と「くらし」を備えたものとして、さまざまな環境に適応してきた。その結果、未知のものを含めると三〇〇〇万種ともいわれる多様な生物が生まれた。この途方もない長い年月をかけてつくられてきた多様な生物の世界が「生物多様性」であり、「いのち（生命）のにぎわい」なのである。環境省では、「地域に固有の自然があり、それぞれ特有の生きものがいること、そしてそれがつながっていること」と定義している。

この多様性を守る意義としては、生命の存立基盤、豊かな文化の根源、有用性の源泉、安全・安心の基礎、という四つの側面が考えられる。現状では急速に生態系や種が失われつつあり、毎年五二〇万ヘクタールの森林が消失しているほか、既知の約一七六万種のうち四・七万余りの種の評価結果では三割が絶滅危惧種にあたり、人類は絶滅速度を自然状態の一〇〇〇倍に加速しているなどが報告されている。

カーソンは、『われらをめぐる海』の出版後、A・トスカニーニの指揮でNBC交響楽団が演奏したクロード・ドビュッシー（一八六二〜一九一八）作曲の管弦楽曲『海』（一九〇五年）のアルバム解説を依頼された。
「海の神秘は生命の神秘そのものかもしれない――太古の海の表層に漂う、原始の原形質の一片としてはじまった生命の謎である。何億年もの間、すべての生命は海に棲んでいた。生命の豊富さと多様さは驚くばかりに発達して、何千種類もの生物が進化し、その一部は海から陸にあがり、長い年月の末、そのまた一部が人類となった。かつて海の生物だった私たち人類は、今でも血液中に塩分を持っている。体内に海洋生活の遺産が残され、民族特有の記憶に似た、海の記憶ともいえる何かがある」（古草秀子訳）と。

このように海は、生命の誕生の場であり、多様な生物が生息していると予想される。しかし、種のレベル、つまり総種数（種の多様性）を、海洋と陸上とで比較すると、陸上のほうが海洋よりも多い。たとえば植物は、太陽の光を求めて緑藻の一部が陸上に進出し、爆発的に適応放散したもので、総種数は二五万程度だが、海洋に生息する維管束植物は、アマモ（海草類）[5]のなかまにかぎられる。同様に無脊椎動物の場合は、デボン紀[6]に陸上に進出した昆虫のなかまが全体の七割以上を占めているが、海産の昆虫はウミユスリカなどごくわずかである。

しかしながら、『海辺』に見られるタマキビやイガイなど無脊椎動物の貝類（軟体動物）は、昆虫に次いで多様性の高い動物であるといわれ、生息環境（後述の沿岸生態系）の幅の広さから海洋生物ではもっとも種の数が多い（ただし、未知のものまで含めると線虫がもっとも多いともいわれる）。また、脊椎動物でも、魚類以外の両生類、爬虫類、鳥類、哺乳類では陸産種が海産に比べて圧倒的に多い。
ところが、門などの高次分類群では状況が逆転する。動物界では、ほぼすべての動物門が海洋に生息している。唯一の例外が有爪動物（カギムシのなかま）であるが、海産の化石種が知られており、地球の歴史を通して考えれば、すべての動物門が海産種を含むといってよい。他方、陸産の種を含む動物門は全体の三割程度にすぎない。つまり高次分類群で見ると海洋の生物多様性のほうが高いのである。

カーソンが、『海辺』で取り上げた岩礁海岸や砂浜、サンゴ礁海岸をはじめ沿岸生態系とは、陸上と海洋の接点に位置する生態系であり、干潟や藻場、塩性植生、マングローブ湿地なども含む。海水が蒸発して雲となり、雨が降って森にしみこんだ陸からの水は、陸上生態系が光合成でつくりだした有機物や栄養塩を沿岸生態系に運び、それらを使って一次生産者である植物プランクトンや海藻・海草類の藻場による沿岸の基礎生産（光合成によって、無機物から有機物が生産されること）がおこなわれている。

環境省の「モニタリングサイト１０００」の沿岸域調査では、二〇〇八年度から「磯」「干潟」「アマモ場」「藻場」の四つの生態系において底生生物（貝類など）を調査している。これらのうち「アマモ場」（図３-２）とは、アマモなどの海草類が群生した生態系であり、水質の浄化（海水中の窒素やリンの吸着）や地下茎を張りめぐらすことで海底を安定化させ、波を穏やかにして砂浜の地形を守る防波機能など、沿岸生態系のなかで多様な機能を果たしている。

図 3-2　熱帯性アマモ場（上：フィリピン・ルソン島ボリナオ海域）と、温帯性アマモ場（下：東京湾富津干潟沖：島袋寛盛撮影）の景観写真（仲岡・渡辺 2011 より）。

アマモは、沿岸砂泥域に自生する海草であり、もっとも長い植物名「リュウグウノオトヒメノモトユイノキリハズシ（竜宮の乙姫の元結の切り外し）」をもち、『万葉集』にも詠まれている。また、アマモ場の群生は沿岸域の重要な生産の場であり、水産資源（小魚を追い求めてやってくるマダイ、クロダイ、スズキ、メバル、カサゴなど）を含むほかの生物の生息・成育場所や採餌場所、産卵場所となるなど、「生命のゆりかご」とよばれ、生物多様性がきわめて高いホットスポットとなっている。なお、海草類はジュゴンの食草としても知られている。

本調査では、海草類の種類や被度の変動からアマモ場の長期変化をとらえ、生物多様性保全対策のための基礎情報を得ている。人類がアマモ場から享受する生態系サービス(7)の経済学的な価値は、サンゴ礁の三倍、熱帯雨林の一〇倍にも達するとの試算もある。このような貴重な生態系であるにもかかわらず、沿岸域におけるアマモ場の面積は、サンゴ礁やマングローブなどほかの生態系と同様に減少しつづけている。

東南アジアから日本にいたる沿岸域は、熱帯性および温帯性の海草類の種多様性がもっとも高い海域である。この海域のアマモ場生態系の長期変動に関するデータの集積、すなわち生物モニタリングの持続的な実施が世界的にも求められている。アマモ場の世界的な減少（磯焼け）には、人間の経済活動による水質悪化や海岸線の改変などが大きく関与している。これらは、アマモ場にかぎらずさまざまなタイプの沿岸生態系で生物多様性の減少や生態系機能の劣化を引き起こしているが、今後、地球温暖化や海洋酸性化などのグローバルな気候変動との相互作用により、沿岸生態系にさらに深刻な悪影響を与えることが懸念されている。なお、海洋酸性化（水中の二酸化炭素濃度の増加）については、海草の成長やアマモ場の分布拡大に正の効果を与えるとの意見もある。

たとえば、瀬戸内海は、古来より人間生活とのつながりが緊密で、里海の性格を長いあいだ、保ちつづけてきた。里海としての瀬戸内海が提供する豊かな海の恵みや景観は、人びとの暮らしや生業と沿岸海域の自然との長いあいだの相互作用によって形成されてきたものである。しかしながら、このように長く保たれてきた瀬戸内海の豊かな里海は、第二次世界大戦後の高度経済成長期に大きく変貌した。すなわち、公害による環境汚染や埋め立てなどによる浅海域の消滅、これらにともなう生態系の劣化と水産資源レベルの低下を引き起こしたのである。[8]

＊

水産資源だけでなく「日本は資源に恵まれた国である」という。外国の子どもは、山を茶色く塗るが、日本の子どもは、緑色に塗る。石油や鉄鉱石だけが資源というわけではない。「森は海を海は森を恋いながら悠久よりの愛紡ぎゆく」（熊谷武雄）、つまり「森は海の恋人」（山の森の豊かさは、川を通じて、海の森の豊かさも育んでいる）といわれるように、地上資源である豊かな森や水こそが、日本が世界に誇る資源なのだという。

森林は、世界の陸地面積の約三割を占め、陸上の生物種の約八割が生息・成育していると考えられているなど、生物多様性の保全を図るうえで重要な役割を果たしている。また、水源涵養や洪水緩和、二酸化炭素の吸収による地球温暖化の防止に加え、食糧や木材のほか、レクリエーションの場や観光資源を提供するなど、われわれの生活をより豊かにする機能をもっている。日本の森林率は、国土面積比で約六七％を占めることから世界平均の倍以上である。

一方、『日本山名総覧』によると、二万五〇〇〇分の一の地図に載っているだけでも計一万六六六七の山があるという。都道府県数で割ると三五五にもなる。いかに日本が山の国であるかがよくわかる。それゆえに、山は古代から人びとの生活と切り離せない存在だった。かれらは里山に生かされ、奥山を信仰の対象としてきた。

しかしながら、現状は、林業の後継者不足などもあって手入れがされない森林は荒れ、里山は廃れていく。全国で進んでいる森林や里山の荒廃は、子孫のために豊かな生物多様性や生態系サービスを残すという精神が失われたことのあらわれである。

すなわち、「現在伐採している杉や檜、あるいは里山の植物は、先祖からの遺産を利用しているということなのである。先祖によっていかされ、子孫のためにつくすという利他行為の精神が、里山維持の基本だということをしっかり心にとめることが大切である」（河合雅雄）。

里海の変貌（生態系の劣化）や里山の荒廃など生物多様性に対する危機(9)（表3-1）を考えると、その生物多様性保全のためにはまず、人間も地球の生態系の一部であるということ、その恩恵（生態系サービス）なしには一日たりとも生きていくことができないということを想像することが求められる。それは、かつて人びとがもっていた自然と人間の関係、「自然との対話」を取り戻そうとするお

表3-1　生物多様性に対する危機とその例。

生物多様性に対する危機	国内の例
人間活動や開発による危機	有明海の干拓で干潟が減少して貝類などが死滅
人間活動の縮小による危機	佐渡島の棚田の耕作放棄によりトキの餌場が減少
人間により持ち込まれたものによる危機	斜面緑化や砂防に使う外来植物が在来種のカワラノギクを駆逐
地球温暖化による危機	「マツ枯れ」の原因昆虫の生息地が東北地方に拡大

こないだともいえる。

地産地消である地元の魚や農作物を食べることを心がけること。パソコンや携帯電話を手にするときに、遠い国ぐにに暮らす人びとや野生生物に思いを馳せること。われわれが使うその商品の原材料は、どこから運ばれてきたのか、どのようにしてつくられ、ここにたどりついたのかを考え、わからなければだれかに尋ねてみること。感性をはたらかせてこのような想像や考えをもつことが求められる。

アフリカでの植林などに貢献し、「もったいない」運動でも知られるケニアの女性環境保護活動家、ワンガリ・M・マータイ（一九四〇～二〇一一、二〇〇四年度ノーベル平和賞受賞）は、「生物多様性という科学的な言葉はむずかしい。これを神話の世界から日常生活のなかにもってこなければいけない。生物多様性は人間生活のすべてにかかわっているのだから、すべての人がそのためになにかができる」と語っている。すなわち、ひとりでも多くの人が、「自然との対話」を取り戻し、地球上の生物多様性が置かれた状況への危機感を共有し、日々の暮らしのなかでなにをしたらよいのかを考えるきっかけになるであろう。

そして「自然を観る」とは、生物多様性を知ることでもある。それは、いまを生きる現代人にとって必要なことである。「生きているとはどういうことか」「自然とはなにか」「自然と人間のつながりとはなにか」。センス・オブ・ワンダーの感性をはたらかせて生物多様性をよく知ることが、これらの問いにこたえるための重要なキーを与えてくれる。

2　科学から芸術へ

感性について

『センス・オブ・ワンダー』のなかで、「もしもわたしが、すべての子どもの成長を見守る善良な妖精に話しかける力をもっているとしたら、世界中の子どもに、生涯消えることのない『センス・オブ・ワンダー＝神秘さや不思議さに目を見はる感性』を授けてほしいとたのむでしょう」とカーソンは述べている。彼女は、貴重な子ども時代に人間を超えた存在を認識し、おそれ、驚嘆する感性を育み強めていくことには、永続的で意義深いなにかがあると信じている。子どもたちの世界は、いつも生き生きとして新鮮で美しく、驚きと感激に満ちあふれているのである。

一方、ピアジェの長年の子どもの発達に関する研究から、子どもは大人とは異なる独特な精神世界に住んでいる、つまり「子どもは、頭のてっぺんから、爪先までで感動する」といわれるように、幼児は、好奇心と感動に満ちあふれた感覚的世界に生きている。カーソンのいう「センス・オブ・ワンダー」の世界とは、まさにこのような世界であろう。自然科学者カーソンと心理学者ピアジェは、同じ子ども観に立ち、幼児期の教育を考えていたことがわかる。それはまた、わが国における環境教育にもつながっている。その基盤を情操面から見たとき、「自然への感性」「生態系への共感と一体感」「生命の尊重と生物多様性への畏敬の念」の三つを育むことが重要とされる（日本環境教育学会）。

まず、子どもの成長においては、知性や論理的思考の発達に先立って、感性の発達が見られる。つまりカーソンが、『センス・オブ・ワンダー』で述べているように、子ども時代に出会う事実の一つひとつが、やがて知識や知恵を生み出す種子だとしたら、さまざまな情緒や豊かな感受性は、この種子を育む肥沃な土壌であり、幼い子ども時代はこの土壌を耕すときである。美しいものを美しいと感じる感覚、新しいものや未知なものにふれたときの感激、思いやり、憐れみ、賛嘆や愛情などのさまざまな形の感情がひとたびよびさまされると、次はその対象となるものについてもっとよく知りたいと思うようになる。そのようにして見つけ出した知識は、しっかりと身につくのであり、子どもに知識を身につけさせるには、まず自然への感性を育てることが大事である。その意味では、幼児期から自然のなかで感性の芽を培っていくことは、環境教育の出発点であるといえよう。

この自然物である生きものにふれる直接体験や、そこでの感性の芽生えからさらに進んで、生態系全体との共感や一体感を育むこと（自然体験）も環境教育の基盤となる。たとえば、「土地倫理[10] land ethic」を提唱したアメリカのアルド・レオポルド（元ウィスコンシン大学教授、一八八七〜一九四八）は、森林局で狩猟鳥獣管理をおこなっていたころ、日常の仕事として野生の生命をただ観察することではなく、永久に記憶に残る野生の生命と直接ふれあった体験（撃ち倒した母オオカミの目に光る緑の炎が消えいくさま）について述べている。「……若いころに野生の命と接触しそれを追求していたときの最初の印象は、その生命の形や色や雰囲気を生き生きとした鋭さで保っている」と。同様にカーソンも潮だまりの「壊れやすい春の花園」を観察したときの共感や雨が降るととりわけ生き生きとして鮮やかに美しくなるメインの森をロジャーと一緒に散歩したときの一体感について述べている。このような生命とのふれあいの原体験によって培われた感性（根源的なセンス・オブ・ワンダー）は、その後、生命についての知恵を形成しつづけ、環境についての深い洞察の尺度となる。

さらにレオポルドは、「土地倫理」の意味を「個人」の経験から「生態系」についての経験へと広げて、次のように述べている。「水の調べは誰の耳にも聞こえる。……この調べをほんの数小節聞けるようになるにも、まずここで長期間暮らし、丘陵や川のおしゃべりを理解できるようになることが必要だ。すると、この音楽が聞こえてくるだろう。幾千もの丘陵に刻まれた楽譜、草木や動物の生ける者と死せる者が奏でる調べ、秒という時間と世紀という時間とを結ぶ音律――以上が渾然一体となった大ハーモニーが」（新島義昭訳）。

だれもがもっている美的な情感は、感性（根源的なセンス・オブ・ワンダー）をはたらかせることで、個人から生態系についての経験へと広がり、より普遍的で持続的なものとして洗練される。この美的情感によって、生命のリズムと宇宙のリズムの調和を感じとることができる。それは、「幾千もの丘陵」という空間を越え、生けるものと死せるもの、秒と世紀の時間を「渾然一体」に結びつける情感であり、それが「土地」（生態系）の倫理を気づかせる。

自然や環境への感性を磨くことや生態系への一体感を育むことに加えて、自然や環境やそのなかで生み出された種々の生命が長い進化の歴史をたどってきたことと、それによって多様性を獲得してきたこと。すなわち、生命の歴史と生物の多様性の視点（生命誌）[11]もまた育んでいく必要がある。生命と生物の多様性に対する尊重や畏敬の念は、自然や環境を保全しようという意識につながるものであり、環境教育や理科教育の基盤として不可欠のものである。

これについてカーソンは、『海辺』の序章で、海辺はつねに陸と水との出会いの場であり、いまもそこでは、絶えず生命が創造され、また容赦なく奪い去られており、進化の力が変わることなく作用しているところであると述べている。そして、海辺に足を踏み入れるたびに、多様な生物同士が、また生物と環境とが、互いに絡み合いつつ生命の綾を織りなしている深遠な意味を、新たに悟るのであると述べている。自然観察や自然体験を海辺でおこなうことは、子どもたちにとってもセンス・オブ・ワンダーの感性をはたらかせる楽しい発見の場になるであろう。さらに、子ども時代からの知性の発達により、感性（根源的なセンス・オブ・ワンダー）は磨かれ、知性と感性の相乗的な効果により、科学的な探求心につながる感性、二次的なセンス・オブ・ワンダーに発展するのである。

そもそも感性という言葉の語源は「知覚」を意味する。この語を最初に取り上げたのは、ドイツ観念論哲学の祖とされるイマヌエル・カント（一七二四〜一八〇四）である。かれの『純粋理性批判

(*Auflage der Kritik der reinen Vernunft*, 1781)』には、「我々が対象から触発される仕方によって表象を受けとる能力を感性という」、そして「悟性は概念の能力である」と記されている。ただし、感性も悟性もさらに理性もかれによる「形而上学」的な仮説である。脳には、独立した感性領域や悟性領域、および理性領域があるわけではない。脳は独自の論理回路で、感知し、思惟し、吟味するシステムを備えており、それぞれの回路は、相互に大きく重複していると考えられている。

「人間の直観は常に感性的である」「人間に可能な直観は感性的直観だけである」などと、カントはくりかえし記述している。つまり、人間の認識には、感性と悟性の二つの根幹があり、感性によって対象が直観され、その対象が悟性によって思惟されて概念が生まれるというのが、かれが描く形而上学的仮説の基本的枠組みなのである。

「感性の森に／悟性の木が育ち／理性の花が咲く」。いかにも閃きそうな感性、理解する悟性、そして、思考を重ねる理性という分類は長く支持され、いろいろな学問分野にも及び、日常語でも発展している。知性と相乗的に研ぎ澄まされていった感性(二次的センス・オブ・ワンダー)のはたらきは、直観的な閃きを生み出し、軽やかに機能する精神能力であり、科学や芸術などの文化を生み出す原動力である。宇宙のなかで人間の感性は、重厚な悟性や理性と融合して、軽やかに優雅に閃いている。

科学と芸術のつながり

『海辺』の「岩礁海岸」では、その潮間帯のほとんどの動物は、低潮帯で親密な共同生活をしている。そのことについて、潮だまりという場所で、潮流のなかの目に見えない漂流物に頼りきっているイガイとヒドロ虫類が、餌の違いによりニッチを分けていることが示されている。すなわち、イガイは植物プランクトンの受け身型濾過器であり、ヒドロ虫類は積極的な捕食者で、動物プランクトンである微小なミジンコやケンミジンコ、ゴカイ類を罠にかけてつかまえる。さらに、植食者のイガイが、捕食者であるヒドロ虫類のためにすみかをつくっていることなど、相利共生とはいえないまでも種間の共存する関係、すなわち共同生活をしていることが記述されている（第2章）。

このような科学（生態学）的な記述がある一方で、「海辺に足を踏み入れるたびに、その美しさに感動する」と、潮だまりについて、微妙な色合いの緑や黄土色、ヒドロ虫類の真珠のようなピンク色など、壊れやすい春の花園にたとえ、ツノマタのもつ青銅色の金属的なきらめき、サンゴ色の藻類のバラのような美しさが、潮だまりいっぱいにあふれているとカーソンは述べている。これら生命が放つ美を「自然の力（自然の変貌に対して彼女が感じた普遍の生命力）」ととらえている。

カーソンは、一冊の本のなかで、科学的な記述と文学的（芸術的）な表現を見事に融合させている。カーソンの自然に対する知性と融合した二次的なセンス・オブ・ワンダーの感性は、探求心を通して科学的な記述とともに、芸術的な創造をも生み出している。

『センス・オブ・ワンダー』でも、「メインの森は、カラシ色やアンズ色、深紅色などの不思議ないろどりをしたキノコのなかまが腐葉土の下から顔を出し、地衣類やコケ類は、水を含んで生きかえり、鮮やかな緑色や銀色を取り戻す。地衣類は、石の上に銀色の輪を描いたり、骨やつのや貝がらのような奇妙な小さな模様をつくったり、まるで妖精の国の舞台のように見える」と芸術的に表現している。美しいものを美しいと感じる感覚、新しいものや未知なるものにふれたときの感激、それらセンス・オブ・ワンダーの感性が、文学や絵画をはじめとする芸術を生み出すのである。

ルネッサンス研究によると、芸術的感覚や芸術的思考、すなわち芸術的な感性があってはじめて自然科学が発生していく基盤ができあがったという指摘がなされている。それは、「描こうとする対象を一番忠実に写した絵画がもっともすばらしい」(ダ・ヴィンチ)といわれるように、もともとルネッサンス期には対象を精密に観察することが芸術のすべてであるというような、自然科学の基本をすでに芸術家が直観的に身体化し、具現化しているという認識があった。すなわち、個人の感性がとらえたものを万人に共通の体系的な知識として表出するのが科学で、主観的な作品として表出するのが芸術なのである。

「画家は『自然』を師としなければならぬ」「科学なしで実践にふけるものは、舵や羅針盤なしで船をあやつろうとする船乗りのようなものだ」(ダ・ヴィンチ)というように、芸術家の美的直観(二次的センス・オブ・ワンダー)によって、「黄金比(近似値で5:8)」のような自然に潜在する科学的な自然美を無意識的なメッセージとして作品に取り込んでいる。それは、パルテノン神殿のような建造物に見出されるとともに、葉のつき方やヒマワリといった自然(生物)のなかにもあらわれる。「美は、隠れた自然の法の現れである。自然の法則は、美によって現れなかったら、永久に隠れたままでいるだろう」(ゲーテ、高橋健二編訳)。

レオナルド・ダ・ヴィンチの「ダ・ヴィンチ」とは「ヴィンチ出身の」という意味であり、幼少期を過ごした故郷ヴィンチ村は、豊かな自然に恵まれたイタリア中部の丘陵地にあった。かれの絵画は、野生に近い森も残っていたヴィンチ村の自然を手本にしていると考えられる。幼少のころは、カーソンと同様に、山野をめぐって野生の生きものとふれあい、のちの絵画作品にみられる風景描写や、科学的な考察に通じる卓越した感性（根源的なセンス・オブ・ワンダー）を磨いていったことは想像にかたくない。

　ヨーロッパ中世の大学において、科学は、系統だった探求が可能なあらゆる領域を示し、芸術は、系統だって習得していける技術（技能）のあらゆる領域を示していた。どちらも知識と技術（技法）の全体を包括し、それらの世界を共有していた。知識とは、経験と熟練を必要とする活動や行為であり、一種の技術でもあった。科学者で技師、文筆の人であったダ・ヴィンチは、みずからを「経験の弟子」と自身の手稿に残している。なかでも、人物のスフマート技法[12]と背景に空気遠近法を用いた《モナ・リザ》のような精巧な絵画作品でよく知られている。

「遠近法は『絵画』の手綱であり舵である」（ダ・ヴィンチ）。方向づけること、意味づけること、比例とバランス、調和とハーモニー。遠近法とは、これらすべてにかかわる技法なのである。観察に根ざした感性と知性がひとつに結ばれたところの方法、それが遠近法なのである。このように芸術家の二次的なセンス・オブ・ワンダーの感性は、科学だけでなく技術に支えられてさらに研ぎ澄まされていったと考えられる。

カーソンと同様に「観察の人」であったダ・ヴィンチの具象絵画は、感性の受動的な受容機能にもとづいて描き上げたもので、カントの形而上学的仮説（前項）によれば、「眼で描く」と表現された。そして、感性が受容した印象は悟性によって概念化されるとカントは説く。カンディンスキーなどの抽象絵画は、その悟性にもとづく能動的な絵画であり、概念化の表出であると主張されている。それゆえ、抽象絵画は「脳で描く」と表現される。偶然に遭遇するそのおりおりの印象そのものにとどまるのではなく、それらを悟性で思惟し、みずからが形式化し概念化した心の創造物を描くというのである。

すなわちそれもまた、画家の悟性とひとつに結びついた二次的センス・オブ・ワンダーの感性によるものであろう。よって、いかに現実と離れた抽象的なものでも、どこかで人間的な感性との接点をもっているのである。そこに心から生み出された人間的なものがある、あるいは隠れているからこそ、われわれは抽象絵画に感動するのである。

＊

《モナ・リザ》や《岩窟の聖母（Vergine delle Rocce）》（ダ・ヴィンチ、一四八三〜一四八六年、ルーブル美術館所蔵）をも凌駕するとされる《ほつれ髪の女（La Scapigliata）》（ダ・ヴィンチ、一五〇六〜一五〇八年ごろ、パルマ国立美術館所蔵）（図3-3）や《真珠の首飾りの少女（Het meisje met de parel）》（J・フェルメール、一六六五年ごろ、マウリッツハイス美術館所蔵）のように夢み

図 3-3　レオナルド・ダ・ヴィンチ《ほつれ髪の女》（1506–1508 年ごろ、板に緑土、アンバー、鉛白　24.7×21 cm、パルマ国立美術館所蔵）。

た理想の女性像を、画家たちは描いてきた。

日本では、当時の技術の粋を凝らして様式化された「引目・鉤鼻」の女性美を描いた『源氏物語絵巻』（一二世紀、国宝、五島美術館所蔵）や江戸時代に「細くて繊細な顔立ち」の《高名三美人》（一七九三年ごろ、平木浮世絵財団所蔵）（図3-4左）を描いた喜多川歌麿（一七五三ごろ～一八〇六）の浮世絵をはじめ数多くの女性の美を追求、表現した作品が見られる。現代の日本でも例外ではなく、多くの表現者が女性を題材、テーマとしている。

なかでも、高度なコンピュータグラフィックス（CG）の技法を取り入れて、秀麗なイラストを描く画家（イラストレーター）は、江戸時代の浮世絵師になぞらえ、「絵師」とよばれている。かれらが築き上げたスタイルは、日本発のポピュラーカルチャーとして世界的にも注目されつつある。UDX AKIBA_SQUARE（東京・秋葉原）と京都国際マンガミュージアムで開催される「絵師100人展」[13]では、絵師たちによる「日本」をテーマに描き下ろしたイラスト作品が展示される。とくにか

図3-4　喜多川歌麿《高名三美人》（1793年ごろ、平木浮世絵財団所蔵）（左）、「絵師100人展　京都篇」（2012年）のチケット、絵：西又葵《富士の聖域》（右）。

れらが表現する「美少女」は、現実の少女の眼を大きくデフォルメし、美しい、あるいは「かわいい」といった要素を巧みに抽出したものである（図3-4右）。かれらの感性（二次的センス・オブ・ワンダー）の表出である「美少女」の顔はどれも似通っており、幼少のころからマンガやアニメに囲まれて育った同時代の絵師たちに共通する美意識によって描かれているのである。

さえずりの科学と音楽

われわれの多くは、まわりの世界のほとんどを視覚によって認識している。これは、ヒトの外界情報の八割以上が視覚に依存するからであり、鳥をはじめ脊椎動物が進化の過程でそれを発達させたからにほかならない。カーソンは、視覚だけでなく、音を聞くこともまた、実に優雅な楽しみをもたらしてくれると、地球が奏でる音（雷のとどろきや風の声、波のくずれる音や小川のせせらぎなど）やあらゆる生きものたちの声（春の夜明けの小鳥たちのコーラスや虫のオーケストラ）に耳をかたむけている。彼女は、このうち小鳥たちのコーラス（歌声）について『センス・オブ・ワンダー』のなかで次のように述べている。

鳥たちの最初の声は、太陽が顔を出すまえに聞こえてくる。まず、赤いカーディナル（和名ショウジョウコウカンチョウ）が、澄んだかん高い笛のような声で歌いはじめる。それから次に、ノドジロシトドが天使のようにけがれのない歌声をひびかせ、夢のような、忘れることのできないよろこびをもたらしてくれる。少し離れた森では、ヨタカが「キョキョキョキョキョ、キョキョキョキョキョ」と単調でリズミカルな夜の歌を歌いつづけている。リズミカルな特徴のあるその声音は、聞こえてくるというより、感じるといってよいようなものである。やがて、美しい歌声の鳴禽類、コマツグミ（図3-5）、モリツグミ、ウタスズメなどの鳥たちが合唱に加わってくる。

朝のコーラス（歌声）は、コマツグミの数が増えるにつれてボリュームを上げ、そのうちにコマツグミの「キョロン、キョロン」という朗らかな迫力のあるリズムが、自然の混成曲（メドレー）をリードするようになってくる。この明け方のコーラスに耳をかたむける人は、生命の鼓動そのものを聞いているのである、とカーソンが描く小鳥たちのコーラスには、みずみずしい臨場感とともに彼女の科学的で芸術（音楽）的な感性（二次的センス・オブ・ワンダー）の豊かさを気づかせてくれる。

また彼女は、すでに一五歳のときペンシルベニアの丘陵地帯での「鳥の巣探し」に出かけた散策の思い出として、森の奥へと進むと、目と鼻の先で、メリーランドカオグロムシクイが、魔法の呪文を唱えるかのように「ウィッチェリー witchery、ウィッチェリー」と鳴いていたこと、午後になると、カマドムシクイの「ティーチャー teacher、ティーチャー」と、まるで先生をよぶような鋭い鳴き声が聞こえてきたこと、やがて日暮れ近くなると、モリツグミが美しい調べを奏でて、オジロヒメドリは夕暮れの子守歌を歌っていたこと、そして、心地よい疲れと、すばらしい幸福を感じながら、ゆっくりと家路についたことを「私の好きな楽しみ」に書いている。カーソンは小鳥たちとの交感ともいえる体験（自然体験）を綴っている。[14]

図 3-5　コマツグミ（*Turdus migratorius*）。スズメ目ツグミ科ツグミ属に分類される鳥類の一種。渡り鳥である。日本ではツグミ属の鳥が12種も記録されており、繁殖する鳥もそのうち5種に及んでいる。ところが、広大な北アメリカには、アメリカ人がロビン robin とよぶコマツグミが繁殖するだけである。そのためか、この鳥は北アメリカの人びとにもっとも親しまれており、大都会の公園や庭先から、低い山の林にかけて数多く生息する。巣は木の枝や藪のなか、草の根元近くにもつくられる。さえずりは日本のアカハラ（大型のツグミ）に似た「キョロン、キョロン、チュリリ」といった、朗らかな大声である。形態：全長約 25–28 cm、体重約 77 g。

われわれも梅の花が

咲くころに、ウグイスの歌声（さえずり）を耳にして、春の訪れを感じる。渓谷で聞いたオオルリのさえずりは、過ぎ去った夏の思い出とともに記憶にとどまる。鳥の歌声は、日本の自然が豊かであることを感じさせてくれる。

あらゆる生きものたちの声のなかでもとりわけ、「音楽」とよべるような美しい鳥の歌声、その旋律をともなった声は、人と鳥にしか出せないのである。人は息を吐き出すときに声を出すが、鳥は吸うときにも声が出せる。たとえば、ウグイスの「ホー、ホケキョ」の「ホ」は吸音で、「ケキョ」は呼音である。ヒバリが三分間もの長い時間、飛翔しながらさえずりつづけられるのには、このような理由がある。

また鳥が渡りをする、さえずりをはじめるといった繁殖にかかわる生理的な変化は、「長日効果」という日照時間の変化に起因している。留鳥は、その地でしだいに生理的な条件がととのっていくので、オスのさえずりも不完全なものから、だんだんに完成していく過程を知ることができる。ウグイスやホオジロ、ヒバリなどのさえずりが日を追って完成していくのを経験した人も多いであろう。これは、幼い若い鳥が発声しているのではなく、成鳥の体がしだいに繁殖できるようととのっていく途中なのである。

ところが夏鳥では、ある日突然に完成されたさえずりが聞こえはじめる。渡来したときから繁殖のためのなわばりの確保が必要なため、その時点で生理的な準備が完成しているのである。ツバメやカッコウ、コマドリなどが渡来時や渡りの最中にととのったさえずりを聞かせてくれるのは、こうした理由による。

さえずりは、繁殖期のオスの歌声であり、なわばり宣言（テリトリー・ソング）と求愛（ラブ・ソング）の役目がある。さえずりとは、鳥の音声のうち長く続く複雑な構造をもつものである。短く単純な構造をもつ音声は地鳴きとよばれ、さえずりと区別される。またさえずりは、性淘汰によって進化したと考えられている。つまり、より複雑にさえずるオスをメスが選ぶことによって、さえずりが音響学的に複雑な信号へと進化したと考えられている。この考えを最初に述べたのは、ダーウィンであり、すでに実証されている。なお、さえずりは一般にオスがおこなうが、オスのほかにメスもさえずるイソヒヨドリやサンコウチョウ、オスの役目をメスが受けもってさえずるタマシギやミフウズラも知られる。

＊

《クラヴサン曲集第3巻「恋のうぐいす」》（クープラン、一七二二年）や《四季（和声と創意の試み）より「春」第1楽章》（ヴィヴァルディ、一七二五年）、《交響曲第6番「田園」第2楽章》（ベートーヴェン、一八〇七〜一八〇八年）などのクラシック音楽にこれまで多くの作曲家たちが、鳥の歌声をモチーフにした旋律やリズムなどを取り入れている。

なかでも、フランスのパイプオルガン奏者であり、作曲家のオリヴィエ・メシアン（一九〇八〜一九九二）は、鳥類学者としても知られる。鳥の歌声に関心をもち、その旋律、リズム、音色、対位法を詳細に研究（採譜や音楽語法など）し、《鳥のカタログ（全一三曲）》（一九五六～一九五八年）をはじめとする作品を完成させている。かれは、鳥の調査とその歌声の採譜をフランスの鳥からはじめて、これを生息地と地方によって分類しているが、のちにはアメリカから日本、南アメリカ、中近東と世界中でおこなっている。メシアンは鳥の歌声に関する科学的で論理的な調査・研究により研ぎ澄まされた感性と知性がひとつに結ばれた二次的センス・オブ・ワンダーの感性でもって作品を生み出している。

ところで、六世紀はじめに生きたイタリアの哲学者ボエティウスは、音楽を三つに分けている。すなわち、「宇宙の音楽」（天体の運行により生じるマクロな音楽）と「人間の音楽」（体内の臓器が奏でるミクロな音楽）、「器具の音楽」（現在われわれのいう音楽）である。かれの「音楽」は、かならずしも耳に聞こえるとはかぎらない、ある種の数的な「調和（ハーモニー）」ということになる。中世以来の伝統をもつ最広義での音楽=調和を、メシアンは「鳥の音楽」で表現しているといえよう。

メシアンの作品のなかではじめに鳥の歌らしいフレーズが登場するのは、パイプオルガンで演奏される《主の降誕》（一九三五年）の第2、9曲で、このうち後者については「わが音楽語法」のなかではっきりと「鳥の様式による」と記している。一九五三年には、鳥の歌声だけで書かれた《鳥たちの目覚め》を完成させた。そのスコアには「この譜面には鳥の歌声しかない。すべては森で聞いた完全な本物である」と書かれている。この作品はメシアンの「鳥の音楽」の大きなステップアップになっている。そして、鳥そのものをテーマにした長大なピアノ作品《鳥のカタログ》が書かれた。

本作品は、いずれの曲も標題になっている鳥（キバシガラスやキガシラコウライウグイス、イソヒヨドリ、カオグロヒタキ、モリフクロウ、モリヒバリなど）、およびそれと同じ土地に生息する鳥たち（計七七種）の歌声が、音楽化されている。各曲には序文が付されており、その鳥の生態のみならず、生息地の風景や同じ曲に登場するほかの鳥についての説明もあり、まさしく「鳥のカタログ」なのである。

また鳥だけでなくカエルやセミといったほかの小動物、さらに波や川や岩や花、日の出や夜など自然を構成する要素も出てくる。そして各曲には、具体的な場所や時間の経過が設定され、「鳥を主役とした自然絵巻」とでもいうべき多彩なストーリーが与えられている。作曲家と鑑賞者は、ピアノの奏でる響きにより「自然絵巻」とつながり、その一体感により同じ自然観を共有することになる。「神の被創造物である自然」に畏怖・畏敬の念を抱いて、自然をこよなく愛したメシアンは、まさしく「センス・オブ・ワンダー（ここでは、自然に対して畏怖・畏敬の念を抱く感性）」の世界を音楽によって表現している。

かれは、《鳥のカタログ》が初演（一九五九年）される直前に次のように書いている。「自然こそ、鳥たちの歌こそ、わたしを夢中にさせ、わたしのよりどころともなってくれる。そこにこそ音楽はあり、と私は思う。鳥たちの音楽は自由で、誰のものでもなく、意のままに湧きあがり、目的といえば、ただ楽しむため、出ずる日に挨拶するため、愛と生きる喜びに沸きたつありあまるエネルギーを発散するため、日暮れにあって疲れを癒し、ゆるされた命の一日分に別れを告げるため。『音楽、それは

彫像の吐息か　あるいは絵のもつしじまか　なべての言葉のおわるところに始まる言葉』（ライナー・マリア・リルケ）。鳥たちの歌は、詩人のこの夢よりさらに高いところにあり、またとりわけ、それを書きつけようとする音楽家よりもずっと高いところにある」（石川湧訳）と。メシアンの作品と、かれが「非物質的歓喜の小さなしもべ」とよんでいた鳥たちとを結びつける重要にしてほとんど宗教的ともいえる絆について教えてくれる。

（1）あるトピックスに関心をもち、その領域に好奇心を抱き、いろいろな問題を解決してみたいという欲求に駆られた人びとの集まり。
（2）素粒子に質量を与えるもの。
（3）物質を構成している素粒子や自然界の力などを、きわめて正確に説明した標準理論で予言された素粒子一七種類の最後となる粒子で、宇宙に秩序をもたらす「神の粒子」といわれる。この粒子は陽子同士の衝突で一瞬姿をあらわすが、すぐに崩壊して、二つの光子が互いに反対方向に飛び出す事象が生じる。またこの理論は、①物質はクォークや電子などの素粒子でできている、②素粒子間ではたらく力を担う粒子がある、③ヒッグス粒子が質量の起源である――という三つの柱からなる。なお、素粒子がヒッグス場から受ける相互作用の強さによって質量は決まる。
（4）ある時代・集団を支配する考え方が、非連続的・劇的に変化すること。社会の規範や価値観が変わること。
（5）第2章、注3参照。
（6）古生代の中ごろで、およそ四億一六〇〇万年前からおよそ三億五九二〇万年前までの時期。魚類の種類や進化の豊かさと、出現する化石の量の多さから、「魚の時代」ともよばれる。

（7） 生態系は、「すべての生命が存立する基盤を整える」さまざまな生態系機能を有する。これら生態系がもつ機能を、人間が資源として生態系から引き出して利用・享受するとき、その価値の総体を生態系サービスとよぶ。具体的には、食糧、材木、医薬品など「人間にとって有用な価値をもつ」、汚染物質の微生物による分解、気候の緩和、洪水や土壌流出の森林による制御など「将来にわたる暮らしの安全性を保証する」、などのサービスがある。近年の人間活動の活発化にともなう土地利用変化、温暖化、侵入生物種の増加によって、生態系を構成する生物多様性は現在、急激に変化・消失しつつあるが、その減少が生態系機能の安定性の低下につながると危惧されている。生態系には、以上のような生態系サービスに見られる物質的な基盤を形成するだけでなく、生物多様性による精神的な基盤を形成する「豊かな文化の根源となる」サービスもある。

（8） 人手が加わることによって生物生産性と生物多様性が高くなった沿岸海域＝「豊かな沿岸海域」。

（9） 国際自然保護連合（ＩＵＣＮ）による絶滅危惧種リスト（レッドリスト）に、絶滅のおそれがあると記載された生物は二〇〇二年版の一万一一六七種から、二〇〇九年版で一万七二九一種に、さらに二〇一三年版では二万九三四種に増加した。生息状況を評価した全種のおよそ三割にあたる。わが国では、種を絶滅に追いやる要因を「四つの危機」（生物多様性保全国家戦略）で示している。まず、「人間活動や開発による危機」は、海岸埋め立てや森林伐採で、動植物の生息環境は悪化する。次に「人間活動の縮小による危機」は、里山など人が手を加えて維持してきた自然が荒れ、生態系が壊れることを指す。そして「人間により持ち込まれたものによる危機」は、外来種や化学物質が生態系を乱すことを指す。琵琶湖のフナの一種、ニゴロブナ（琵琶湖固有亜種）が、オオクチバス（通称ブラックバス）の影響で減ったなどの例がある。最後に「地球温暖化による危機」を挙げ、気温上昇が及ぼす影響にも警鐘を鳴らしている。

（10） 第4章1節1項、参照。

（11） 第1章、注5参照。

（12） スフマート（伊語 Sfumato）は、深み、ボリュームや形状の認識をつくりだすため、色彩の透明な層を上塗りする絵画の技法。とくに、色彩の移り変わりが認識できないほどにわずかな色の混合を指す。ダ・ヴィンチほか一六世紀の画家が創始したとされる。

（13） 二〇一一年から開催されている本展は、従来のアートとは異質ながらも庶民の娯楽となった「浮世絵」を髣髴とさせ、現代に生きる人びとの心をとらえ、世界でも評価される現代の「絵師」一〇〇人の新作を一堂に集め、紹介するもの。

（14） 第7章、注3参照。

第4章——芸術——「対話」とセンス・オブ・ワンダー

1　ネイチャーライティング

「自然とはなにか」を語る——地球文学

カーソンの『沈黙の春』や『センス・オブ・ワンダー』、「海の三部作」は、ネイチャーライティングとよばれ、欧米では一九八〇年代からその文学研究が進められている。それは、客観的な知識（自然に関する科学的情報）と主観的な反応をふまえて、「自然とはなにか」を語る文学である。その意義は、それによって読者が、エコロジカルなものの見方に目ざめることであり、さらにかれらの自然観や社会観、生命観につながるものである。

ネイチャーライティングの創始者といわれ、博物学者で測量技師であったソローは、一八四五年のアメリカ独立記念日（七月四日）から二年と二カ月と二日のマサチューセッツ州コンコードのウォールデン湖畔の家（七畳ほど）での、自給自足の簡素な暮らし（森や野生動物と結ばれた生活体験）をもとに、『ウォールデン――森の生活（*Walden: or Life in the Woods*, 1854）』にまとめている。本書は、ネイチャーライティングの古典ともいわれ、生態学的観察によるウォールデンの森と湖の描写と、人間と自然の関係を綿密に考察した全一八章からなる壮大な随筆である。

一八～一九世紀にかけてイギリスで起こった産業革命以降、市場経済化を促進させた鉄道建設や土地開発により、アメリカ各地はすでに森林伐採の最中になっていた。そこでソローは、『ウォールデン』の第1章「経済」で、経済を「文明」と同義としてとらえ、人類の文明化の過程を詳細に分析して、文明の進歩によってものにとらわれて「静かなる絶望の生活」を送らなければならない人びとを、どのように覚醒させ、変身させることができようかと思案する。

そして、第2章「どこで、なんのために暮らしたか」で、「私が森へ行って暮らそうと心に決めたのは、暮らしを作るもとの事実と真正面から向き合いたいと心から望んだからでした。生きるのに大切な事実だけに目を向け、死ぬ時に、実は本当には生きてはいなかったと知ることのないように、暮らしが私にもたらすものからしっかり学び取りたかったのです。私は、暮らしとはいえない暮らしを生きたいとは思いません。私は、今を生きたいのです」（今泉吉晴訳）と、それ以降の章で具体的な提言を述べている。つまり、森の暮らしを体験する過程を通して、かれは自然と調和しながら、常に

〈自己実現〉[1]を目指して高い志をもちつづける人間に変身するようにと主張する。

ソローはまず、読書を通して、「人間の叡智」である神話や詩、旅行記、芸術論、先住民の言葉、そして科学の言葉に、自然を語る表現方法について求めようとしたが、十分でないことに気づく。そこでかれは、毎日、散歩に数時間を費やしたばかりではなく、花の盛りを見定めるために、八キロの距離を二週間のあいだ、六回ほども出かけたり、深い雪のなかを一六キロほども歩いて、隣人である一本のブナに会う約束を守っている。どんな科学者をも超えるかれの豊富な自然経験（自然との対話）は、科学の言葉では、語ろうにも語れない。「科学は部分を説明するに過ぎず、経験はすべてを受け入れている」からである。

つまり、「人間の叡智」だけでなく、「自然の叡智」を「歩く」ことを通して直に経験することが肝心なことであり、その過程が『ウォールデン』に書かれている。それは、自然との対話のなかで「自然の叡智」に気づき、自分自身を見つめ直し、簡素な生活を実践しながら同時に高き思いをもちつづけることであり、文明生活に戻ってきたときに社会と新しい関係をもつことである。よって「森の生活」とは、新しい生き方への第一歩なのであり、この「自然の叡智」をソローに気づかせたのは、森の生活での自然観察と経験にもとづく、かれ自身の知性（人間の叡智）とひとつに結びついた感性（二次的センス・オブ・ワンダー）によるものなのであろう。

カーソンは、ソローの『日記』をベッドサイドに常に置いて、かれのことを「偉大なナチュラリスト」とか、「身のまわりの世界を瞑想的に観察した代表的人物」と表現しているように、ソローは彼女が敬愛した人物のひとりであった。そして、カーソンの抱く自然観にもかれの自然観が影響を与えたことは想像にかたくない。

ソローは、「ウォールデンの森」という地域的に限定された「場所」で、森林の破壊を先駆的に問題にした。ほかの地域も同様となるだろうと考えていたとしても、その地域のことを具体的に論じているわけではない。それに対してカーソンは、『沈黙の春』で言及されている農薬汚染の「場所」は、アメリカ全土に広がっていると考えている。つまり、彼女は自分の考えていることは、「人類全体のために考えるべきであろう」と先駆的に考えていた。一方『ウォールデン』では、ウォールデン、コンコード、マサチューセッツと自己（ソロー）を中心に放射状に世界を展開させる生態地域主義の「場所の感覚」(2)を読みとることができる。

たとえば、かれがウォールデン湖の調査を丹念におこなうのは「場所の感覚」を希求するからである。このような地道な行為を積み重ねながら、知性と結びついた二次的センス・オブ・ワンダーの感性を研ぎ澄ませ、究極的には地球という惑星でどう生きるかということを問い、新しい人間像のための自然観を提示し、文化地図を塗り替えようとする。「場所の感覚」は、ある意味では、「地球文学」とでもよぶべき壮大な枠組みの基盤となる概念であるともいえる。

ところで、わが国では鶴見和子（社会学者、一九一八〜二〇〇六）が、「内発的発展論」において、生態地域主義につながる考え方を、その地域の新しい人間像に結びつけている。すなわち、「ひとつの社会を構成するさまざまな地域（自然生態系の特徴を共有するひとまとまりの場所）を単位として、それぞれの固有の自然生態系と祖先からうけついだ文化に根ざして、環境の変化と外来の文化に対応しつつ、それぞれの地域の住民がそれぞれ異なる発展の形を創り出すことがよいことである」と主張している。したがって、地球上には多様な文化をもつ地域が共存することになる。それはまた、その地域の自然と歴史と、「普段あまり意識されてないもの（生活）[3]」を大事にすることでもある。

第2章に見た生物の多様性（とくに種の多様性）こそが、人類が地球上に生き残るための必須条件であるとするならば、人類もまたそれぞれの地域に根ざした多様な文化をつくりだすことが、生き残りの条件になるのであろう。そして、生物多様性が尊重されるように、それがもとになった文化[4]の多様性もまた尊重されねばならない。

＊

アメリカにおいて「人間は自然の一部である」という見方を明確に示したのはアルド・レオポルドだといわれている。それまでは、アメリカのラルフ・ワルド・エマソン（思想家、一八〇三～一八八二）が「人間は自然界の主人公」と位置づけているように、自然とは対峙すべきものであり、ただ利用すべきものであった。レオポルドは、はじめ森林局の職員としてアリゾナのカイバブ高原に勤務したが、そこで、シカを増やすためにオオカミを駆逐する。しかし、撃ちとったオオカミの目が死ぬ間際に緑色に輝くのを見て「なにか間違えている」と感じた。

人とオオカミとが同じ生きものであることを強く感じたかれは、そののちウィスコンシン大学に移り、『野生のうたが聞こえる（*A Sand County Almanac*, 1949）』を書いた。その第3部「自然保護を考える」のなかで「土地倫理」（第3章）という言葉（概念）を用い、自然のなかに生かされている人間の姿を科学的に説明した。それは、土地利用に関して、伝統的な「人間中心主義」的な見方から「生態系中心主義」的な見方への転換を説き、一九七〇年代から欧米を中心に展開されてきた「環境倫理学」の原点となった。レオポルドはソローの「ウォールデンの森」と同様に、「アリゾナのカイバブ高原」という地域的に限定された「場所」において、悟性とも結びついた二次的センス・オブ・ワンダーの感性をはたらかせて、この概念に気づいたのであろう。

ここで人間中心主義は、文明社会のなかで自然は征服できるという理性に生きる「文明社会的な人間」の観方であり、生態系中心主義は、自然（生態系）のなかでその一部であるという感性に生きる「自然的な人間」の観方であると考えられる。それら「文明社会的な人間」から「自然的な人間」への転換において、新たな倫理観が展開された。

すなわち、レオポルドは人間の倫理観について、最初の倫理は個人と個人の関係を、次に個人と社会の関係を、そして次の段階として、倫理規則の適用範囲を土地にまで拡張することは、進化の筋道としても生態学的にも必然であるとする。かれは「共同体」という概念を、人間社会のみならず、土壌や水、植物、動物、つまりはこれらを総称した「生物共同体」にまで拡大した。ここでいう「土地」は、「共同体」のことであり、生態系とほぼ同じ意味である。

そしてレオポルドは、人間の経済的価値に縛られていることが、当時の自然保護の最大の問題点であると考えた。かれは、人間は土地から遊離した生き方を反省し、土地に対する愛情や尊敬、感動などのもとになる感性（根源的なセンス・オブ・ワンダー）と同時に、土地の生態学的メカニズムを理解する知性を育てることが不可欠であると説く。「土地倫理」は、ヒトという種の役割を、土地という共同体の征服者から単なる一構成員へと変え、人間も、土地という共同体の一員として、共同体全体への義務や尊敬が求められる。

＊

ソローの『ウォールデン』やレオポルドの『野生のうたが聞こえる』、カーソンの『センス・オブ・ワンダー』、あるいは、松尾芭蕉『奥の細道』（一七〇二年）や国木田独歩『武蔵野』（一九〇一年）、中西悟堂『野鳥と共に』（一九三五年）などの文学は、それぞれ「自然とはなにか」をセンス・オブ・ワンダーの感性でもって文芸（芸術）に語ることである。なかでも松尾芭蕉から正岡子規、そして現代にまでつながる俳諧（俳句）は、日本の風土と人の心のつながりから生まれたネイチャーライティングの代表といえるだろう。一方で、『沈黙の春』や石牟礼道子『苦海浄土――わが水俣病』（一九六九年）、有吉佐和子『複合汚染』（一九七五年）などのように、エコクリティシズム(5) ecocriticism をテーマとする、環境（おもに化学物質や放射性物質による）汚染の観点から語られるネイチャーライティングも重要である。

カーソンは『沈黙の春』で、「人間の叡知」である科学技術(6)が引き起こしていた環境汚染に警告を発した。それも、フォーク・シンガーやビート詩人といった、当時のカウンター・カルチャーの担い手からの警告という形をとったのである。その彼女の取り上げたテーマを歌で世間に伝えようとしたのが、アメリカのミュージシャン、ボブ・ディラン（一九四一〜）の「ひどい雨がふりそうなんだ」（歌詞）であった。その歌は核の脅威と酸性雨による環境汚染を訴えていた。そしてかれは、醜い現実を世の中に知らしめていく決意までも歌い込んでいる。それは、かれの社会に対する派生的センス・オブ・ワンダーの感性から生まれたものである。二一世紀に入ってからの地球環境への意識の高まり、福島第一原発事故後に見えてきた脱原発の気運のなかで、「ひどい雨がふりそうなんだ」は、それがつくられた一九六〇年代にも増して、さらなる重要性を帯びてきたといえる。

深くて黒い森の奥深くまで歩いてみよう（中略）
そこには毒の粒が水にあふれている（中略）
僕はその現実を告げ、考え、しゃべり、呼吸するだろう
そしてそれを山から反射させ、すべての人々に見えるようにしたい（中略）
ひどい雨がふりそうなんだ

（福屋利信訳）

自然と向き合う――詩歌の世界

人類の祖先は、約七〇〇万年前にアフリカで誕生した。それは、人類が、チンパンジーとヒトとの

最後の共通祖先から、ヒトにいたる独自の系統を歩みはじめたということである。そして、およそ二〇万年前に旧人（アフリカのホモ・ハイデルベルゲンシス）から進化した人類（ホモ・サピエンス、新人[7]）は、歌いはじめた。

いまや巷では、テレビのお笑い番組で交わされる言葉、携帯のツイッター（短文投稿サイト）で飛び交う言葉、まさに洪水のように言葉が氾濫している。「われわれの言葉は——当初ははるかに音楽的であったが、しだいにかくも散文的に——かくも調子はずれに——なってしまった。現在ではむしろ騒音になり、喧しいとすら言えるものになってしまった——もしこの美しい言葉をかくも卑しめて言うとすれば。われわれの言葉はふたたび歌にならなければならない」（ノヴァーリス、今泉文子訳）。

第2章に見た『古事記』は、わが国で最古の書であるだけでなく、文学性が豊かで、たくさんの和歌（一一二首）が詠み込まれた文学作品でもある。

八雲立つ出雲八重垣妻籠みに八重垣作るその八重垣を　須《す》佐《さ》之《の》男命《おのみこと》

これは、スサノオが八岐大蛇《やまたのおろち》を退治し、櫛名田比売《くしなだひめ》を妻に迎えてこの地の須賀に宮（須我神社）をつくったときに、美しい雲が立ちのぼるさまを見て詠んだ和歌で、宮の立派な垣根をたたえることを通して、のちの出雲国の豊かさが謳われている。この和歌は三一文字からなる日本初の和歌であると、紀貫之（八六六、八七二ごろ～九四五）は評しているが、もとは『古事記』成立以前から出雲にあった新築祝いの民間歌謡ではないかともいわれている。本書にはこの歌を筆頭に、全部で一一二首もの歌謡が収録されている。とくに中・下巻には本文のなかに頻繁に歌が交えられていて、あたかも日本古来のミュージカルのように物語が展開する。このことは、本書の原型となっている物語が、文字化されるはるか以前には、「歌」によって語り継がれていた可能性を示唆している。

さらに日本人は、太古から『万葉集』(七世紀後半~八世紀後半ごろ)にはじまり、平安時代には、紀貫之らの編纂による『古今和歌集』(九〇五年)などの歌集のみならず、『源氏物語』などにおいても詩歌が詠まれてきた。それも音楽のように抑揚をつけて歌われていた。そして、『奥の細道』などで知られる松尾芭蕉(一六四四~一六九四)にはじまり、与謝蕪村(一七一六~一七八四)や小林一茶(一七六三~一八二八)などの歌人によって自然と向き合う俳諧が確立された。いまでは、近代の俳人である正岡子規(一八六七~一九〇二)や高浜虚子(一八七四~一九五九)からつながる俳句(俳諧の発句で、冒頭の五七五)として人びとに詠み継がれている世界一短い定型詩である。

「鳥の渡り、潮の満ち干、春を待つ固い蕾のなかには、それ自体の美しさと同時に、象徴的な美と神秘がかくされています。自然(季節)がくりかえすリフレインのなかには、かぎりなくわたしたちをいやしてくれるなにかがある」(カーソン)。そこから、俳句では、自然と深くかかわること(自然との対話)で歳時記も生まれ、季語も慣用されてきた。季語は、植物も動物もわれわれ人も季節の循環(くりかえすリフレイン)のなかで生かされているということに気づかせてくれる。カーソンは、人間を超えた存在を認識し、おそれ、驚嘆する感性を育み強めていくことのなかに、永続的で意義深いなにかがあると信じていたが、俳句を詠むとはまさにこのことであろう。

美しいものを美しいと感じる感覚、新しいものや未知なるものにふれたときの感激や思いやり、憐れみ、賛嘆や愛情などのさまざまな感情が「こころ」からよびさまされる。俳句とは、自然物である「もの」をみずからの感性（根源的なセンス・オブ・ワンダー）に照らして「こころ」からよびさまされる「こと」を詠むものである。

それはまた、江戸時代の本居宣長（国学者、一七三〇〜一八〇一）が、「世の中にありとしある事［森羅万象］のさまざまを、目に見るにつけ、耳に聞くにつけ、身に触るるにつけ、その万の事を心に味へて、その万の事の心［本質］をわが心にわきまへ知る［深く理解する］、これ、事の心を知るなり、物の心を知るなり、物の哀を知るなり」（『紫文要領（『源氏物語』の注釈書）』一七六三年）と述べたように、「もののあはれをしる」ことは、「もののあはれ」を感ずるという感性でもある。

閑さや岩にしみ入蟬の声　　芭蕉

赤とんぼ筑波に雲もなかりけり　　子規

（短詩）てふてふが一匹韃靼海峡を渡って行った。　　安西冬衛このような俳句（短詩）は、自然の織りなす一瞬の風景（宇宙の広がり）を鮮やかに切り取るところに生命線があるが、それは、科学における観察のように純粋に対象化されたものではない。描写された風景から作者の内面がにじみ出てくるとき、一瞬の風景が言葉の画布の上で忘却されることのない文学的永遠性を獲得するのである。

ただ、内面の投影といっても、それは、俳句のみならず短詩形の言語表現に投影された日本人の心の特質にかかわることである。すなわち、日本人にとって、万葉の時代からずっと、自然との対話のなかで人（表現者）と自然の関係が融合し一体となっているのである。

*

西洋の近代思想は、フランスの哲学者ルネ・デカルト（一五九六〜一六五〇）の「われ思う、ゆえにわれあり」という言葉に端的にあらわされている。観察し思索する自分と観察の対象となるものを、たとえ対象が自分であっても、関係性を切断して客観的に分析し、そこからものの普遍的な本質を究明していくという方法である。その方法によって近代の科学は急速に発達し、世界に広く科学による技術文明をもたらした。しかし、人間（人びと）が自然を対象化して支配できるという錯覚とおごりを抱いたことは、環境破壊や原子力災害など人類の未来を危うくする事態を引き起こしている。

これに対し、人間と自然の関係を切断しない日本人の言語文化には、千年を経ても持続する理由がある。そこには、万人が共感し心を対象に融合させる季語や歌枕をキーワードにすることで、先人がとらえた自然の美を大切にして、あたかもそれに上塗りするかのように、人びとが時代を超えてそれぞれの思い（感性）でもってさらに塗り込め、かぎりなく表現を多彩で豊饒にしていく美学がある。それによって、きめの細かい感性豊かな言語表現の世界を発展させてきたのである。

双子なら同じ死顔桃の花　　照井翠

季語の「桃の花」といえば、愛すべき女の子が生まれ、「桃の節句」のようにその子の未来を祝福するための花であった。それが、桃の花咲く三月に起こった東日本大震災によって、悼みに転化された。これまでの季語に深い陰翳（暗喩）の世界（思い）が付け加えられたのである。悲惨で絶望的でどうしようもない世界であるが、ただ愛らしい「桃の花」が取り合わされ、いくぶん心が救われる。

この句には、芭蕉のいう「風雅（俳句）は造化（自然）にしたがひて四時《しいじ》（四季、季節）を友とす」（『笈の小文』一六八七年）の「造化」、つまり自然と人事に弁別できない境界のない世界が詠み込まれている。俳句において自然と向き合い「自然を詠む」とは、このような「こと」を詠むのであろう。この造化としての自然は、ほとんどの場合は植物や動物を指していて、歳時記の時候・天文・地理などは自然の背後の規矩として動かないものであった。地震や津波などが歳時記にないのは、自然の規矩ではなく、季節を問わず突然やってくる自然の脅威だからであろう。俳諧も俳句もこれほどの大地震と大津波に直接的に遭遇したことはない。したがって、これまでは、自然への畏怖より自然

への共感がそれらの主題となったのである。そしてまた、

三月十日も十一日も鳥帰る　　金子兜太

平穏な日も、千年に一度の大災害があった日（二〇一一年三月一一日）も、どちらも鳥は同じように帰っていく。三月は春の渡りの季節である。季語である「鳥帰る」は何億年前から続いている営みである。大震災は人間にとってはただならぬことであるが、飛んでいく鳥にとってはまったくかかわりのないことである。第2章で見た「再び南へ旅立つムナグロの群れ」のように、その営みを鳥は鳥なりにくりかえしているというものである。

鳥は古来、霊魂を運ぶ聖なるものであるという信仰があり、インドやチベットの山岳地帯の「鳥葬」のように、人の魂を天空の他界に返す葬儀も伝えられている。三月一〇日にも病気や寿命、あるいは事故で人びとは亡くなった。三月一一日（のちに季語）にはたくさんの人びとが地震や津波で亡くなった。鳥はそういう人びとの魂を区別なく神のいる空へと運んでいく。

そして、ムナグロの渡りの途中で起こりうる失敗や災難があるように、いつ自分のなかまが亡くなるか、いつ自分が落伍してしまうのか、鳥たちも必死に生きているのである。そんな鳥たちにとっても、三月一〇日も一一日も必死の一日、一日なのである。このように、われわれは「きちんと現実と向き合って、ものを見ることが大事」（金子兜太）なのである。確かな観察眼ではっきりと「もの」

を見ること。ものを見る、現実（その実態）を見る、それは経験を通して言葉で現実と向き合うことである。そして、言葉で「もの」の本質や正体をつかまえること、それが俳句にとって必要とされる感性（二次的センス・オブ・ワンダー）でもある。

しかしながら、東北地方を襲った三つの惨事（地震と津波と原発事故）を経験したいまとなっては、表現者は、自然の計り知れぬ脅威を畏怖しつつ、科学技術の破綻に対して「こころ」から「自然を詠む」ことをつづけねばならないであろう。それはまた、自然の畏怖と共感に裏打ちされたさまざまな人間の営みを詠むもの（人事句）でなければならない（現在は自然詠よりも多い）。そしてたとえば、第7章に見る女優の吉永小百合さんが朗読をつづける原爆詩のように、人間社会に対する感性（派生的センス・オブ・ワンダー）をはたらかせて、心から人びとの沈黙をすくいとるものでなくてはならない。[8]

よって、「自然を詠む」とは、「人間（自然と社会につながっている人びと）を詠む」ことでもある。もともと「やまとうたは、ひとのこころをたねとして／よろづのことのはとぞ／なれりける（歌とは人の心のなかの種から生えた木の無数の葉のようなもの）」（紀貫之『古今和歌集』の序文「仮名序」）であり、「ことのは（言の葉）」は人の心を正しく伝えるものなのである。

「遊びをせんとや生まれけむ／戯れせんとや生まれけん／遊ぶ子どもの声聞けば／わが身さへこそ動《ゆる》がるれ」（後白河院『梁塵秘抄』[9] 一一八〇年ごろ）。

人と自然のつながり――化学感性

われわれ人がこの世界に生きるということは、常にまわりを五感によって知覚し、それにもとづいて行動することを意味する。視覚と聴覚、触覚のこれら三つの感覚は、それぞれ光や音、力（圧力）、温度を受けとって生じる感覚である。光や音、圧力、温度は物理量であり、この物理感覚を出発点としてさまざまな感性が生じる。また、これらの感覚が大脳新皮質（論理的な判断を可能にする部位）で知覚されることから、これらの感覚の客観的表現が可能となる。

とくに、視覚に由来する感性については、受けとるものが「光」という単一の物理量であるため、それを数値化する技術が発達してきた。たとえば、ある自動車を見て、「カッコいい車だ」と感じることがある。この、いかにも人間らしい感性については、車の三次元的サイズ、形状、色などを客観的かつ数値的に評価することができるのである。そして、われわれが言葉を使って議論することができるのは、まさしくこの視覚情報にもとづく「物理感性」なのである。

一方、太古の昔から生きつづけてきたバクテリアなどの単細胞生物は、視覚をもっていなくても、嗅覚や味覚はもっている。これら二つの感覚は、香味の化学成分である物質に応答するという意味で化学感覚[10]といわれ、生命誕生の時代からあった原始的な感覚にほかならない。われわれにとってこれらの感覚は、古い脳である扁桃体や島皮質で感知される。この「化学感性」は、たとえば、嗅覚に関していえば、「優雅な」「繊細な」「魅惑的な」などといったあいまいな表現しかできない。

「世界最古の果物」といわれるブドウ（日本では平安末期から栽培）は、現在、世界でもっとも栽培されている果物のひとつで、生産量の約八割が醸造酒であるワインの材料として用いられている。そのワインの成分は、香気成分で約六〇〇〇種、呈味成分で数百種といわれており、それらが、複雑に影響してワインの香味を構成している。そのため、機器分析が発達した現在でも利き酒（テイスティング）とよばれる官能検査で評価を決めている[11]。テイスティングでは、視覚による「外観（色や清澄度）」と嗅覚による「香り」、味覚による「味」を分析してワインの品質の判定をしている。

＊

「神は、人類に想像力とワインを与えた」をキャッチコピーにテレビドラマ化（二〇〇九年）もされた、マンガ原作者で小説家、脚本家でもある亜樹直（本名は樹林伸、一九六二〜）の『神の雫』[12]（二〇〇四年〜）には、このテイスティングによって、とりわけ嗅覚による感性をはたらかせることで、そのワインを表現（独自の官能評価）することの大切さが語られている。本作品には、嗅覚による人と自然のつながりが、巧みなマンガ技法（台詞と画）によりテンポよく表現されている。『神の雫』に登場する世界的ワイン評論家・神咲豊多香を父にもつ主人公の神咲雫は、ワインの知識に関しては素人だが、天才的な感覚と表現力、すなわち研ぎ澄まされた感性を秘めている。テイスティングの際のワインの香り[13]によって、過去の記憶である幼いころの思い出がよみがえる。『センス・オブ・ワンダー』では、「嗅覚というものは、ほかの感覚よりも記憶をよびさます力がすぐれていますから、この力をつかわないでいるのは、たいへんもったいないことだと思います」（カーソン）と「化学感性」について述べられている。また、G・スナイダーは、「人が子どものときに自然から学ぶことといえば、まずはにおいや味覚が挙げられるだろう。私には記憶と深く結びついた木苺や植物のにおいがある（私はある種の木苺を一口食べただけですぐに子ども時代に戻ってしまう）。私たちは誰でもこのような経験をしている」と語っている。これはにおいや味覚を通した自然との対話でもある。

このことを西田幾多郎は、「先験的感情の世界」とよんで、フランスのアンリ・ベルクソン（哲学者、一八五九〜一九四一）の『時間と自由（*Essai sur les données immédiates de la conscience*, 1889）』から、「バラのにおいを嗅ぐと、たちまち、幼い頃のぼんやりした思い出が、私の記憶によみがえってくる。実は、これらの思い出は、決してバラのにおいによって喚起されたのではない。私はにおいそのもののうちに思い出を嗅いでいるのであり、においが私にとってすべてなのである」を引きながら、そこにおいてわれわれは「現在の意識の奥底に、現在を超越した深き意識の流に接する」のである、と記している。

われわれの自覚的な意識の根底に、現在の感覚と過去の思い出とが直接に結合するような「生命の流れ」が存在する、と西田は考えている。それは視覚や嗅覚といったさまざまな作用が内面的に結びついた場でもあり、そのような「意識の流れ」を「先験的感情」という言葉で表現している。

『神の雫』では、ワイン（『第一の使徒』）のテイスティングの際に、主人公は、幼いころの母とのブドウ畑での回想シーンを頭に描きながら、遠い昔の忘れていた母との別れを思い出す。「自分にとってこのワインは／母との永遠の別れ――そして幼い頃の思い出を閉じ込めた『一房の葡萄』である。カベルネのもっともワインらしい複雑さと爽やかなミントの香り、そして特徴的なカシスの芳香（アロマ）、それは幼い頃母と一緒に最後に口にした／あの一房の葡萄へとつながる」。

一方、『第一の使徒』について、主人公の父は、「私は原生林に覆われた深い森の中を彷徨っている」「苔生した木々から湿り気を帯びた生命の香りが漂う中／癒しを求めて森の奥を目指して歩く／森の中にあるはずのない花や赤い果実の香り／胸に手を当て逸る心を抑えながら歩みを速める」と不意に森が開け、澄みきった小さな泉が現れる。「私はその美しさに吸い寄せられ／そっと泉に近づく／瞬間／さざ波をひきつれて駆け抜けてくる風が／甘い花と野生の赤い果実の香りを鼻腔に届けにくる」「森の奥であることを忘れさせてくれる香りのハーモニー」と表現する。すなわち、主人公の父＝原作者が、テイスティング（匂香）で研ぎ澄まされた感性（二次的センス・オブ・ワンダー）によって、自分と過去の記憶や自然との「つながり」に気づき、「先験的感情の世界」を生命の「深い森」にイメージしている。

さらに「天・地・人――総てがひとつに調和するなかで生み出されるワインは単なる酒ではなく／一編の名作であり一枚の名画である」と語る。すなわち、『第一の使徒』のテイスティングの際に、ライバルの遠峰一青（「天才」とよばれる新進気鋭のワイン評論家）の台詞に、あの名画（ジャン＝フランソワ・ミレーの《晩鐘》）が語りかける大地の恵みへの静かなる祈りは、このワインが訴えかける揺るぎないテロワール（産地、栽培・醸造方法、発酵・熟成）を表現しているとある。それは、天の恵み（気候）、大地の香り（産地）、それに人の手が加わり（栽培・醸造方法）、天地人が一体となって織りなし、そして神の業（発酵・熟成）がワインを生み出すことへの「祈り」である。ほかにも、クロード・モネ《日傘をさす女》や子を宿した《モナ・リザ》（『第二の使徒』）、中宮寺の弥勒菩薩半跏思惟像（『第六の使徒』）などの絵画や彫刻に結びつけてそれぞれのワインを表現している。

また、送られてきた新しいコンセプトのワインをテイスティングすると、「複雑で一見不規則に見えるその絵画は　実は一つの哲学的なまとまりを見せている」と、「古典絵画と現代美術の狭間に流れる巨大な河の流れを生み出した心象風景に似たもの」として、カンディンスキーの抽象絵画《コンポジションⅡ》をイメージする。このように主人公＝原作者は、テイスティング（匂香）により、そのイメージを絵画や彫刻などの芸術作品に投影している。これらの作品は、かれの知性と悟性が結びついた感性（二次的センス・オブ・ワンダー）の閃きによりイメージされたものである。

一方、カーソンの『沈黙の春』には、彼女自身の感性（派生的センス・オブ・ワンダー）によって、人間社会における自然と人間のつながりに気づき、農薬散布されることで、ある「場所」（カリフォルニア州クリア湖やミシガン州立大学構内など）をめぐる生態学的解析（食物連鎖など）と文芸（ネイチャーライティング）からの思想・哲学的解釈がなされている。同様に『神の雫』でも、ブドウ畑の土壌に農薬が使われると、土壌のよい微生物も死滅してしまい、土のにおいも砂漠のようなにおいに変わってしまうと語られている[14]。このような環境文学は、「場所」をめぐる自然との関係において、社会に対する派生的センス・オブ・ワンダーによる気づきの大切さも教えてくれる。

2　環境芸術

人と環境の関係性を問う――「場所」と「対話」によるアート

環境芸術とは、「人間活動と環境との持続可能な関係を修復・再生・創造する、対話と協働をプロセスとする芸術」（池田一）である。環境という人類全体にかかわる課題について、多様な自然と芸術・文化が、調和的な相互関係を築くという新たな共通認識を提示することを目的としている。

それは、作家の芸術的な介在（アート）によって、自然や環境に対する人びとの姿勢に変化をもたらし、情報の共有、対話、参加、協働、交流という過程を通じて、分野や地域を超えた人と人のネットワークをつくりだす。そして、人びとの多元的な価値観について相互理解を図るとともに、共通の倫理観（倫理的な意識）を認識する契機となることを目指している。すなわち、アート（芸術）が公共のある「場所」における課題に向け、新たなヴィジョンを提案するものである。それはまた、人びとの自然観や社会観につながるだけでなく、それら世界観にもとづく人間観につながるものである。

公害が深刻な問題となってきた一九六〇年代後半より多くの作家が、自然と人間、多様な生物と人間、さらには人間同士の環境の阻害された関係性をいかに再構築していくかという課題について、現実の地域社会である「場所」との関係性を深く見つめ、人びととの「対話」を通じて、現状への問いかけをおこなう作品をつくりだしている。ここでいう「対話」とは、「相手の理論を打ち負かすことを目的とするものではなく、お互いの関係を認め合い、理解し合うためのもの」である。

このような活動は、アースワーク（ランドアート）やエコロジカル・アートなどとよばれる。なかでもアースワークは、一九六〇年代の後半にアメリカやイギリスを中心に登場した実験的なアートのひとつであり、美術館やギャラリーといった展示空間のなかで展開されてきた美術を野外に持ち出すことによって、より広大な地球環境に向かい合わせることを目的とした芸術である。たとえば、アメリカの作家、R・スミッソン（一九三八～一九七三）は、その代表作《スパイラル・ジェッティ（Spiral Jetty）》（一九七〇年）をユタ州グレートソルト湖に六五〇〇トンもの岩や土砂、塩を使って完成させている（図4-1）。

一方、エコロジカル・アートの先駆的作家であるアメリカのH・M・ハリソン&N・ハリソン（ハリソンズ）の初期の大作《ラグーン・サイクル（Lagoon Cycle）》（一九七二～一九八二年）は、危機に瀕するスリランカの干潟（ラグーン）のカニの生態にはじまり、カリフォルニア州ソルトン湖から太平洋岸の河口の調査により明らかにされた、干潟の循環システムや食糧問題についての実際的な解決策を示した一〇六メートルにも及ぶ壁面（ドローイングやコラージュ、写真、テキスト、地図など）で構成されている（清水裕子）。

図 4-1 ロバート・スミッソン《スパイラル・ジェッティ（Spiral Jetty）》（Kimmelman, M., "Sculpture From the Earth, But Never Limited by It", The New York Times, 2005年6月24日より）。この作品は、「緑の建築」（持続可能な建物、環境建築物）で知られるJ. ワインズが、「彼は芸術が生態学と産業との間の和解点として機能し、両者が荒廃した土地を生き返らせ、その象徴的な内容を修復することを手助けができると感じていた」と指摘しているように、露天採鉱によって破壊された「場所」（石油採掘跡地）を芸術によって再生しようと試みた（清水裕子）。

これらの提案にあたり、かれらは、まず、生物学（生態学）をはじめ、社会学、地理学、地質学、歴史学などのさまざまな専門家や行政、住民との協働により各地の情報を集めた。すなわち、住民へのインタビューやコミュニティーとの意見交換といったフィールドワーク（社会学的な手法）と、その「場所」の環境や生物についての膨大な科学的で実証的なデータや、その地域の社会的、歴史的背景のリサーチなどの情報、人びととの多角的な「対話」の集積が、かれらのアートの素材となっている。

国内では、地球環境問題、とくに水に関する問題と強く結びついたアートワーク（エコロジカル・アート）を展開する作家、池田一（アーティスト）は、《花渡川アートプロジェクト》（二〇〇六〜二〇〇八年、鹿児島県枕崎市）や木口家集落《地球の家》アートプロジェクト（二〇一〇年、同市）など、地域社会の「場所」を対象にしながら水環境保全の問題について、フィールドワークによる地域住民との「対話」によって「地球倫理 earth ethic」にかかわるインターラクティブなインスタレーションを展開している。

このような、作家の現実の環境を見つめること、「場所」との緊密な関係性をもつ制作過程には、土地の自然、歴史、社会、住民との対話やさまざまな実証的なデータにもとづいた科学的で社会的、歴史的分野の専門家との協働が必要とされる。地域における社会や住民たちの生活の場（場所）に対する芸術的な介入が、この「対話」の過程を通じて人びとの記憶に共有され、自然や環境に対する姿勢の変化をもたらすのである。それはまた、人びとの生き方やライフスタイルを変えるものである。それゆえに環境芸術の活動は、生態地域主義[15]に結びつく科学性と人間性を重視している。カントの言葉に擬えれば、「科学性のない環境芸術は盲目であり、人間性のない環境芸術は空虚である」といえるだろう。

環境芸術の作家らは、環境と人間（地域社会とつながった人びと）の関係がどうあるべきかを芸術活動を通して追求してきた。したがって、環境芸術は、かれらが環境に能動的にかかわることで、人間が破壊してきたさまざまな環境の再生に、責任をもたねばならないことを人びとに訴えてきたといえる。一九九六年の『環境白書――恵み豊かな環境を未来につなぐパートナーシップ』は、「都市開発や国土開発は、さまざまな環境破壊、その一つとして景観の破壊をもたらしたが、それは、経済の観点が優先されたことに加え、自然の景観の美しさを生活のなかで認識し、それを保全していくという考えが十分でなかった」として、環境破壊の原因となった経済効率主義を見直し、環境配慮を優先する社会を創造するために自然環境と芸術とのかかわりに注目している。

そして白書は、われわれの日常生活において、自然と親しむ方法のひとつとして環境芸術を取り上げ、最近の芸術活動のなかには、地球環境に対する意識（地球倫理）の目ざめや、自然との共感への願望、さらには都市化や産業化の急速な進行に対する危機感、ひいては解決困難なさまざまな問題にぶつかるようになった現代文明自体に対する懐疑（派生的センス・オブ・ワンダー）が見られるとの指摘もなされていると、自然と乖離し、破壊するだけの経済効率主義による現代文明を批判し、自然との共感や共生を模索する環境芸術の姿勢を高く評価している。

カーソンは、広く社会に向けて「自然と親しむ方法」や「現代文明自体に対する危機感」を『センス・オブ・ワンダー』や『沈黙の春』で提示しているが、『沈黙の春』の「べつの道」に見られるように、人びとに新たな共通認識へといたる「対話」のきっかけを巻き起こしたといえる。

自然と芸術のつながり――光の世界

『センス・オブ・ワンダー』のなかで、満月が沈んでいくのを眺めたとき、海は一面銀色の炎に包まれて、その炎が海岸の岩に埋まっている雲母のかけらを照らすと、無数のダイヤモンドを散りばめたような美しい壮大な光景になることが述べられている。自然界の色は、日光のない世界ではほとんど見られないので、カーソンの感性がいかに研ぎ澄まされたものであったかうかがい知れる。

このような光り輝く風景は、ほとんどは日光によって織りなされるものであり、「光の画家」といわれたフランスのクロード・モネ（一八四〇〜一九二六）をはじめとする印象派の画家たちの感性をもとらえた。モネはパリで生まれ、五歳のとき、一家はノルマンディーのル・アーヴルに移住した。この海沿いの自然環境や変わりやすい気候が、のちに開眼するかれの感性を育んだのであろう。

「芸術におけるあらゆる回答は、偉大なる自然のなかにすべて出ている。それをいかに発見するかただそれのみである」（A・ガウディ）といわれる。一瞬の輝き、木漏れ日の偶然の美しさ、揺れ動く光、自然の光の美しさ、偶然のなかの奇跡をモネは経験し、自然のなかには、無限の美が隠されていると、海、庭、森の木陰、太陽、雪など目にするすべての対象を観察して描いていった。このような風景の経験は、そのまま自己と「自然との対話」であり、その観察と経験によってかれの感性（二次的センス・オブ・ワンダー）は研ぎ澄まされていったのであろう。

この明るさや華やぎを描くためには、絵の具を混ぜて濁らせないよう、タッチの一つひとつを分けておかなければならなかった。すると、わずか四、五色のタッチが並ぶなかに、まるで自然の光をすべてつかまえたほどの美しい輝きがもたらされた。それらの形や微妙な色合いによって、無限な世界「あらゆるものが複雑な生命をもった世界」を発見したのである。モネの視覚のもと、無垢な、そして、光に満ちた変貌しつづける世界が啓示されることになった。かれはこうしたまばゆいばかりの世界を表現するための技法「分割された筆触（筆触分割）[16]」を編み出したのである。それは、絵画が経験したこれまでにない革新性を実現するものであった。

晩年のモネ（図4-2）は、理想の庭をつくり、それを描きながらけっして到達できないとわかっていた「完璧」な自然表現を求めてしだいに迷宮へと入り込んでいった。自然がつくりだす造形に、われわれは驚き、その力に圧倒され、美を見出す。その美に近づきたいと願うことは、芸術の本質なのかもしれない。「私は歓喜に酔っている。ジヴェルニーは私にとつて最高の場所だ……」と。それは、カーソンが海辺で体験したように、かれもジヴェルニーで、「心の底から湧きあがるようなよろこびに満たされていた」のであろう。

百花繚乱の花の庭に囲まれた「パレットの庭」や「睡蓮の池（庭）」（図4-3）など、モネが創造した浮世絵のなかの風景は、いまも健在である。かれはダイニングの壁一面に浮世絵を飾るほど、日本と東洋に強い憧れを抱いていた。睡蓮は仏教と密接な関係にある。蓮の花と同様、泥のなかに根を張りながら、泥にまみれることなく美しい花を咲かせる。水中を汚れた現世、光り輝く水面に浮遊する花を浄土とたとえた仏教の教えがある。かれは、この花に日本の美と東洋の神秘を重ね合わせていたのかもしれない。モネの《睡蓮》の連作は、総数二〇〇点以上に及ぶといわれ、国内におよそ二〇点が所蔵されている。いかにモネの《睡蓮》をわれわれ日本人が愛好するかよくわかる。

＊

図 4-2　自邸（ジヴェルニー）の睡蓮の庭にある太鼓橋に立つ晩年のクロード・モネ、1920 年（Éditions Hazan, Paris より）。

図 4-3　クロード・モネ《睡蓮の池（Le Bassin des Nymphéas）》（1899 年、キャンバス、油彩、99×93 cm、ロンドン・ナショナル・ギャラリー所蔵）。

瀬戸内海に浮かぶ直島の地中美術館（安藤忠雄設計、二〇〇四年七月開館）（図4-4）には、光をできるだけ自然に感じることができるように、自然光が採光され、モネの意図に沿って真白な空間に浮かぶ《睡蓮》がちょうど絵巻物を見るように、取り囲まれた部屋がある。自然のなかで、身体を通して視覚表現を美として経験していく、そのひとつの壮大な実験である。すなわち、自分の身体を、そして無垢な根源的センス・オブ・ワンダーの感性を通してプリミティブに美を経験するとはどういうことなのか、とモネが問いかけている。

一方、モネと並んで地中美術館に作品のあるアメリカの美術家、ジェームズ・タレル（一九四三〜）は、「光」そのものを物質のように扱い、それ自体を表現の対象にしている。モネが意識していた問題を現代的に広げていった作家である。かれは九歳のとき、夢のなかで「光」と出会い、その夢のなかで目を開いていて、その光を身体で浴び、光が物質的な存在としてやってきたように感じたと語っている。きれいな夕焼けを見ると、ゆったりとした感覚が広がるのも、われわれの内なる光の体験だと述べている。

タレルの《オープン・スカイ（Open Sky）》（二〇〇四年）（図4-5）は、天井に四角い穴を開けて、空を切り取っている。昼間は、空のキャンバスを鳥がすっと横切り、小さな虫がキャンバスの角をかすめて飛んでいくのを目にする。

日没の太陽に対応させて、壁の周辺を黄色い光で明るく照らしていく。黄色と補色関係にある青色を、より鮮明に見せていくのである。空の青色が、しだいに深い青色になって、黒へと近づいていく。

図4-4 地中美術館（香川県直島町）全景。瀬戸内海をはさんで対岸の五色台（香川県高松市側）の山並みと小槌島をのぞむ。

そのとき、われわれは光を見ているはずなのであるが、まるで青いベルベットを見ているかのような、そんな物質感すら感じることになる。

そして、開口部から見える四季折々の夜空は、実際の空と同様にさまざまな色彩に変化していくのである。ここでは永遠と瞬間が出会い、タレルのつくる人工光と自然の夜空による光の競演を直観的に実体験することで、自己のプリミティブな感性（根源的センス・オブ・ワンダー）を気づかせてくれる。

ところで、高見順（小説家、一九〇七〜一九六五）の詩集『死の淵より』（一九六三年）のなかに次のような詩「電車の窓の外は」がある。

電車の窓の外は
光にみち
喜びにみち
いきいきといきづいている

図 4-5　ジェームズ・タレル《オープン・スカイ（Open Sky）》（2004 年、地中美術館所蔵）。長方形に切り取られた天井から空をのぞむ。

この世ともうお別れかとおもうと
見なれた景色が
急に新鮮に見えてきた（中略）
ふりそそぐ暖い日ざし
楽しくさえずりながら
飛び交うスズメの群
光る風
喜ぶ川面
微笑のようなそのさざなみ（中略）
生きている
力にみち
生命にかがやいて見える

自然のなかで生きているとは、モネが理想の庭を描きながら「歓喜に酔っている」ように光に満ちよろこびに満ちた世界に生きているということである。高見は自然の光を自己の精神に照らして見ている。

タレルのとらえた物質的な光に対して、精神的な「光」であり「光」＝生きる意志を象徴するものである。もし、このような生命の輝きに共感できるとすれば、この世は、「私の心を悲しませないでかえって私の悲しみを慰めてくれる」のであろう。そして、間近に迫る死に向かう生の希望を失わずに過ごせるのではないだろうか。

モネは、視力の衰えた最晩年（八〇歳代）になっても「光」を求めて《睡蓮》を描きつづけた。それは、かれのプリミティブな感性でとらえた精神的な「光」であったに違いない。

宇宙芸術へ――「宇宙との対話」

太古の昔、高天原の神々から「この漂える国を造り固めよ」と命じられたイザナギとイザナミの二柱の神が、天と地を結ぶ「天の浮橋」に立ち、混沌とした海を天の沼矛《ぬほこ》でかき混ぜると、したたり落ちたしずくが積もって島になった。一三〇〇年前に完成した『古事記』が描く、「国生み」の場面である。そして、混沌とした宇宙に秩序をもたらした「神の粒子」（ヒッグス粒子(17)）が活躍したのは、約一三七億年前の大爆発（ビッグバン）にともなう「宇宙生み」の直後だといわれる。そのヒッグス場が、宇宙空間を海のように満たし、素粒子との相互作用により万物に質量を与え、銀河や星、生命の誕生につながったとされる。

カーソンは『センス・オブ・ワンダー』で、ある夏の月のない晴れた夜に岬へ出かけて、空を横切って流れる白いもやのような天の川、きらきらと輝きながらくっきりと見える星座の形、宇宙をふちどる水平線近くに燃えるようにまたたく惑星、地球の大気圏に飛び込んできて燃えつきる流れ星を眺めて、人生においていま見ているものがもつ意味に思いをめぐらし、驚嘆することもできるのであると述べている。

この宇宙から地球は多くの影響を受けている。たとえばオーロラは、太陽から打ち寄せる電子が、地球の大気に突き刺さって光らせる現象である。流星は、宇宙を漂う星屑が、長旅の末に地球に流れ着く現象である。流星とともに、大量の星屑（隕石）が地表に舞い降り、地球の生命誕生の材料になったのではないかといわれている。このように地球と宇宙の境界、「宇宙の渚」（NHK取材班）には、地球の誕生からいまもさまざまな現象が繰り広げられている。[18]

一方、陸と海の境界である地球の渚、海辺は「自然が支配する実験室であり、そこでは生命の進化について、そして生命をもつものともたないものとの複雑な力関係のはざまで生物が織りなす微妙なバランスについて、実験がくりかえされている」（カーソン）。陸と海は、一見隔絶されているように見えて、生命誕生の太古の昔からいまも多くのやりとりをしている。

これまで地球と宇宙は、科学の領域ではべつべつに扱われてきた。しかし、そのあいだに広がる「渚」のような境界に目を向け、そこで日夜繰り広げられている地球と宇宙との活発なやりとりが解明されれば、これまでとはまったく違う地球や宇宙の理解が導かれることになる。それは、人びとの視野を広げ、人類の世界観や人生観を変えるものとなるであろう。

ところで、芸術は人間の生きる意味や社会の目的をとらえ直し、現代社会を切り拓いていくためにあり、受容者（体験者）の共感から価値観の創造や再構築のきっかけを生み出す。その価値をめぐっては、受容者の直観（センス・オブ・ワンダーの感性）による価値判断が学術的で客観的な判断以上に重要な役割を果たすものと考えられている。

そこで宇宙芸術とは、「宇宙において人類が存続していくために、芸術、科学、工学の融合を通して、『宇宙、地球、生命』のあり方を広く現代社会へ問いかけていこうとするもの」（「Beyond」宇宙芸術およびデザインの創造による新しい世界観の構築を目的としたコミュニティーより、二〇一〇年一〇月に設立）であり、宇宙からの視点を通じて、感性をはたらかせて、人間や社会、宇宙との因果関係や、事物の本質に対する「気づき」を見出す機会とする。「人間とはなにか」「世界とはなにか」、またそれらの関連性はなにかという共通した問いを提起するものである。そして、地球外から自己と宇宙全体との関係を包括的にとらえ直すことで、人間は科学ではいまだ解明されていない宇宙の原理や真理を認知し、新たな宇宙観を発見するのである。

環境芸術は、「人間と環境のつながりとはなにか」という問いを提起し、「いかに生きるべきか」を問い直していくためのコミュニケーション・ツールでもある。同様に宇宙芸術を用いたコミュニケーション（宇宙との対話）の創造は、人間がそれらの問いと対峙するきっかけを与え、人と人をつなぎ、芸術と科学の関係を人間の観点から本質的にとらえ直し、新たな価値観や領域の可能性を見出すであろう。

たとえば、豊島にある森万里子（美術家、一九六七〜）の《トムナフーリ（Tom Na H-iu）》（瀬戸内国際芸術祭2010にて公開、公益財団法人福武財団収蔵、図4‐6）は、宇宙とつながった生と死を象徴する現代のモニュメントである。その「トムナフーリ」とは、古代ケルトにおける霊魂転生の場を指す。竹林に囲まれた池の中央に建つ巨大なガラスの立体は、神岡宇宙素粒子研究施設[19]（スーパー[20]カミオカンデ）とコンピュータで接続されており、超新星爆発（星の死）時に発せられるニュートリノのデータを受信し、ガラスの立体のなかに置かれた何百ものLED（発光ダイオード）がインタラクティブに発光する。夕闇のなかで、白いガラスの内側から仄かに光る赤色と青色、黄色の明滅に感性が刺激され、まるで「宇宙との対話」をしているようである。

*

図4‐6　森万里子《トムナフーリ（Tom Na H-iu）》（2010年、香川県・公益財団法人福武財団所蔵）。

現在、宇宙開発では、人間の宇宙での滞在や生活を主眼とした研究開発をおこない、宇宙と人間の関係は従来の精神的、あるいは想像的、ならびに科学的観測のみならず実際にふれる空間として、その存在意義を人間に迫っている。一方、現代の宇宙観は、人間と宇宙を一体ととらえるコスモロジーへと変容しつつあり、科学においても人間の感性など超物質的な要素を考慮に入れた展開を必要としている。そこに、科学や芸術に携わる人間がいままさに挑戦すべき課題がある。

人びとが宇宙芸術とのふれあいを契機として、センス・オブ・ワンダーの感性をはたらかせることで、精神面など本質的な部分から人間を変容しうることを示唆する。まずは、宇宙空間において、「宇宙との対話」を経験した宇宙飛行士が現実の日常生活に戻ったとき、宇宙からの視点を社会的実践として還元していくことである。それは、まさに先に見たソローが、森の生活で体験したこと（自然との対話）を現実の日常生活に戻ってきたときに、自然からの視点（自然の叡智）を社会的実践として還元していったのと同様の試みである。

たとえば、毛利衛（日本科学未来館館長）のユニバソロジ Universology（すべての現象に共通な概念を含むものの見方）という考え方では、「地球はあるようにある。すべてを含んで、あるがままにある」。そして、その地球は、すべてを含んで、あるがままにあるのである。それらは、「宇宙の普遍性」と「生命の普遍性」という二つの普遍性を絶えず意識しながら、その普遍性とのつながりのなかで、「自分」という生命の置かれた時間的・空間的な位置と生きる意味を考えることが基本になる。

広大な宇宙のなかで、地球という星は「ただあるようにある」。われわれ人間にとってはかけがえのないとくべつな存在であっても、宇宙のなかで見ればかならずしもとくべつな存在ではないように、地球上の生命も、けっしてとくべつな存在ではない。いま人間は、そうした二つの普遍性とのつながりのなかで自己を見つめ直すこと、宇宙のなかでの生命観を基軸とした人間の観方、すなわち人間観が求められている。

このように、宇宙飛行士が宇宙へ行くことの本質が、自己の発見であり、そのような視点を他者の認識が共有するためには、宇宙空間からの映像の生中継（後述）、あるいは、その技術を用いた展示やワークショップなどのイベントの開催が考えられるであろう。また、多くの宇宙飛行士が述べるように、宇宙からの視点は、地球環境の希少さや、生命が存在することへの感謝の気持ちを抱かせることのできるものである。「宇宙で感じた。地球こそが故郷」（古川聡・宇宙飛行士）。そこで、地球規模の問題解決や今後の宇宙の原理を基盤とした循環的な社会と人間のあり方、「宇宙と人間のつながり」を問うということも可能になる。そしてそれは、未来の持続可能な社会のための「未来との対話」へとつながるであろう。

二〇一一年九月一八日、国際宇宙ステーションからの生中継（世界初）の映像を見ると、日本の夜景は、日本地図の形そのままに幻想的に浮かび上がっていた。都市のきらびやかな夜景を背景に、宇宙の渚に星が流れる。雷は、地上で見るのとはまったく異なる頻度で激しく明滅している。そしてその上には、幻の閃光といわれる「高高度放電発光現象（スプライト）」（図4-7）がくっきりと映っていたのである。どれも人類がはじめて目にする光景であった。

地上で激しい落雷が発生すると、その電気エネルギーは、雷雲から宇宙に向かっても放出される。このとき、目には見えないが、雷雲から宇宙に向けて、幾筋もの「電子をいざなう道筋」があらわれる。その道筋が赤く光って見える現象がスプライトである。それは、宇宙の渚を貫いて、地球と宇宙

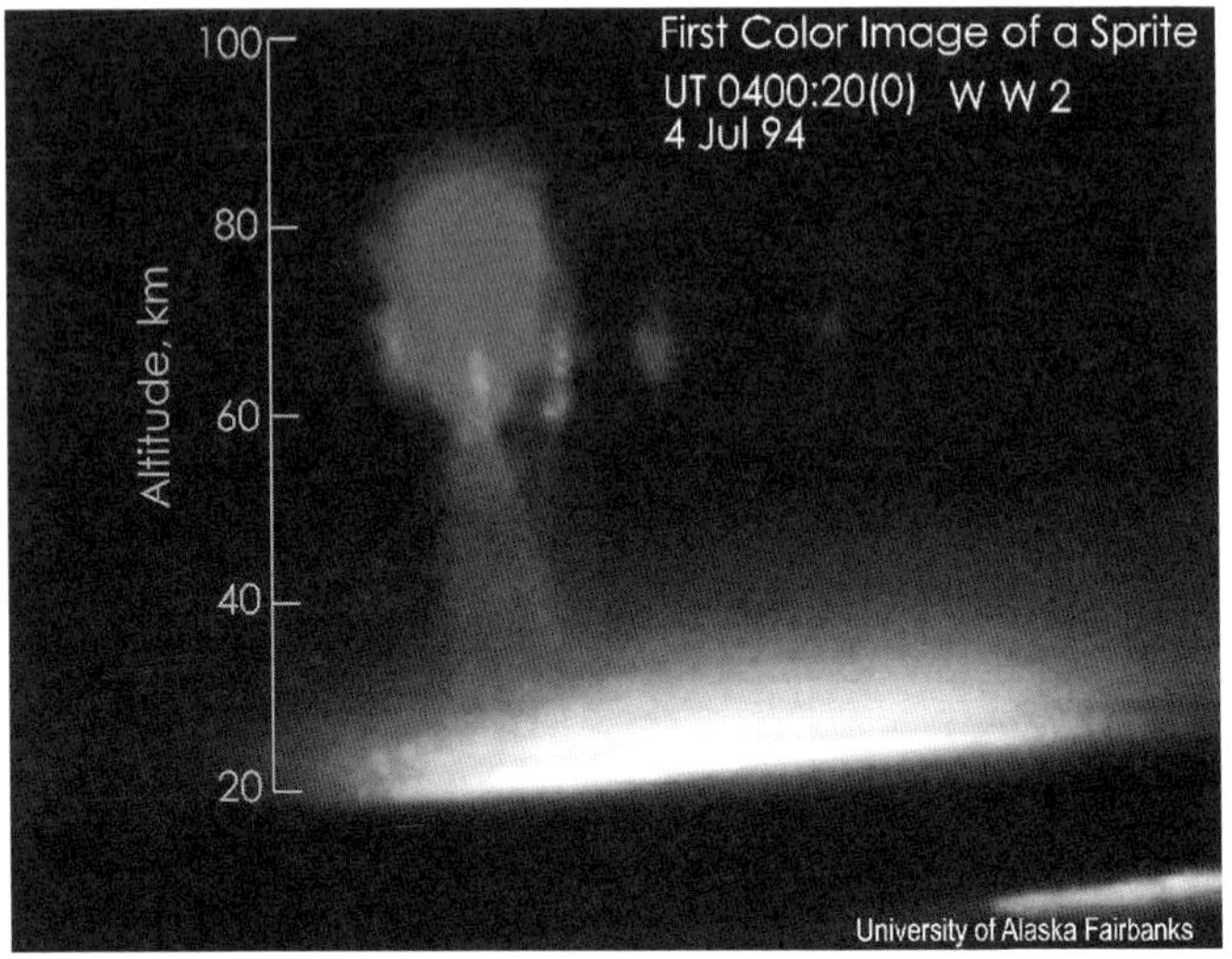

図 4-7 宇宙の渚で輝くスプライトの映像（NASA）。

を結ぶ巨大な送電線を生み出すはたらきをしていると考えられている。地上の雷雲が発電機だとすれば、宇宙の渚に横たわる電気のたまり場は、蓄電器のようなものだといえる。

雷はわれわれにとって、季節の風物詩ともいうべき身近な現象である。それが、スプライトの発見によって宇宙ともつながっていることが示された。まさに、従来の概念を塗り替えるかもしれない新たな地球観である。この地球は、宇宙とのあいだで活発に電気をやりとりし、宇宙の渚を満たす電気にすっぽりと包み込まれた「電気の惑星」だったのである。

謎の妖精スプライト。その神秘の閃光は、人類が誕生するはるか以前の太古の昔からいまも地球のどこかの雷の上で、妖しい乱舞を繰り広げている。

稲づまや浪もてゆへる秋津しま　蕪村

秋の夜空に閃光を走らす稲妻。その一瞬、天空の高みから、白波が打ち寄せる弓なりの日本列島が浮かび上がる。日本列島を、宇宙ステーションから見おろしたようなまなざし（宇宙からの視点）で、闇と光のまにまに浮かぶ島国の姿を幻想的なまでに表現したこの句は、与謝蕪村五三歳、一七六八年の作である。この江戸時代中期において、稲妻の光が天空まで駆け上がり、幻影のようにあらわれる島影を宇宙の渚から見つめたかれの感性の閃きに驚かされる。

（1）第5章1節2項、参照。

（2）生態地域主義の中枢をなす概念のひとつに「場所の感覚」がある。場所の感覚とは、身体的、社会的、歴史的に構築された、人と場所とのあいだの関係性をあらわす用語である。「場所」という語は、アメリカ（中国系）のイーフー・トゥアン（地理学者、一九三〇〜）による〈空間＋経験＝場所〉という定式にもとづくことが多い。漠たる広がりを意味する「空間」に、親密な「経験」が加わると、安全性と安定性を示す「場所」に変容するという概念上の定式である。これは、ひとつの「場所」を、その生態系などの自然環境だけでなく、その歴史や文化を含めた複合体として深く認識することを示唆する。ゲーリー・スナイダー（詩人、一九三〇〜）のような生態地域主義者は、このような複合体と交渉を重ねるなかで、人間は自然を含む新しい共同体を創造することが可能になると考える。これは、今後の自然と共存する持続可能な社会を形成するための重要な鍵となる。

（3）　第5章2節1項、参照。

（4）　たとえば、日本文化はいま、高い技術力とさまざまなジャンルに広がるオリジナリティーにあふれたマンガやアニメなどコンテンツ産業によって、いわばクール・ジャパン（かっこいい日本）、あるいは、「カワイイ」という感性を世界に発信してきた。それは、《リボンの騎士》（手塚治虫、一九七五年）にはじまり、これまで二〇〇作以上のアニメが海外で放映されている。「ポケットモンスター（ゲームソフトはじめアニメ、映画に登場する架空の生きもので、呼称は、ポケモン）」（二〇一三年九月現在、くさタイプのフシギダネからドラゴンタイプのキュレムなど六五五種）の多様性は、日本人の生きもの観察の鋭さを反映しており、《もののけ姫》（宮崎駿、一九九七年公開）は、「自然への畏敬の念」あればこそ生まれた物語（映画）といえるだろう。

また、二〇〇〇年にアニメ好き三人のフランス人大学生がはじめた、パリ郊外で開催されるジャパンエキスポ（漫画・アニメ・ゲーム・音楽・モードなどのポップカルチャーと書道・武道・茶道・折り紙などの伝統文化を含む日本の文化をテーマとする総合的な日本文化の博覧会）は、毎年、一〇代から二〇代の若者を中心にたいへんな好評を博している（二〇一三年の入場者数は二三万人）。

（5）　エコクリティシズム（環境批評）とは、二〇世紀後半における地球環境の破壊に対する危機意識を背景に形成された、生態学における諸概念や哲学などに見られるエコロジカルな思想を取り入れた文学批評のひとつである。環境破壊の拡大に対し、文学の分野から積極的にかかわっていくという姿勢、そして文学作品やその研究が環境問題の考察に少なからず貢献するという意識がその特徴として挙げられる。アメリカのL・ビュエル（文学者、一九三九〜）が提唱した環境批評は、「『自然的なもの』のみの領域を超えて環境の概念を拡張」することをひとつの特徴としている。さらに「文学や歴史において、『自然的な』そして『社会的な』環境がいかにお互いに影響を与え合っているか」に注目すること。また「人間のもっとも本質的な欲求のみならず、それらの要求とは無関係な地球と地球上の人間以外の生物の状況と運命にも人間が対応すること」の重要性を訴えている。

(6) 科学は「総合的な知識をもとめる知の営み(精神的要素が強い)」であり、技術は「経験によって獲得した系統的な手練(物質的要素と切り離せない)」を意味する。そのため「科学はいわば文化の基礎を成し、技術は文明の土台なのである」(池内了)。

(7) もっとも新しいという意味で「新人」とよばれる。体つきは旧人より華奢で、脳容積もほぼ同じだったが(一二〇〇～一六〇〇ミリリットル)、創造性のある精神構造をもち、目的別に分化した精緻な石器を使い、多様な食物資源を巧みに利用した。

(8) 注6参照。

(9) 今様の来歴、故事、歌い方などを記した口伝集一〇巻、それに並行するものとして、歌詞集一〇巻、計二〇巻からなる。

(10) 一九世紀後半にダーウィンは、動物同士のコミュニケーションには、視覚や聴覚など物理的信号に加えて、においなどの化学的信号が重要な役割を担っているという概念を提唱している。そして、同じころ、ファーブル(一八二三～一九一五)が、『昆虫記』のなかで、オスの蛾がメスに引き寄せられる現象を記述し、その現象は、視覚ではなくて、においのような揮発性の化学信号によるもの(のちにオス誘引物質であるフェロモン)だと分析している。その後、研究は進展し、嗅覚や味覚など化学信号を受容する感覚は化学感覚と総称されるようになり、その信号を媒介する物質を化学感覚シグナルとよぶようになった。

(11) 官能評価とよばれ、人の五感による感覚そのものを測定する方法をいい、具体的には大勢の人(パネル)に、一定の条件で与えられた試料を、見る、嗅ぐ、味わうなどをして設問に言葉や数字(尺度)

で答えてもらい、結果を統計的に解析する。人の感覚は鋭敏で、何十万種の香りや色も識別できる。感覚には個人差があり、外的・内的条件によって規定され、時々刻々変化する。個人差がなければ個性も多様性も維持できず、感覚が常に一定なら状況の変化に対応できない。官能評価の独自性はこのように精妙な感覚をものさしとすることにある。

(12) 二〇〇四年一一月の週刊『モーニング』(講談社)で連載開始当初より、イメージを駆使した独特のワイン表現が人気を博し、多彩な情報とその正確さから、ワイン愛好家はもちろん、ワイン生産者などの業界関係者からも高い支持を得ている。二〇〇八年四月には、フランスでも出版が開始され、アングレーム国際マンガ祭二〇〇九年公式セレクションにも選定されている。二〇〇九年七月に料理本のアカデミー賞といわれるグルマン世界料理本大賞の最高位の賞である「殿堂」を受賞した。

(ストーリー)世界の市場価値を左右するワイン評論家・神咲豊多香がこの世を去り、時価二〇億円を超えるワインコレクションが遺された。その頂点に立つ最上の一本こそが『神の雫』である——。彼が選んだ一二本のワイン『十二の使徒』と『神の雫』の銘柄、および生産年をいいあてた者が、遺産を手に入れることができる。この『使徒』対決に実の息子・雫と養子である一青が挑む(モーニング公式サイト——モアイ http://morning.moae.jp/lineup/12)。

(13) 一般にワインの香りは「アロマ」と「ブーケ」に大別される。アロマとは、ブドウそのものがもつ香りや発酵段階で生じる香り、ブーケとは樽や瓶のなかで熟成されるうちに発生する香りのこと。これらの香りはブドウ品種や産地、醸造法、熟成法などによって多岐にわたっており、その成分は、判明しているだけでも六〇〇種類以上。テイスティングではその香りを、花や草木、果物や野菜、香辛料、熟成臭(腐葉土など)、動物臭(なめし革など)などにたとえて表現する。

(14) 環境文学、あるいは「環境をめぐる文学」は、ネイチャーライティングのようにノンフィクションに限定せず、より広く文学のあらゆる形式、つまり、小説（フィクション）やエッセイ、詩、マンガ、音楽（歌詞）、演劇、映画など、その主題を自然環境に置いた文学作品を指す。

(15) 第4章1節1項、参照。

(16)「筆触分割」、ないしは「色彩分割」は、太陽の光を構成するプリズムの七色を基本とし、しかもそれらをお互いに混ぜないで使用するという技法。

(17) 第3章、注3参照。

(18) 生物を構成する重要な分子にアミノ酸がある。地球生物由来のものはほとんどがL-アミノ酸、無生物的に生成したものはほぼ等量のD体とL体からなるラセミ体である。アミノ酸を多く含むマーチソン隕石から検出された多くのアミノ酸は基本的にラセミ体であり、地球外由来のアミノ酸であることが確認されている。マーチソン隕石は、一九六九年オーストラリアに落下した炭素質コンドライト（太陽系の始原物質を比較的よく保存している岩石質の隕石）であり、多くのアミノ酸を含むことから多くの研究者により分析が進められてきた。

(19) 原子炉や太陽、地球内部それぞれから飛来するニュートリノの観測という三段構えの目標をすべて達成し、ニュートリノの物理学を大きく進展させた。

(20) 一七の素粒子のうちのひとつ。そのうち、光子はヒッグス場と結びつかないので直進する。同様にニュートリノもほとんどヒッグス場と作用しないので、ほぼ光速で進む。ヒッグス場は弱い力を及ぼす場。

第5章――生命――心とセンス・オブ・ワンダー

1　生命の思想と哲学

生命の思想――多様性のなかの和合

『センス・オブ・ワンダー』の冒頭で、ある秋の嵐の夜、カーソンは一歳八カ月になったばかりの甥のロジャーを毛布にくるんで、雨の降る暗闇のなかを海岸へ下りていった。そのときの体験を、「幼いロジャーにとっては、それが大洋《オケアノス》の神の感情のほとばしりにふれる最初の機会でしたが、わたしはといえば、生涯の大半を愛する海とともにすごしてきていました。にもかかわらず、広漠とした海がうなり声をあげている荒々しい夜、わたしたちは、背中がぞくぞくするような興奮をともにあじわったのです」と述べている。

その場所、その瞬間が、なにかいいあらわすことのできない自然の大きな力、すなわち、「あらゆる生物を統制する広大無辺の力」に支配されていることを、カーソンは自身の感性で感じとったのである。

一方、真言密教の開祖である空海[1]もまた、深山幽谷である阿波の大瀧嶽、太平洋の怒濤さかまく土佐の室戸岬、あるいは四国の最高峰である伊予石槌山などにおいて、朝な夕な雄大なる大自然の生命と深くふれあいながら修行をおこなった。そこでの宗教体験は、カーソンのいう「広大無辺の力」に支配された悠久を貫く永遠なるもの（宇宙の摂理）であったに違いない。伝承としてあるのは、大瀧嶽を登るときに「空」を、室戸岬の太平洋で「海」を感得して空海と名のったという。それは、かれの宗教体験によって高次元に深化された根源的センス・オブ・ワンダーによって感得できたものであろう。

その後、空海はその真言密教の根拠地を高野山に求めたが[2]、高野山はまさに縄文の昔が残るうっそうたる森であった。「われわれの生命の根源は森の奥深くにある」（エミール・ガレ）といわれるが、かれにはその山のなかで、感性（根源的センス・オブ・ワンダー）をはたらかせて静かに森の生命の声を聞き、禅定（瞑想状態）にふけるという意識があった。それゆえ空海は、日本の森をはじめて哲学的思索のなかに取り入れた思想家であるといわれる。その豊潤な森には古来より神々が存在し、自然の神を重視する真言密教は、その理論と実践の必然の帰結として、その神々との習合、神仏習合へとつながった。

密教[3]はもともと一個の人間が、宇宙を相手に瞑想し、人と宇宙の一体化を図る観法が基本となる。宇宙は、密（大生命）からできている。その密を、人もそのうちにもっている。自己の感性のはたらきでもって、心のなかにもつ密を、宇宙の密と一致させることによって、人は、はなはだ強い力（＝生命力）をもつことができる。これがいわゆる加持祈禱の意味である。これはまた、次項にみるトランスパーソナル・エコロジーによる〈自己実現〉の「できるかぎり拡張された自己感覚」に通ずるものであろう。

よって、密教が真理である宇宙と自己との一体化を悟りとして目指す以上、その実践には必然的に大宇宙図が必要となる。密教は、その大宇宙を仏、菩薩、諸神の世界として構成したのであり、それを描いた大宇宙図が曼荼羅とよばれるものである[4]。その思想をわが国に最初に伝えた空海の「大曼荼羅」は、宇宙の普遍的な姿を、金剛界曼荼羅と胎蔵界曼荼羅[5]（図5-1）、すなわち両界曼荼羅としてあらわされている。その中心には大日如来[6]があり、それをめぐってさまざまな如来や菩薩が配置されているばかりでなく、周辺に「天部（密教における神々、仏の守護神）」を設けて、そこにさまざまな土俗の神々をも含んでいる。

これら金剛・胎蔵の二つの世界は、ひとつの和合[7]を示すものである。男性的原理と女性的原理の和合、精神と物質の和合、知恵と慈悲の和合。和合とは、異なるものは異なるままに互いに補い合い助け合って、ともに生きる道を探求する論理、「多様性のなかの和合」である。そしてその和合のなかに、多くの生命が生み出される。カーソンは『潮風の下で』で、ニューイングランド沖にあふれるさまざまな魚を描写して、そこに「生命のおりなす複雑な織物」が織り上げられていると述べているが、これは、和合の論理に通じる考え方であろう。

ところで空海[8]は、『十住心論』で密教を理論的に体系化している。仏教の発展段階を「生」の自覚の展開（一〇段階の心）という形で「悟り」のプロセスとしてあらわしている。それはかれの智慧（知識や教養ではなく、ものごとを正しくとらえる力）によって深化された感性（二次的センス・オ

図 5-1　上：金剛界曼荼羅（京都・東寺所蔵）、下：胎蔵界曼荼羅（京都・東寺所蔵）。

ブ・ワンダー）により気づいた生命の観方であろう。そこには、大いなる「生の肯定」があり、長いあいだ、抑圧された生の解放のよろこびがある。密教の儀式は、このような生の解放をおこなう神秘の行であり、曼荼羅をはじめとする密教の芸術は、すべてそのような生の歓喜を表現し、それを人に伝える手段なのである。

さらに、空海の真言密教の教義を説いた『吽字義』には、象徴的な梵字の最後「吽字（梵字は阿字ではじまる）」に託して、深い心の秘密が開示されている。そしてそれは、等観歓喜[9]のよろこびの笑いで終わっている。大日如来をはじめとする仏も、空海も、この宇宙のすべてが笑っている。それは生きることのよろこびであり、証しであり、「生命の宗教」としての密教の本質をありのままに伝えている不可思議な宇宙的光景である。すなわち空海は、生命をよろこびに満たされた「笑い」に観ているのである。

ある秋の嵐の夜、「海辺には大きな波の音がとどろきわたり、白い波頭がさけび声をあげてはくずれ、波しぶきを投げつけてきます。わたしたちは、まっ暗な嵐の夜に、広大な海と陸との境界に立ちすくんでいたのです。そのとき、不思議なことにわたしたちは、心の底から湧きあがるよろこびに満たされて、いっしょに笑い声をあげていました」と、カーソンもまた、ロジャーとともに生きることのよろこびを体験している。

＊

森羅万象に挑んだ巨人といわれる南方熊楠（一八六七〜一九四一）は、和歌山県に生まれ、前半生を学問のためアメリカとイギリスに暮らし、帰国してからは、和歌山県那智勝浦に隠栖（俗世間を逃れて静かに住むこと）したのち、熊野の田辺に定住した。かれの墓は、真言宗高山寺（田辺市）にあり、その墓碑の文字は、かれがもっとも尊敬していた空海の手蹟からとったといわれている。

かれの学問領域は、生物学、とりわけ微生物学（とくに粘菌の蒐集と研究）や民俗学をはじめとして、哲学、歴史学、心理学、社会学、民俗誌、比較宗教論、科学論などに及ぶ。その学問の方法論を図にあらわしたのが、真言宗の僧侶（のちの高野山管長）、土宜法龍（一八五四〜一九二三）に宛てた一九〇三年七月一八日付の書簡に書かれている「南方マンダラ」[10]である。

「科学というも、実は予をもって知れば、真言の僅少の一分に過ぎず」と、仏教（密教）の世界観は、近代科学を包括するものであるという南方の独自の思想のなかに反映されていく。「どこ一つとりても、それを敷衍追求するときは、いかなることをも見出し、いかなることをもなしうるようになっておる」として、この世界の事象がすべて複雑に関連し合っているという認識が「マンダラ」にあらわされている。

さらに、土宜に宛てた一九〇二年三月二五日付の書簡に描かれた粘菌（変形菌）のライフサイクルの図「絵曼陀羅」は、南方がみずからの生命観と曼陀羅（宇宙の真実の姿を自己の哲学に従って立体または平面によって表現したもの）の関係を説いたものとされる。粘菌は、アメリカにいたころ（一八八〇年代後半）から注目していた生物で、変形体とよばれるアメーバー状の形態から、子実体とよばれる胞子をつくるための小さな菌類のような姿に変化する。微生物を摂取するような動物的性質と、胞子によって繁殖する植物的な性質をあわせもつ生物である。その変形体から子実体への移行の際に、ひとつの細胞の内部に生きた細胞と死んだ細胞が共存していることに注目した。

南方にとって粘菌を顕微鏡で観察することは、微細（ミクロ）な世界のなかに広がる無尽蔵の多様さをもつ、「生」だけでなく「死」をも取り込んだ生命のコスモロジー（小宇宙）、すなわち「曼陀羅」を自分の目で確かめていくことであった。『センス・オブ・ワンダー』で、池の水草や海藻をガラスのいれものにとり、虫眼鏡や顕微鏡を通して観察すると、変わった生きものたちをたくさん見ることができる、と述べたカーソンもこの「曼陀羅」を水のなかの「生きものたち」に見ていたのではないかと想像される。

「絵曼陀羅」のように、南方がみずからの世界観を曼陀羅という言葉で語ろうとしていたのが、那智での植物採集に没頭していた時期である。この時期のかれは、粘菌だけでなく、キノコや藻類、シダ、地衣類、コケといった「隠花植物」から、高等植物、昆虫、小動物にいたる紀伊半島のありとあらゆる生物相を採集の対象としていた。曼陀羅とは、実はそうした無限の多様性と調和した全体性をもつ生物相自体のことであるとかれは語っている。それは、空海が曼荼羅で説いた異なるものは異なるままに互いに補い合い助け合って、ともに生きている「多様性のなかの和合」という生命の観方に通ずるものである。

学問モデルとしての曼陀羅を語るだけでは意味がなく、自然の生態系のような実例を観察しながら一つひとつ説明しなければならない、と南方のマンダラ哲学を展開している。那智時代以降の生涯を通じておこなった紀伊半島の生物調査によって、かれの二次的センス・オブ・ワンダーの感性はさらに研ぎ澄まされ、その無尽蔵な熊野の生物相の探求が、曼陀羅に関する哲学の深化につながった。

そして、「南方マンダラ」の図が描かれた書簡に、かれは次のように書きつけて生命を大宇宙に観ている。「大乗は望みあり。何となれば、大日に帰して、無尽無究の大宇宙の大宇宙のまた大宇宙を包蔵する大宇宙を、例えば顕微鏡一台買うてだに一生見て楽しむところ尽きず、そのごとく楽しむところ尽きざればなり」と。

カーソンも「いますこしの出費をおしまないで上等な虫めがねを買えば、新しい世界がひらけてきます。ありふれたつまらないものだと思っていたものでも、子どもといっしょに虫めがねでのぞいてみましょう」と。そして、前述の池の水草や海藻につく「生きものたち」を観察すると、その動きまわるようす（曼陀羅）は、何時間見ていても見あきることがない、と述べている。

さらに一九〇六年の明治政府による神社合祀令（和歌山県内の神社は八七％減少）に対して、南方がはじめた紀伊半島の神社林（原生林）の伐採反対運動のなかで、「南方マンダラ」の思想のひとつの帰結として、「諸草木相互の関係はなはだ密接錯雑」した原生林の生態を観察する学問を「エコロギー」とよんで紹介している。かれが考えていた「エコロギー」は、当時は「植物棲態学」と訳され、自然状態での植物の生態学（相互関係の研究）に限定した。これはエコロジーを造語したドイツの生物学者エルンスト・ヘッケル（一八三四〜一九一九）が一八六六年に唱えた最初期の定義を踏襲したためだろう。ヘッケルは、ダーウィンの進化論を広めるのに、「生命とは流れであって、常に変化していく。さまざまに存在する生物種や個体は、その流れの休止点にすぎない」と述べている。

それに対して南方の曼陀羅に見る生命とは、直接かかわりがないように見えるものも、見えない相互関係を結んでおり、「世界に不要のものなし」と断じた。かれが述べた「エコロギー」（エコロジー）という用語には、実践の面で科学を超える感性（二次的センス・オブ・ワンダー）のメッセージが込められていた。これは、カーソンの「生命の織物」の考え方に共通するものであり、広大無辺のネットワークとよべるものである。

また、「どうも世界には生気とでも申すべき力があるようなり。すなわち生きた物には、死んだ物になき一種の他物を活かす力があるものと存ぜられ候」（「履歴書」とよばれる矢吹義夫宛書簡、一九二五年一月三一日付）とあるように、「他物を活かす力」は、自然の変貌に対してカーソンが感じた普遍の「生命力」であり、生物多様性を支える「自然の力（普遍的な真理）」でもある。

人類にいたる生物の進化に、適者生存（ダーウィン）とともに影響を及ぼしてきたのが、生きるために寄り添う「生存協力[11]」であり、まさに「他物を活かす力」である。それはまた、生物同士の共存を可能にする「共存力」とよべるものである。「人類は、あらゆる生物（生命）を統制する広大無辺の力の支配下にある」とカーソンは述べているが、「他物を活かす力」や「共存力」はこの「広大無辺の力」といえるだろう。

共生――トランスパーソナル・エコロジーより

「トランスパーソナル trans-personal」という語は、アメリカのアブラハム・マズロー（心理学者、一九〇八～一九七〇）などその発案者たちやかれらの影響を受けた人びとも、自我的な自己を超えた「自己感覚」という意味で用いてきた。たとえば、マズローは、「トランスパーソナル」とは、「個体性を超え、個人としての発達を超えて、個人よりもっと包括的ななにかを目指すことを指す」と説明している。

よって、エコロジーへのトランスパーソナルなアプローチとは、エコロジカルな「気づき」の獲得そのもの、つまりエコロジカルな、より広い、拡張された場のような、非自我的な自己である大文字の Self を「覚る」ことを目指すことになる。それはまた、根源的なセンス・オブ・ワンダーの感性をはたらかせて、「できるかぎり拡張された自己感覚を現世で獲得すること」、すなわち〈自己実現 Self-realization〉（それぞれが固有にもつ可能性を実現すること）と表現できる。なお、子どものころの狭いエゴのように、原始論的な個別の自我的な自己を小文字の self であらわしている。そして、この〈自己実現〉こそが、すべての生命との「共生 Symbiosis」につながるというのである。

ノルウェーのアルネ・ネス（哲学者、一九一二～二〇〇九）[12]は、〈自己実現〉と共生の関係をかれ自身によるエコロジーに根ざした規範システム（エコソフィT）として次のように導いている（星川淳訳）。ただし、たとえばN1は、この規範システムにおける一番目の規範 norm を、H1はこの規範システムにおける一番目の仮説 hypothesis を意味する。

N1…〈自己実現〉

H1…その人の〈自己実現〉が進めば進むほど、他者との自己同化が広がり、深くなる。

H2…〈自己実現〉のレベルが高まれば高まるほど、さらなる向上は他者の〈自己実現〉にかかってくる。

H3…完全なる〈自己実現〉は全体のそれにかかっている。

N2…生きとし生けるものの〈自己実現〉！

H4…生命の多様性は〈自己実現〉の可能性を高める。

N3…生命の多様性！

H5…生命の複雑さは〈自己実現〉の可能性を高める。

N4…複雑さ！

H6…地球上の生命資源は有限である。

H7…有限な資源のもとでは、共生が〈自己実現〉の可能性を最大化する。

N5…共生！


一方のマズローは、〈自己実現〉とは「トランスパーソナルで、人間を超え、人間の欲求や関心ではなく大宇宙（コスモス）を中心とし、人間としての枠やアイデンティティ、個人といったものを乗り越える」もので、いまそうした心理学が必要とされると述べている。それは、新しい、自然主義的かつ経験主義的で、しかも科学や既成宗教とは違った形で自分をしっかりつなぎとめられるようななにか「自分より大きなもの」である。すなわち、われわれ自身と同じくらい大切な〈存在〉の一発現として経験されるような、自然、あるいは宇宙の全存在との深い共通性を経験し、その結果すべての存在を尊重することができるのである。それは、ネスのいう「自己同化 identification」への過程でもある。

トランスパーソナル・エコロジーでいう自己同化とは、ものごとが在ること（存在論的基盤に立った自己同化）や、「生命が根本的にひとつ」であり、たとえば、全存在が生命の木に生えた葉っぱであるということ（宇宙論的基盤に立った自己同化）への「気づき」と理解から出発するものである。宇宙論的な基盤に立った自己同化とは、自己の感性（根源的なセンス・オブ・ワンダー）をはたらかせて、われわれもほかのすべての存在もそれぞれ、展開しつつあるただひとつのリアリティの異なった側面にほかならないという事実を深く理解することによって、全存在との共通性を経験することを指している。それは、共生に向けてのひとつの過程でもある。

＊

「二〇世紀のスピノザ伝道者」と形容されるアメリカのロビンソン・ジェファーズ（詩人、一八八八七～一九六二）は、自作「悲劇を超えた砦（The Tower Beyond Tragedy）」の意味を次のように説明する。「詩のなかのオレステース（ギリシャ古典悲劇の主人公）は、大地、人、星々、深い森、ほとばしる沢など、万物の聖なる本性と自己同化している。それらはすべてひとつの存在、一つの生命体である。かれはそれを認識し、自分自身もそのなかに含まれていること、それと一体であることを知っている。この認識こそ、悲劇の力もおよばない彼の砦なのだ。なぜなら、たとえ何が起ころうと、その大いなる生命体は永遠に不滅で、衰えなく美しいから」（星川淳訳）と。自分が全体とひとつであることを知ったとき、疎外感は消え、われわれは自分が属する世界とのより大きな自己同化をとげる。これを、より大きな自己Selfに「目ざめる」といいかえることができる。

さらにジェファーズはいう。「この（宇宙）全体はそのあらゆる部分がじつに美しい。わたしは心の底からそう感じるあまり、それを愛さずにはいられない」。かれの場合は、どちらかというと宇宙論的基盤に立った自己同化の例ではあるが、このような自己同化が、少なくとも――もしかすると基本的に――揺るぎなき（頼りないものではなく）友愛の情として発露するものなのである。揺るぎなき友愛の情は、明快で安定した積極的な関心、好意、温かさ、善意、信頼などの形であらわれる。

ところで、一本の草、一匹の虫、一羽の鳥、一匹の魚を、それらを育む大地や水や光もろとも、このうえない尊厳に満たされた、また、人の生にとってのかけがえのない「共に生きるべき伴侶」として尊び、慈しむことを幼いカーソンに教えたのは、母マリアであった。カーソンは、作家の夢をかなえるために一九二四年、ペンシルベニア州の女子大学（教養学科）に入学し、入学後の自己紹介文に、

「野生の生きものは私の友だち」と書いていた。

幼いカーソンにジェファーズのいう「揺るぎなき友愛の情」が野生の生きものとのあいだに芽生えていたのであろう。そしてそれは、彼女のセンス・オブ・ワンダーの感性による野生の生きものとの内面の調和的な関係性やつながり、すなわち「自己同化」を意味する共生であったに違いない。

われわれの「自己感覚」が自己同化の大きさに従って拡張しうるという見方、そして、われわれが周囲の世界と密接に結びついていることの現実的な認識から、必然的により広がりと深みをもった自己同化が生まれるという見方は、ネスだけでなくトランスパーソナル・エコロジーのおもな論客たちにも共通している。最後に、そのうちの中心的なひとりであるアメリカの社会学者、ビル・ディヴォールの「エコロジカルな自己」の例を示す。

「エコロジカルな自己の究明は、世界内存在としてのわれわれ自身を癒すのに必要なプロセスの一端である。ここでいう実修とは、たとえば息をするとき、あらためて風を感じてみること。水を飲むとき、その水源――自分の生命を支える地域にある泉や渓流――に思いをはせ、その生命のエネルギーの循環を自分のからだの一部だと想像してみること。そうすることによって、『いのちある水』や『いのちある山々』がわれわれの体内にはいってくる。われわれは進化という旅の一翼をになっており、からだのなかには、人類誕生の更新世（約一八〇〇万年前から一万年前までの時代）から続くつながりで生きている。他の植物・動物たちや山や川にまで感性による『気づき』を広げると、自己同化が促され、自己同化の場への敬意や、それとの連帯感が生まれる」（井上有一訳）。

生命の哲学――「真に生きる」

西田幾多郎は、『善の研究』執筆の過程で書いたメモ「純粋経験に関する断章」のなかで、「人は生きるために哲学を要するのである」という言葉を残している。また晩年に書かれた論文「知識の客観性について」でも、「哲学は我々の自己が真に生きんとするより始まる。我々の自己の自覚の仕方であり、生き方である」というように記している。西田が哲学を単なる知識のための哲学としてではなく、みずから生きるということと密接に結びついたものとして理解していたことが、これらの言葉からうかがえる。いかにして「真に生きる」ということが可能になるか、この問いこそが哲学の出発点であり、それを問いつづけることが哲学であるという考えをかれは一貫してもちつづけていたように思われる。

これは、ソローが『ウォールデン』で、森へ行って暮らそうと心に決めた理由として、生きるのに大切な事実だけに目を向け、死ぬときに、実は本当には生きてはいなかったと知ることのないように、いまを生きたいのであるという思いに共通するものであろう。しかしながら、ともに「人間とはなにか」についての問いであるが、ソローは「経済」から、西田は「自己」から発せられたものである。

西田は、一九二〇年に第三高等学校に在籍していた長男（謙）を病気で失ったときに次のような歌をつくっている。

死にし子の夢よりさめし東雲の窓ほの暗くみぞれするらし　西田幾多郎

子を失った悲しみが、ここでは、単なる個人的な出来事としてではなく、まわりの世界を凍てつかせていく「みぞれ」と重ね合わせて経験されている。みずから子を失った悲しみと世界の悲しみとがひとつに歌い上げられている。

人は絶望の淵に陥ったときにこそ、しばしば「人間の生そのもの（人生）」の意味を問い求めはじめるものなのである。そのときにこそ、ひらりと反転して精神性の高みへと飛翔しうることがある。そこから出発しつつ、いかにして「真に生きる」ことが可能になるか、そのことを問いつづけることが哲学であり、そのことが、以下に述べるかれの「生命の哲学」で述べられている。

ところで西田は、「淋しい深い秋の海のような哲学者」（倉田百三）という言葉でたとえられているが、かれは実際の「海」についてしばしばそのエッセイなどで興味深い文章を残している。たとえば、第四高等学校教授時代、金沢にほど近い金石の海に出かけて、「無限其の物を象徴した〔と〕のみ思われる波濤の動き（うねり）や大空を行く雲」を眺めるのが「唯一の楽しみ」であったと、「純粋経験に関する断章」に記している。またハイネの「北海から」という詩やボードレールの「人と海」という詩に言及しながら、「海を眺めるのも無限に深い意味のあるものである。余は唯無限に遠い海のうねりを眺めるだけにて飽くことを知らない」と述べている。かぎりなく広がる海、くりかえし打ち寄せる波濤のなかに感じとられる「無限に深い意味のあるもの」が、西田を魅了してやまなかったのは、おそらくそのかぎりなさが、みずからのなかにある「無限なもの」と重なり合うように感じられたからであろう。

わが心深き底あり喜も憂の波もとゞかじと思ふ　　西田幾多郎

海洋生物学者になったカーソンも海をこよなく愛していた。その「無限なもの」とは、彼女が述べた海の永遠のリズムであり、「それは潮の干満であり、打ち寄せる波であり、潮の流れである——の中で、生命は形づくられ、変えられ、支配されつつ、過去から未来へと無常に流れていく」のである。それは、万華鏡のように絶えずその姿を変え、終局もなく固定されることもないのである。

カーソンは、『われらをめぐる海』の2章「表面のすがた」の冒頭に「この海の妙なる神秘を人は知らず　されど　そのやさしく荘厳な揺動は　その下に隠れた魂を物語るような　——ハーマン・メルヴィル」の詩を引用している。自己のうちには自分自身もけっして省みることのできない深淵がある。そのかぎりない深みから響く音を自己の情動によって研ぎ澄まされた二次的センス・オブ・ワンダーの感性で波の音とともに西田は聞いていたのではないだろうか。その心の「深き底」は、よろこびも悲しみも届かない彼方である。しかし、それは同時にわれわれの「生」を成り立たしめている基盤（魂）でもある。一方で、われわれの「生」の起源である最初の生命が誕生したのは、およそ四〇億年前の海の「深き底」（深海底）なのである。

西田の「生命の哲学」ともいえる『一般者の自覚的体系』（一九三〇年）には、「私は内的生命の知的自覚を哲学の立場と考える」という言葉が見える。かれは、われわれの自覚的な意識の根底に、過去の出来事が生き生きと生命を保った「意識の流れ」、すなわち「生命の流れ」が存在することを、「先験的感情の世界」（4章）と考えている。「内的生命」という言葉でいいあらわしているものは、この「先験的感情」と結びついたものであり、この心の深底の活動にほかならない。そのような内的生命の自覚をみずからの哲学のなかでどこまでも追い求めたのである。

また、『芸術と道徳』（一九二三年）のなかでは、こうした理解を超えて、「内的生命」の表現という観点から芸術をとらえている。西田はそこで、芸術の意味を「内的生命の発露」という点に、つまり、心底に動くものを表面化し、それに具体的な形を与えていく点に見出している。そして、のちに乞われて雑誌『アララギ』に寄せたエッセイ「短歌について」（一九三三年）のなかで次のように述べている。「我々の生命と考えられるものは、深い噴火口の底から吹き出される大なる生命の焰という如きものでなければならぬ。詩とか歌とかいうものはかかる生命の表現ということが出来る、かかる焰の光ということができる」と。

ここで、「大なる生命」ということがいわれているが、これはベルクソンの生命概念とのかかわりでなされた表現である。ベルクソンは『創造的進化（*L'évolution créatrice*, 1907）』のなかで、無数の有機体をその具体的な媒体としながら、無限に発展する連続的、創造的な生命の流れを問題にしている。そのような生命の観方が、西田の「大なる生命」でふまえられている。人間の生命をそのような「大なる生命」のあらわれとしてとらえるとともに、その生命（焔）が発する「光」が詩歌であるという考えをかれは示している。

そして、人間に宿る生命はその人だけのものでなく、悠久の時間のなかで生きつづける大きな命、「大なる生命」の一部でもある。この世に存在する自分は、最初の生命の誕生から連綿と受け継がれている生命誌（第1章、注5）の時間のなかで生かされているにすぎない。このような「大なる生命」は、真言密教の「密（大生命）」や『火の鳥』（手塚治虫）の「宇宙生命」にもつながる「真に生きる」ための生命観なのであろう。

2　生命観――生命を観る

感性の世界――水俣の人びと

水俣市は熊本県の南端に位置し、西は不知火海に面して天草の島々を望み、もともと海の幸と山の幸に恵まれた風光明媚な土地である。なかでも水俣湾周辺は、天然の魚礁に恵まれた魚類の産卵場であり、豊かな漁場であった。そこには、小さな漁村が点在し、恵まれた海とともに人びととの深い絆によって暮らしを営んでいた。しかし、平穏だった漁村に遅くとも一九五三年ごろには奇妙な異変が生じはじめた。海には魚が浮き、ネコが狂って走りまわりながら海に飛び込み、カラスや海辺にいた鳥たちが次々と落下して死にはじめた。

「自然界では、一つだけ離れて存在するものなどない」「水は、生命の輪と切りはなしては考えられない。水は生命をあらしめているのだ」と、水中に漂う植物性プランクトンにはじまり、小さなミジンコや、さらにプランクトンを水からこして食べる魚、そしてその魚はまたほかの魚や鳥の餌となり、これらはまたミンクやアライグマに食べられてしまうと、カーソンは『沈黙の春』のなかで食物連鎖について述べている。

そして、「水中に毒が入れば、その毒も同じように、自然の連鎖の輪から輪へと移り動いていかないと、だれが断言できようか」と、DDD（DDTの類縁化合物である有機塩素系殺虫剤）が、プランクトンから魚を通して大型の水鳥であるクビナガカイツブリ（別名、ハクチョウカイツブリ）に蓄積することをカリフォルニア州クリア湖の例で述べている。

不知火海（水俣湾）でも同様な食物連鎖を通して水俣の人びとの世界（漁村の生態系）は、「毒（メチル水銀）」に染まっていった。すなわち、「生命の母胎である不知火海に『直接毒が注入』されることによって、生の連鎖が死の連鎖と化した」（結城正美）のである。

そして「最後は人間！」、原因不明の病気が次々とかれらを襲った。さらに、出生のときから身体や精神の発達が遅れ、高度の運動障害があり、早期に死亡する幼児まで出るという悲劇（胎児性水俣病）が発生したのである。「いまや、人間という人間は、母の胎内に宿ったときから、おそろしい化学薬品の呪縛のもとにある」（カーソン）ことが現実のものとなったのである。

　水俣湾は、有史以来、水俣の人びとにとって、共通の財産（自然の恵み）として大事に扱われ、海を汚すことは厳しく禁止されていた。「その世界は生きとし生けるものが照応し交感していた世界であって、そこでは人間はほかの生命といりまじったひとつの存在にすぎなかった」（渡辺京二）。水俣湾の魚を獲って、生計を立てる漁村の人びとは、水俣湾の海を神聖なものとして畏敬の念をはらっていた。近代以前は、祈りの場であり漁労の場であった、日本の海。

『古事記』には、「共生」＝「とも生み」と記されている。古代の日本人が、この自然の恵みを「明き清き直き心」でもって感じとったように、かれらは常に自然のなかでともに生まれ、ともにあるという意識をもっていた。みずから水俣の風土との一体化を求め、豊かな自然のなかに「神々」を感じとり、花鳥風月、山川草木の「妙」を愛でたのである。

　ところで「神」という言葉は、「カミ」の音にあてた文字であるが、（多くの文字がそうであるように）それ自体の本来の意味を離れて「カミ」には大きく二つの意味があった。ひとつは日（太陽）、月、木、水、火、石、そして建物の柱や特定の動物といったさまざまな自然の事物であり、もうひとつは人間の魂、死者、ことに祖先の霊のことである。すなわち、日本の神々は自然神および祖先神だった。自然神のひとつはアニミズム[13]（自然信仰）における神、山川草木に宿る霊である。自分を育ててくれた風土は、古代的なアニミズムの神々と行き来していたコスモス（世界）であった。

　自分の「世界」、自分というものをもっと親密に包んでくれて、すっぽり安心できる母親のような……「母層としての風土」（石牟礼道子）、それがアニミズムの根底にあるのであろう。そこには「人と神の調和」に満たされた世界があった。

一方で、『沈黙の春』の冒頭にあるように「生命あるものはみな、自然と一つだった」。それは、春になると桜が咲いて、ウグイスが鳴いて、そういう四季の自然と一体化している。そして季節がめぐってくるというのも、暦がなくても、ああ、もう春がきたと思えるような自然（世界）であり、その「自然（季節）がくりかえすリフレインのなかには、かぎりなくわたしたちをいやしてくれるなにかがある」（カーソン）。

そしてその「世界」というのは、「普段あまり意識されてないもの」であって、「われわれにとってもっとも重要なものごとの様態は、その単純さと平凡さによって隠されている（ひとはこのことに気がつかない、それがいつも眼前にあるからである）」（ウィトゲンシュタイン、藤本隆志訳）。そこには「人と自然の調和」に満たされた世界があった。

このような人と神、人と自然の調和した「世界」において、水俣の海との深い交わりのなかで生きてきた人びとは、メチル水銀により汚染され、崩壊していく生態系と逃れようもなく運命をともにしていく。そして、本人も水俣病患者であり水俣の人びとともに生きてきた石牟礼道子（一九二七〜）は、『苦海浄土――わが水俣病』（一九六九年）で、辛酸の極みにある患者に代わって、かれらの魂の叫びを聞き取り、一人ひとりのかけがえのない人生に深い慈しみを寄せつつ、被害者一人ひとりの生と死を、かれらの言葉を借りて水俣方言で語る。

人びとの問いは、単なる公害病の告発にとどまらず、めめず（みみず）、鳥、木、草、魚など自然のつながりとリフレイン（自然の大きな生命体）のなかで人間存在（生命）の根源から発せられたものとして響き合っている。それは、生命（魂）の交感でもある。石牟礼は生命の輝きをその魂に観ていた。そこには人（生命）と自然が織りなす風土に根ざした鋭い感性（根源的センス・オブ・ワンダー）、ならびに自然と人の意識が調和した「感性の世界」が読みとれる。

胎児性患者の親たちが、生まれてから自力で立つこともしゃべることもできないわが子を「宝子」と慈しみ育てるまなざし。かれらは、わが子を包み込む自然の大きな生命体の命の響きを聴いている。生命（魂）の響きと共鳴《ともな》りしながら生きてきたのである。

「被害民らが願っているのは経済上のことはもちろんありますが、魂の救済というか存在の復活なんです。それなしには救済は考えられませんのです」「風土といいますのは、概念ではとらえられない魂たちの宿なんです。……一木一草にも風のそよぎにも、ああ、何かの知らせではないかしらとか、鳥の声を聞きますと、ああ、鳥はきょうはこんな鳴き方をしたけれども、昔の人も同じ声を聴いたにちがいない。どういう心のときに聴いたのかと思ったり、船霊さまがきょうはこんなふうに鳴きなさったが、漁にゆけという意か、それとも災難の知らせかと耳を澄まします。そういう魂たちと渾然一体になった世界が今もございます」（『形見の声――母層としての風土』）と石牟礼は語る。

水俣病事件は、このような人と生きものの「魂の共生」が危機にさらされた結果であった。水俣の風土とは、「魂たちの宿」であり、人びとにとっての「魂の居場所」でもあった。鳥が飛んで魚が泳いでいるような、よろこんで風を切って、さざ波を立てるような、気配に満ち満ちている。そんな「魂たちの宿」に生きた水俣の人びとは、その「魂」の交感が「毒」によって断ち切られるように発病したのである。

そして、『苦海浄土』に見られる人びとの問いは、水俣病というおそるべき「悲惨」にあってもなお、極限状況を超えた人間が放つ生命（魂）の輝き、その美しさに満たされていた。「人間の身体は人間の魂の最良の映像である」（ウィトゲンシュタイン）ように。それはまた、生態地域主義[14]に見られる「場所」、水俣の風土に根ざした根源的なセンス・オブ・ワンダーの感性の輝きでもある。「現代文明は人間の身体の人工的拡張にすぎず、魂を欠いている」との批判がある。水俣の人びと（被害民）が求めていたのは、そういう「昔の人（祖先）」の魂（霊）とも一体になっているような、連綿とつながったわれわれの感性（根源的なセンス・オブ・ワンダー）や、命をはぐくみ育ててくれた「魂の風土」なのである。

＊

この宇宙にはさまざまな「風」が吹いている。地上の風は空気の流れだが、宇宙の風は陽子などの電離ガス（プラズマ）の流れである。それが銀河中心にある巨大なブラックホールでは、星やガスの塊を引き寄せ、のみ込まれる際に、プラズマを噴出して巨大な嵐を巻き起こす。近年の研究で、この宇宙にあるあまたの銀河のなかでも、天の川銀河は巨大な嵐があまり起きない、つまり生命が存在するのに恵まれた環境にあることがわかってきた。しかも四〇〇〇億ともいわれるこの星の大集団である天の川銀河のなかでも、中心からかなり離れた辺境にある太陽系が位置するあたりが、生命にとってよい場所らしい。

ひるがえって、日本のなかでも、中心からかなり離れた辺境の村である水俣にも生命が満ちあふれていた。それは、「生命のおりなす複雑な織物」（カーソン）の世界であり、「多様性のなかの和合」という「曼陀羅」の世界でもあった。

「感性に生きた」人びとのことを思いながら、海底に水銀の堆積した水俣湾の埋立地を歩くと、コンクリートの鋪道の割れ目から草がひょろっと出て、風にそよいでいる。あのやわらかい草が、コンクリートを割って出てきたように。太古の精霊[15]が草に宿って、全身でそよいでいるようでもある。そのとき、この宇宙にある一本の草（土、光、大気などすべての変換物としての宇宙的存在）が風に揺れながらやさしく語りかけてくる。「われ感じるゆえにわれあり」（今西錦司）、われの心の琴線（根源的センス・オブ・ワンダー）にふれるかのように気づくのである。われも感じ、その草も感じる。情意（純粋経験）によって導かれる「感性の世界」である。それは、互いの生命（魂）の響き合いであり魂の交感でもある。

＊

水俣市の不知火海を見渡せる地にある「水俣病慰霊の碑」の碑文「不知火の海に在るすべての御霊

よ／二度とこの悲劇は繰り返しません／安らかにお眠りください」には、水俣病の犠牲者だけでなく、魚、貝、海藻、鳥やネコなど不知火海を取り巻くあらゆる生物に対する鎮魂の願いが込められており、それは、人だけでなく生態系に配慮したカーソンのエコロジー思想が読みとれるとともに、「化学物質の海」を漂う現代文明のあり方が問われている。

水俣市は、水俣病という世界でも類例のない悲惨な公害を二度とくりかえさないために、その経験と教訓を生かし、一九九二年に「環境モデル都市づくり宣言」をおこなった。日本で先駆けて、家庭から排出されるごみを市民みずからが、二〇種類（現在二四種類）に細分化する徹底した分別収集によるリデュース・リユース・リサイクル（3R）の推進や、エコタウンへのリサイクル産業の集積など、環境に関するさまざまな取り組みをおこなってきた。また、水俣病の経験と教訓を、国内のみならず国外にも積極的に発信するなどして、地域内外の環境人材育成を図るための拠点となっている。このようなさまざまな取り組みの積み重ねが評価され、二〇一一年三月に全国で唯一の「日本の環境首都」の称号を獲得した。

また、国連環境計画（UNEP）の報告書（二〇〇二年）である「世界水銀アセスメント（地球規模での水銀対策）」において、「水銀がさまざまな排出源からさまざまな形態で環境中に排出され全世界を循環し、メチル水銀が生物に蓄積しやすく、ヒトへの毒性が強く、胎児や新生児、小児の神経系に有害であり、人為的排出が大気中の水銀濃度や堆積速度を高めており、世界的な取り組みにより、人為的な排出の削減・根絶が必要である」ことが指摘された。

そのための「水銀に関する水俣条約(16)」が、二〇一三年一〇月に熊本県（熊本市と水俣市）で開かれた外交会議において採択された。それには、水銀による地球規模の汚染や健康被害を防ぐことを目的に、水銀の流通量や環境への排出量を削減する、すなわち水銀によるリスク削減のための義務を定めている。そしてその前文には、「世界で水俣病を繰りかえさない」とのわが国の誓いとともに、「水俣」は水銀被害のない未来をあらわす言葉となることの願いが込められている。「深い川が水俣にあります／苦しんだ家族を誰か助けてと泣き叫んだ涙は／幾すじも流れ／やがて魂の川が流れ始め／深い人類の川に合流し始めている」（坂本直充）。

なお「水俣条約」は、ひとつの物質に関して製造から廃棄までのライフサイクル全体を規制する世界ではじめての条約であり、今後の化学物質規制のモデルになると考えられている。

小さきものへのまなざし——生命の美学

『センス・オブ・ワンダー』で、いろいろな木の芽や花の蕾、咲き誇る花など、小さな生きものたちを虫眼鏡で拡大すると、思いがけない美しさや複雑なつくりを発見することができること、また、森のコケをのぞけば、熱帯の深いジャングルのようで、コケのなかを這いまわる虫たちは、うっそうと茂る奇妙な形をした大木のあいだをうろつくトラのように見えるのである、とカーソンは述べている。つまり、「小さければ小さいほど、それは大きなモノになる。そして、その小さなモノを見た時に、胸をつかれたように驚いて。…なんでもないものの中に、こんなに素晴らしい内容があったのかと、そんな驚きを感じる」（まど・みちお、童謡「ぞうさん」の作詞家。『まど・みちお　詩人一〇〇歳の言葉』二〇一〇年）のである。それはまさに、「センス・オブ・ワンダー」の世界なのである。

秋の夜に、カーソンは、ロジャーとともに懐中電灯をもって、草むらや植え込み、花壇のなかで、小さなバイオリンを弾いている音楽家をたずね歩くひとときの冒険に出かける。「なかでも心ひかれてわすれられないのは、『鈴ふり妖精』[17]とわたしがよんでいる虫です」「彼の声は――きっと姿もそうにちがいないと思うのですけれども――この世のものとも思えないほど優雅でデリケートです。わたしは、これまでにいく晩も彼を見つけようとしましたが、けっして姿をあらわしてはくれませんでした。ほんとうにその音は、小さな小さな妖精が手にした銀の鈴をふっているような、冴えて、かすかで、ほとんどききとれない、言葉ではいいあらわせない音なのです」（上遠恵子訳）と。

また『海辺』のなかで、フジツボの脱皮を毎夏しばしば目にして、海岸から汲み上げてきた海水のなかに、「その脱皮殻である白い半透明の斑点が漂い、それはまるで小さな小さな妖精が脱ぎ捨てた薄い紗の衣のようである」と述べ、微小なゴカイ類を「海の妖精」に、ウミグモ類をはかなさの化身に、もっとも壊れやすそうな小さな石灰質のカイメンのレースの織物は妖精の寸法に、そしてスナホリガニを大地の精（ノーム）のような顔＝不思議な砂のなかの妖精（穴居人）に、それぞれたとえている。

このようにカーソンは、草むらや海辺の生命に「小さく（デリケートな）はかないもの」を見つけ出すとともに、妖精などの人間を超えた存在を認識し、それ自体の美しさと同時に、象徴的な美と神秘がかくされていることを指摘している。これは、カーソンの生命の観方であり、それらは、根源的なセンス・オブ・ワンダーによってとらえた「世界の因果関係を超えた不思議な力や存在」でもある。

ところで伝統的な西洋の美学では、「極端に小さな動物は美しくありえないであろう。それは、ほとんど気付かれぬくらい短い瞬間に見られてしまうために、不鮮明なまま何も識別できないからである」（アリストテレス）と、美とはつねに調和と均衡に満ちて、しかるべき距離のもとに、しかるべき分量のもとに、眺められるべきものでなければならなかった。つまり西洋では、ローマ建築やルネッサンス期のダビデ像のように大きな堂々たるものが美しいのであり、永遠のものや無限のもの、不変のものに美を見出す。ゆえに、西洋にはいまも「恒常の美学」が厳然として存在する。カーソンは、このような伝統的な西洋の美学とは逆に、自然のなかで研ぎ澄まされた繊細な感性（根源的センス・オブ・ワンダー）によって、「小さくはかないもの」に関心をもち、そこに美を見出している。

一方、清少納言（九六六年ごろ～一〇二五年ごろ）の『枕草子』（一〇世紀末ごろの随筆）には、「うつくしきもの／瓜にかきたるちごの顔。雀の子のねず鳴きするにをどり来る」「親雀の虫など持て来てくくむるも、いとらうたし」「雛の調度。蓮の浮葉のいと小さきを、池より取り上げたる。葵のいと小さき。なにもなにも、小さきものは、皆うつくし」と述べられている。「それがなんであれ、小さなものはすべてかわいい」というのが彼女の美学である。

清少納言が現在でいう「かわいい」の例として挙げているものは、無邪気で、純真で、大人の庇護を必要とするもの（生命）であり、未成熟なるもの（生命）を美として肯定しようとする姿勢がうかがえる。こうした記述からしても、日本人の小さなもの、かわいいものに対する親しげなまなざしというものは、千年以前から少しも変わっていないのである。

すなわち、『枕草子』が問いかけているのは、西洋の美学にはない量的な均衡がくずれたときにはじめて生命が見せることになる、壊れやすく、可憐な美としての「かわいさ」のことである。このような生命の観方（生命観）を二一世紀の日本の美学に結びつくものだと見なすこともできるであろう。また、「多様性」を特徴とする、ありとあらゆるものが描かれる日本のアニメやマンガのキャラクター、あるいは郷土愛から生まれた「くまモン」などの「ゆるキャラ」（みうらじゅん）に見られる「かわいい」を、世界の人びとが、現代の日本を象徴する「アイコン」だと認識し、評価しているのも事実である。

カーソンが「鈴ふり妖精」や海辺の小さなもの（生命）に認識した妖精などの象徴的で神秘的な「美」は、しばしばふれることの禁忌と不可能性に結びついている。同じ小さなものでも「かわいい」は、神聖さや完全さ、永遠と対立し、どこまでも表層的ではかなげに移ろいやすく、世俗的で未成熟な生命である。そこには、親しげでわかりやすく、容易に手に取ることのできる心理的近さが構造化されている。

その一方で、「神は自分のまわりにみちみちている。静寂の中にほとばしる清冽な生命の、その流れの中にともにある」（岡本太郎）ように、森羅万象の自然のなかで、われわれは、生まれもったプリミティブな感性（根源的センス・オブ・ワンダー）により神を身近に感じている。それを童謡詩人、金子みすゞ（一九〇三～一九三〇）は、詩「蜂と神さま」（図5-2）で、花のなかの蜂を見つめて、「世界は神さまのなかに」あり、その神さまを「小ちゃな蜂」の生命に観ている。それは、象徴的で神秘的なものであるとともに、親しげでわかりやすい「かわいい」もの（生命）なのである。そして、「どんな小さなものでもみつめていると宇宙につながっている」（まど・みちお）ものなのである。

宇宙生命へ――『火の鳥』より

フランスのジャック・モノー（生物学者、一九一〇～一九七六）の『偶然と必然（*Le Hasard et la Nécessité*, 1970）』によると、すべての生命は遺伝子の無方向な突然変異（偶然）と、その選択ないしは淘汰（必然）の結果であり、人類はこの広大な宇宙にあって、偶然によって出現した、まったくまれで、しかも孤立した、運命づけられても義務づけられてもいない存在であり、それゆえ、みずからの価値を選びとっていかなければならないというものである。これはユニバソロジ(18)にもつながる考え方であり、モノーの抱く生命の観方である。このような生命観は、生物学などの科学以外では、そもそも「人間のいのちとは」を問う宗教や倫理を根本から説く際に輪郭をあらわにすることが多い。

カーソンが敬愛し、『沈黙の春』や『センス・オブ・ワンダー』などの作品で、思想的な影響を受けたシュバイツァーは、「生命にたいする畏敬の倫理は、生命・生物のあいだに上下、あるいは優劣の区別をいっさい行なわない。そうしないことには十分な理由がある。われわれは生物のあいだに厳格な価値の序列化を行なっている。だが、実際にはわれわれが、それら生物がわれわれにより近いと

図 5-2　ヒマワリの花のなかのマルハナバチ（中央）とミツバチ（左下）（茨城県つくば市内で 2012 年 7 月 16 日撮影：早坂はるえ）。

金子みすゞ「蜂と神さま」

蜂はお花のなかに、
お花はお庭のなかに、
お庭は土塀のなかに、
土塀は町のなかに、
町は日本のなかに、
日本は世界のなかに、
世界は神さまのなかに。

さうして、さうして、神さまは、
小ちゃな蜂のなかに。

ころに位置しているように見えるか、それともより遠いところに位置しているように見えるかという、われわれとの関係において判断しているにすぎないとするならば、何のためにわれわれはそんなことをしているのだろうか。これはまったく主観的な基準である」（須藤自由児訳）と。そして、「われわれはいかにして、他の生き物が、それじたいにおいて、また宇宙との関係において、有している重要性を知ることができるであろうか」と述べている。

「人間のいのちとは」とシュバイツァーのこれらの問いに対して、手塚治虫（マンガ家、一九二八〜一九八九）は、ライフワークである『火の鳥』（一九五四〜一九八八年）のなかで、「宇宙生命」という言葉（概念）でこたえている。

古代の紀元前一〇〇〇年ごろ（エジプト・ギリシャ・ローマ編）から日本の三世紀（黎明編）、次に描かれた「未来編」では、三五世紀から三〇億年後というように過去から未来、未来から過去へと飛び、その想像力で未知の世界を描きつつ、現在の地球、そして人類のあり方を問いかけたこの作品は、いまも人びとの心に深い感銘を与えている。かれはこの壮大な時空のなかで繰り広げられた世界を通じて、かぎりある命のなかで生きることのよろこびと尊厳、そしてその意味を、永遠のいのちをもちつづける「火の鳥」と、さまざまなキャラクターにたくし、訴えつづけてきた。

ところで、われわれが空（あるいは天）といっているのは「神の世界」で、その空と通じ合っている鳥は、人と神をつなぐただひとつの連絡係なのである。その鳥は空からすべてを見通し、未来も知っていると思われている。そこで手塚は、人間の目から見ると鳥に見えるけれども、なにかべつの生命体……というか、宇宙のエネルギーの象徴を考えたのである。それが生命の象徴でもある「火の鳥」なのである。

この作品には、手塚が「火の鳥」を「宇宙生命」に擬えて、生命をもつものすべての尊厳（生命への畏敬）、生と死、戦争、科学文明への疑問、自然保護、そして「生きがい」をもって生きるということがどんなにすばらしいものであるか——そんな彼の生命観ともいえるメッセージが込められている。

わしは……この宇宙にみなぎっているある偉大なもののちからをみとめないわけにはいかぬ／そのちからは……かつて人間に「神」の名でよばれていたものかもしれん……あるいは人間の想像を超越した超生命体かもしれんて……（未来編）

このような「超生命体」である火の鳥自身の言葉（正確にはテレパシー）によれば、「永遠のいのち」（鳳凰編、奈良時代）などいくつもの自己紹介がされているが、いずれも「生命のエネルギーのちょっとしたかたまりのようなもの」（望郷編、復活編二四八四年と宇宙編二五七七年のあいだ、図5-3）といったように、抽象的な説明に終始している。「望郷編」ではさらに、「鳥（の姿）に見えるだけ」と言及されており、実体をもたない超生命体、「一種のエネルギー体」（宇宙編）であり、「あいての視覚にエネルギー波を作用させて自分をどんな姿にも見せることができる」ということに

図 5-3　火の鳥（©手塚プロダクション）。「私の名は『火の鳥』／鳥とはいっても／それは人間の目から／私を見て／鳥に見えるだけです／私の本体は／そう……／宇宙にみなぎった／生命のエネルギーの／ちょっとした／かたまりのような／ものかしら……」。

なる。

それでいて「生命編（二一五五、二一七〇年）」では、「空から来た精霊」としてケチュア族の若者と結ばれ、子どもまで出産している。これはエネルギー体でありながら、必要に応じて実体化できる「実体化能力を持ったエネルギー生命体」、すなわち「宇宙生命（コスモゾーン）」なのである。

『火の鳥』全体の命題のひとつである「生命とはなにか」という問いに対して、それは「宇宙生命」であり、火の鳥自身が語るところによれば、「この世界のいたるところに……宇宙生命の群が飛びまわって……形も大きさも色も重さもなにもないのです／でもただ飛びまわっているだけではありません／銀河系宇宙のような大きなものから……惑星たち地球も！　動物や植物その細胞も……分子も原子も素粒子もみんな宇宙生命がはいりこんで生きている」（未来編）のである。

一方、「鳳凰編」からはじまって「乱世編（一一七二〜一一八五年）」「太陽編（飛鳥時代）」に取り入れられているのが、輪廻転生という仏教の概念である。これは魂が無限に生まれ変わるという考え方で、次になにに生まれ変わるかは、その魂の前世のおこないによって決まってしまう（因果応報）。それにより「鳳凰編」の茜丸は、虫から亀へと転生する夢を見、「乱世編」の平清盛と源義経は、猿の赤兵衛と犬の白兵衛に生まれ変わって戦う宿命をくりかえす。「太陽編」のハリマとマリモも同様にスグルとヨドミとなって、一三〇〇年後に再会するのである。

『火の鳥』のなかで、その魂は肉体を離れたあと、果てしない宇宙空間をさまよい、また新しい生を受ける。それはけっして人間であるとはかぎらない。動物として、また鳥や虫として生まれ変わることもあるだろうと述べている。

ここで、手塚は、単に仏教を説くために輪廻転生を描いているわけではなく、それは「生命の連鎖」であり、連なることで永遠につづく生命にこそ、無限の可能性があることを示したかったのではないだろうか。それは、カーソンが、『沈黙の春』のなかで述べた、ひとつの生命からひとつの生命へと食物連鎖でつながる関係と、遺伝子によってつながる生物進化とともに、宇宙の永遠の時間のなかで理解されるものであろう。

因果応報によってどんな生物に生まれ変わるにせよ、新しく生まれることは前世よりも、よりよく生きるチャンスには違いないからである。たとえどんな体を与えられようと、再び限られた生をまっとうするため、懸命に生き、そしてまた死んでいく――それが手塚自身の生命観であるといえよう。そして、かぎりある生命のなかで、生きがいを見つけ、センス・オブ・ワンダーの感性をはたらかせて、「生」のよろこびを感じながら精いっぱい生きる、それが人間の幸福につながる。

なお、手塚が『火の鳥』を描いたのは、ロシアのイーゴリ・ストラヴィンスキー（作曲家、一八八二～一九七一）の有名なバレエ《火の鳥》（一九一〇年、パリのオペラ座で初演）を劇場で観たことがきっかけになったといわれる。[19] 二〇一三年八月一〇日、東京大学音楽部管弦楽団のサマーコンサート2013茨城公演（ノバホール・つくば市）では、学生たちによる「生」のよろこびにあふれたみずみずしい《バレエ組曲「火の鳥」》（一九一九年版）が演奏され、会場は大盛況であった。

＊

福島県田村市にある星の村天文台は、福島第一原子力発電所から西に約三三キロ、原発にもっとも近い天文台である。空気が澄んだ、星空の美しい標高約六五〇メートルの高原にある。東日本大震災ののち、福島県内で最大となる反射望遠鏡（口径六五センチ）は、刷新され、「絆」と命名された。人と人は心でつながっていること、そして人と宇宙もつながっている、という意味が込められている。

われわれは地震で自然の脅威を目の当たりにした。だが、宇宙の美しさは震災前となんら変わりがない。人には生があり死があるように、星空にも生と死が満ちている。たとえば、オリオン大星雲は恒星が次々に誕生する場所であり、おうし座のカニ星雲は、星が一生を終えて超新星爆発を起こした残骸である。

カーソンは、月のない晴れた夜に友だちと二人で岬に出かけたときの夜空の光景を見て、「かつて、その夜ほど美しい星空を見たことがありませんでした。……そのとき、もし、このながめが一世紀に一回か、あるいは人間の一生のうちにたった一回しか見られないものだとしたら、この小さな岬は見物人であふれてしまうだろう」と述べている。この宇宙を見ているという不思議、見ている自分が人であるという不思議、それだけで、「いま-ここ」に生きている意味がある。

すなわち、現在の瞬間に、夜空の光景を目にして、宇宙の広さのなかに心を解き放ち、漂わせ、宇宙の美しさに酔いながら、いま見ているものがもつ意味に思いをめぐらし、（根源的な）センス・オブ・ワンダーの感性をはたらかせることで、「宇宙生命」につながる自己に気づくのであろう。そのことで、人の心の痛みも分かち合えるようになるのではないだろうか。夜空に輝く星の美しさは、震災を経験した人びとの感性をいやし、心の復興につなげる力をもっている。

その鳥は、夜もひかりかがやきこの地上のすべてのことを知っている神の使いだという（鳳凰編）

（1）空海は奈良時代の終わり、四国は讃岐（現在の香川県善通寺市あたり）の郡司（地方官吏）であった佐伯直田公の子弟として恵まれた環境のもとに生まれた（七七四年）。一八歳で都の大学に入るものの、一九歳を過ぎて大学を辞し、山林修行の世界へと身を投じた。そして、ひとりの沙門（僧）に出会ったことをきっかけに、「世俗の栄華はうとましく、山林の霞をねがう」（『三教指帰』七九七年）ようになり、出家したという。

（2）空海が高野山を修行場として選んだのは、山の鎮守神である丹生都比売《にうつひめ》大神（アマテラスの妹神）に導かれたためだという伝説が『今昔物語集』（平安時代末期）に記されている。高野山の鎮守社として鎮座する丹生都比売神社（図5-4）は、かつて天野社とよばれ、密教において両界曼荼羅を掲げて諸尊を供養する、声明と舞楽で構成される舞楽曼荼羅供が執行されていたが、明治時代に出された神仏習合を禁ずる神仏分離令（一八六八年）により廃れた。

およそ二百年後の現在、二〇一五年の高野山開創千二百年を前に、天野社で繰り広げられた荘厳で華麗な舞楽曼荼羅供の世界が、文化一一（一八一四）年の法会をもとに東京国立劇場で上演された（二〇一三年九月一三日）。仏が神に出向き、「一期一会」のあとに去ってゆく。雅楽の奏でる宇宙の調べに声明の発する真言（宇宙の真理）がひとつに響き合っていた。そこはまさに、目には見えない「神と仏の交感する世界」であった。

（3）第1章、注3参照。

（4）金剛界曼荼羅は、中期密教の代表的な経典である『初会金剛頂経』に説かれる曼荼羅で、七世紀ごろに誕生した。インド密教の数ある曼荼羅のなかでも、金剛界曼荼羅はとくに重要視され、チベットやネパールでも数多く制作された。わが国へも中国を経由して、空海によって九世紀に伝えられた。

日本に残されている金剛界曼荼羅の多くは、縦横がそれぞれ三等分され、全体が九つの部分からできている。そのため、このような形式の金剛界曼荼羅は「九会《くえ》曼荼羅」ともよばれる。日本以外の国や地

図 5-4　丹生都比売神社（和歌山県かつらぎ町）（丹生都比売神社社報『あまの』より）。丹生都比売神社（天野社）の神前において、真言密教の大切な法要である「曼荼羅供」が高野山の僧侶によって、20年に1回の遷宮のあとに斎行され、その際、神々への供え物として華やかな舞楽が、鎌倉時代から江戸時代末期まで盛大におこなわれてきた。高野山と天野社は、熊野、吉野地域とともに「紀伊山地の霊場と参詣道」として世界文化遺産に登録されている。紀伊山地の山々に「日本人の信仰観の源泉」があり、そこに神と仏が祀られ、多くの人びとが参詣する道があるとしている。ユネスコは、「日本人の信仰観の源泉」について、那智の滝に見るような自然のなかに神々を感じる自然信仰と、「神道と仏教が融合した文化的景観」をあげている。高野山は、神々に守られた場所という信仰がいまも息づいている。そして、日本人の誇るべき宗教の融和の精神や、異なる文化を受け入れる柔軟性という特質を象徴する、日本人の祈りの形が「天野社舞楽曼荼羅供」に表現されている（丹生晃市）。

域で作られた金剛界曼荼羅で、このような構造をもつものは存在しない。その多くはひとつだけでできているが、これは九会曼荼羅の中央の部分に相当する。そしてこれが基本となって、全部で二八種類の曼荼羅がつくられる。日本の九会の金剛界曼荼羅は、この二八種類の曼荼羅の一部を取り出して、組み合わせたものである。金剛界曼荼羅は大日如来を中心とした三七の仏たちで構成されている（森雅秀）。

（5）わが国に伝わる胎蔵界曼荼羅は、「十二大院」とよばれる一二の区画からなる複雑な構造をしている。曼荼羅の中央でもある中台八葉院には、大日如来を中心とした四仏四菩薩が八葉の蓮華のなかに描かれる。その区画を取り囲み、整然としかも隙間なく数多くの仏たちが並べられている。周囲にもさまざまな神々の姿が描かれ、なかには半身が鳥や獣のものたちまでいる。曼荼羅全体の尊格数は三六一にものぼる。

胎蔵界曼荼羅の基本となる原理のひとつは「三部」すなわち三つの部族である。大乗仏教から密教にかけて多くの新しい尊格が登場すると、これらを起源や性格、機能などからいくつかのグループに分類するようになる。そのもっとも初期のものが、仏部、蓮華部、金剛部の三部である。それぞれの部族の中心となるのが、釈迦、観音、金剛手で、各部の名称もこれに由来するが、密教の時代になると、釈迦は密教仏である大日に交代する。胎蔵界曼荼羅の中央部である中台八葉院と、その左右にある蓮華部院、金剛手院は、この三部に対応している（森雅秀）。

（6）輝き照らすものを意味する盧舎那仏は、元来、太陽神的な性格を有するために中国や日本では「大日」とよばれた。七世紀ごろ、『大日経』が成立し、この経典によってインド密教は確立する。このあと、大日は密教の中心的仏（如来）となる。

（7）「この国の人々ははるかな昔から自分のことを『わ』と呼んできた。ただ、それを書き記す文字がなかった。中国から漢字が伝わる以前のことである。これは今でも『われ』『わたくし』『わたし』という形で残っている」（長谷川櫂）。和という字は日本文化の特徴をたった一字であらわしている。この国の生活と文化の根底には互いに対立するもの、相容れないものを和解させ、調和させる力がはたらいている。この字はその力を暗示している。和という言葉は本来、この互いに対立するものを調和させるという意味であった。

（8）はじめに現世的生があり、裸の欲望の世界（異生抵羊住心《いしょうていようじゅうしん》）である。そこから、瞑想や修行によって純化されて、人間の生はだんだん高次の生命に展開していく。儒教、老荘、そしてさまざまな仏教（小乗的な心、大乗的な心）（この段階までは顕教）を経て、最後の生命の発展段階（十住心）、すなわち真言密教的な心「秘密の真理によって飾られた心の段階」（秘密荘厳住心）で悟りの領域に達するという（岡野守也）。

（9）一切衆生は等しく菩提心（悟りを求めるとともに世の人を救おうとする心）を具えている。是れを知りて大いに歓喜を生ずる等の故である。

（10）核のまわりを動く電子の軌跡のような線と、そこにクロスする直線と曲線から成り立つ絵図である。一見、なぐり書きのように見えながら、「この世間宇宙は、天は理なりといえるごとく（理はすじみち）、図のごとく、前後左右上下、いずれの方よりも事理が透徹して、この宇宙を成す」と宇宙（宇は空間、宙は時間）と人間の繊細な関係を自由闊達に説いている。南方は、すべての現象が一カ所に集まることはないが、いくつかの自然原理が必然性と偶然性の両面からクロスし合ってできる点、「萃点」が存在すると考えた。それはまた、人間にとって物事を理解するための重要な地点であるとかれは説いている。

（11）第2章1節2項、参照。

（12）ネスの提唱するディープ・エコロジー（日常的・技術的・科学的領域より「深い」哲学的な問いから導かれるエコロジー）を「エコソフィT」とよぶ。「エコソフィ」はエコロジーの *eco* とギリシャ語の*sophos*（英知）、つまりエコロジカルな英知の合成語で、「T」はこのネス版エコソフィが単に可能な定式化のひとつにすぎないことを強調するものである。
（13）　自然現象に対する畏怖の念から、それを信仰の対象とするのが、いわゆるアニミズムであって、世界的な現象である。つまり、台風や大暴風雨に対するおそれ、雷に対する恐怖、洪水・津波などの自然現象に対する恐怖が、やがては自然に対する畏怖となり、自然に対する信仰へとつながっていくのである（菅原信海）。
（14）　第4章1節1項、参照。
（15）　万物の根源をなすとされる不思議な気、万物に宿る精気。あらゆる生物・無生物に宿り、また、その宿り場所を変え、種々のはたらきをするとされる超自然的存在。
（16）「水俣条約」は、二〇一三年一月にスイスで開かれた政府間交渉に一三九の国と地域からおよそ八〇〇人が参加し、条約案に合意した。条約には、水銀の供給や使用、取引、廃棄など多面的な対策が盛り込まれ、五〇カ国の批准から九〇日後に発効する。UNEPは二〇一六年の発効を目標に掲げる。なお、水銀を使った電池や血圧計、水銀を一定量以上含む蛍光灯の製造や輸出入は二〇二〇年までに原則禁止される。
（17）　一説（上遠恵子私信）によると、秋に鳴く虫、カネタタキ（*Ornebius kanetataki*――バッタ目カネタタキ科）だとされている。生垣などの木にすんでいて、オスのみ「チン・チン・チン」と鳴く。なお、鳴き声は、国による違いもあるので、かならずしもこのような鳴き方として聞こえるとはかぎらない。鳴く虫たちの声を聴くことによって、夏から秋へ、そして秋から冬への季節の移り変わりを知ることもできる。
（18）　第4章2節3項、参照。

(19) 一九二〇年の発足以来、ベートーヴェン《交響曲第四番》の日本初演、マーラー《交響曲第一番「巨人」》の学生初演、ヨーロッパへの演奏旅行など多彩な演奏活動をつづけてきた。一五〇名を超える団員により、地方をめぐるサマーコンサートをはじめ、二〇一四年に第九九回を迎える一月の定期演奏会、年二回の学園祭での演奏、さらには東京大学の式典や、全国の小・中学校を訪問しての音楽教室と、年間を通じて精力的に活動している。

第6章——社会——技術文明とセンス・オブ・ワンダー

1 「沈黙の春」の世界

化学物質と社会——リスク管理

カーソンの『沈黙の春』は、「環境問題の古典」とよばれ、アメリカの歴史家R・B・ダウンズ(一九〇三～一九九一)の『世界を変えた本(*Books That Changed the World*, 1978)』二七冊のうち、プラトンやニュートン、ダーウィン、マルクスなどの古典と並んで、最新の一冊に、最近では、池上彰の『世界を変えた10冊の本』(二〇一一年)のうちの一冊にそれぞれ取り上げられ、いまも世界中で広く読まれている。それは、広範な影響をもった一連の標準的なテキスト——ローマ・クラブの

『成長の限界（*The Limits to Growth*, 1972）』、一九八四年以降出されているワールド・ウォッチ研究所の年次報告『地球白書（*State of the World*）』、「環境と開発に関する国連会議（地球サミット）」の公式書『地球エシックス（*Our Country, The Planet*, 1992）』などの端緒をなすものであった。

人類の技術文明における最初の革命は、「農業革命（一八世紀イギリスで起きた農業生産の飛躍的向上とそれにともなう農村社会の構造変化）」であるとされる。その農業と自然の関係は、食糧を自然の生物と人とのあいだでの公平な競争によって得るのではなく、科学技術という道具を使って優先的に人の食糧として得るものであって、その道具のひとつに農薬が挙げられる。それら殺虫剤や殺菌剤による農作物の病害虫の防除、ならびに除草剤による作業労働（雑草防除作業）の軽減により、農業生産は飛躍的に向上し、安定した食糧の供給が可能になった。

しかしながら、カーソンは『沈黙の春』のなかで、「二十世紀というわずかのあいだに、人間という一族が、おそるべき力を手に入れて、自然を変えようとしている」と述べ、核の脅威である放射能（放射性物質＝放射性の化学物質）にまさるとも劣らぬ禍をもたらすものとして、ＤＤＴ（有機塩素系殺虫剤）など農薬（とりわけ発がん性のある化学物質）を「おそるべき力 significant power」に挙げて、その危険性と環境に与える悪影響を指摘している。カーソンは社会に対するセンス・オブ・ワンダーの感性によってそのことに気づいたのであろう。

人類の歴史がはじまって以来、石器、青銅器、鉄器をその生活の手段として用いたように、現代は化学物質がそれにとって代わった、すなわち、「現代は化学物質の時代である」といっても過言ではない。その理由に「われわれの生活は化学物質なしでは成り立たない」というベネフィット（われわれの生活における利便性）と「化学物質による環境汚染（化学物質汚染）がわれわれの生活を脅かしている」というリスク（悪い影響を及ぼす可能性）の二つの点が挙げられる。なお、社会におけるリスクの源泉は、日本リスク研究学会によって一三に類型化されている（表6-1）。

なかでも人工的に合成された化学物質（意図的合成物）の総数は、アメリカ化学会（CAS）に登録されているものだけでも、一九九〇年には一〇〇〇万種であったものが、現在（二〇一三年三月）では、七一〇〇万種超。とくに近年の新規化学物質の登録増加スピードは加速度的であり、これまでは一日あたり約一万四〇〇〇件ともいわれていたが、ここ数年は一～二年間で一〇〇〇万件のスピードで登録されている。カーソンが、『沈黙の春』で「いまや、ふつうの人間なら、生命をうけたそのはじめのはじめから、化学薬品という荷物をあずかって出発し、年ごとにふえるその重荷を一生背負って歩くことになる」と予見したことがすでに現実のものとなっている。現代社会においてわれわれは、「化学物質の海」を漂っているようでもある。

そもそも国内では「化学物質」という言葉は、化学物質審査規制法[1]で定義された法律用語で、人間活動、とりわけ経済活動（生産・流通・消費・廃棄）の過程で合成、生成される単体と化合物であり、わが国では約五万種が実際に流通しているといわれる。そのなかには、有害性をもつものが多数存在しており、適正に取り扱われなければ環境汚染を通じてヒトの健康と生態系に好ましくない影響を与えるおそれ（健康リスクと生態リスク）がある。

表 6-1　社会におけるリスクの源泉と類型（日本リスク研究学会 2006 をもとに作成）。

①自然災害のリスク	⑧放射線のリスク
②都市災害のリスク	⑨廃棄物リスク
③労働災害のリスク	⑩高度技術リスク
④食品添加物と医薬品のリスク	⑪グローバルリスク
⑤環境リスク	⑫社会経済活動にともなうリスク
⑥バイオハザードや感染症リスク	⑬投資リスクと保険
⑦化学物質のリスク	

①風水害と火山・地震災害など。②火災や爆発、輸送機関の事故など都市基盤施設の機能破壊による災害。③産業現場における災害。④健康障害や薬の副作用によるものであって、食生活や医薬品の安全・安心を求める市民の声は大きく、リスクコミュニケーションの必要性が最初に表面化した分野であり、情報公開や説明責任の面からも対応が試みられている。⑤本文参照。⑥ヒトの健康や生態系に悪影響を及ぼす生物種（病原微生物）によるものであって、エイズの発症や組換え DNA の導入の安全性など。⑦天然と合成物質、意図的と非意図的生成物が区別され、分析・評価がなされる。リスク制御の面からは、生産方法、生産用途、化学物質の構造による違いでリスクが分類されている。⑧医療行為を通した曝露、ラドンなどの自然放射線起因のもの、原子力発電所などの労働や周辺の生活上の曝露、原子力関連施設の事故などに起因するもの、核爆発のリスクまで多様。⑨それ自身のもたらす本源的効果、廃棄物処理によってもたらされる効果、さらに物質循環上の効果を区別する。⑩遺伝子工学などの生命倫理を損なうおそれのある高度技術や、核融合や宇宙開発などの巨大技術の開発と産業化によってもたらされる可能性のあるリスク。⑪人間活動が地球的規模に拡大することによって、環境負荷や災害の影響が地球のすみずみに広がっているようすをいう。地球温暖化などの現象のみならず、気候変動などによる生活基盤の喪失がもたらす居住地移動や難民化などを含む。⑫不確実性や予見不可能性に根ざす不利益や犠牲として、家計・個人分野、企業分野、国家分野、および全地球分野でのリスク。⑬個人や企業などの投資にともなって、金銭的、経済的リスクが生じる。また、経済主体のリスク対応として保険が形づくられる。

このような悪影響の発生を未然に防止するためには、「潜在的にヒトの健康や生態系に有害な影響を及ぼす可能性のある化学物質が、大気や水質、土壌等の環境媒体を経由して環境の保全上の支障を生じさせるおそれ」（環境リスク）について、科学的な観点から定量的な検討と評価をおこない、その結果にもとづいて、必要に応じ、環境リスクを低減させるための対策を進めていく必要がある。これらの対策は、カーソンが『沈黙の春』で、発がん性のある化学物質（発がん物質、表６‐２）に対して予防的な取り組み（政府の方策）が重要であると述べた考え方につながるものである。

＊

化学物質をめぐる環境汚染（公害や環境問題、表６‐３）は、カーソンが取り上げたＤＤＴやＰＣＢ（ポリ塩化ビフェニル、コンデンサーオイルや熱媒体などに含有）などの有機塩素化合物、撥水剤や防汚剤などの有機フッ素系化合物（ＰＦＣｓ）、引火性低減や延焼防止の目的で添加される臭素系難燃剤[2]（ＢＦＲｓ）のような難分解性で脂溶性の化合物、鉛やカドミウムなどの重金属、フロン、ＶＯＣ（Volatile Organic Compounds——揮発性有機化合物）、アスベスト（石綿）などの意図的合成（あるいは、利用）物に加えて、産業活動において意図せずに生成した「非意図的生成物」であるメチル水銀やダイオキシン類、二酸化炭素、ブラックカーボン（黒色炭素粒子、短寿命気候汚染物質[3]）などである。

これまでの核実験や原発事故により放出されたプルトニウムやセシウム、あるいはトリウム（蓄電

表 6-2　IARC による発がん物質のグループ指定（泉 2004 をもとに作成）。

グループ記号	指定基準	おもな発がん物質
1	ヒトに対する発がん性が十分に確かめられている	カドミウム、クロム、ニッケル、ヒ素、アスベスト、塩化ビニル、ベンゼン、ダイオキシン
2A	ヒトに対する発がん性がある程度確かめられているとともに、動物実験でも発がん性が十分に確かめられている	臭化ビニル、ホルムアルデヒド、テトラクロロエチレン、トリクロロエチレン、PCB、ベンゾ(a) ピレン
2B	ヒトに対する発がん性がある程度確かめられているかまたは、動物実験で発がん性が十分に確かめられている	コバルト、鉛、DDT、DDVP、アトラジン、クロルデン、パラジクロロベンゼン、クロロホルム、アセトアルデヒド、メチル水銀
3	ヒトに対する発がん性の疑いがある（動物実験で発がん性がある程度確かめられているケースがこのグループの約 4 割を占める）	二酸化イオウ、ディルドリン、マラソン、アニリン

これまでに国際がん研究機関（IARC）などによって約 400 種の化学物質が発がん性を示すことが確認されている。また疑わしいものを含めると、この数は延べ 600-800 種に及ぶ。IARC は、これらを表に示すように、ヒトに対する発がん性を重視する立場から 4 つのグループに分類している。

グループ 1（約 30 種）は、疫学的なデータによってヒトに対する発がん性が十分に確かめられたものである。またグループ 2A と 2B（合わせて約 250 種）は、ヒトに関するデータがある程度知られているかまたは動物実験で発がん性が十分に確かめられていることから、ヒトに対して発がん性を示す可能性が高いものである。グループ 2A がグループ 1 により近いことはいうまでもない。さらにグループ 3（約 400 種）は、ヒトに関するデータも動物実験のデータも不十分であるが、やはりヒトに対する発がん性の疑いを示すものである。このグループ 3 に属する化学物質のうち、約 150 種については動物実験で発がん性がある程度確かめられている。一方、アメリカの環境保護庁（EPA）も発がん物質を独自にグループ A、Bl、B2、C などに分類している。

表 6-3 環境汚染（公害・環境問題）のおもな原因物質（多田 2011 をもとに作成）。

公害・環境問題	おもな原因物質	意図的・非意図的
農薬汚染	DDT などの有機塩素系殺虫剤（難分解性で生物蓄積性が高く、大気・水循環による長距離移動性あり）	意図的合成物
重金属汚染	銅（足尾鉱毒事件）やカドミウム（イタイイタイ病）、鉛、ヒ素	意図的（利用物）
水俣病	アセトアルデヒド製造過程で副成されたメチル水銀化合物	非意図的生成物
大気汚染（酸性雨）	工場や自動車などの化石燃料（石炭・石油など）の燃焼により生成された硫黄酸化物（SO_2）や窒素酸化物（NO_2）	非意図的生成物
光化学スモッグ	工場や自動車などから排出された窒素酸化物（NO_2）および VOC（揮発性有機化合物）が、紫外線による光化学反応によって生成した光化学オキシダント（≒オゾン）と浮遊粒子状物質（SPM）	非意図的生成物（ただし、VOC は意図的合成物）
オゾン層の破壊	エアコンや冷蔵庫などの冷剤、電子部品の洗浄、発泡スチロールの発泡剤、スプレーなどに使用されたフロンや小型消火器に用いられたハロンや臭化メチル	意図的合成物
温暖化	化石燃料の燃焼により生成された二酸化炭素やブラックカーボン*、メタンなど	非意図的生成物
ダイオキシン	ごみの焼却による生成と除草剤（PCP、CNP）の副産物	非意図的生成物
海洋汚染	廃棄物や油、PCB などの POPs（残留性有機汚染物質）	意図的合成物
放射能汚染	核分裂により生成された放射性のプルトニウムやヨウ素、セシウムなどが、核実験や原発事故などによって環境中に放出レアアース（希土類元素）精錬過程で発生する放射性のトリウム	非意図的生成物（ただし、核分裂のもとになる核燃料は意図的利用物）

*寿命は、ブラックカーボンが約 10 日、対流圏のオゾンが約 1 カ月、メタンが約 10 年。約 100 年の二酸化炭素よりはるかに短い。発生源はディーゼル車や工場の排気、森林火災など。SPM の一種で、小さいものは中国などから飛来する PM 2.5 のひとつ。温室効果は二酸化炭素に次いで高い。

池や発光ダイオード、磁石などのエレクトロニクス製品に使われるレアアースの精錬過程で発生）などの放射性物質など、ますます複雑で深刻化している（表6-3）。

最近では、医薬品・パーソナルケア用品関連化学物質（ＰＰＣＰｓ）が生活排水に起因して環境中に多量に排出されている。また、海洋の漂流ごみ（世界全体で年六〇〇万～七〇〇万トン発生）のうちで、大きな比率を占める発泡スチロール（ポリスチレン）の劣化により分解してできるスチレンオリゴマー（ＳＯ）が海水と海岸の砂から検出されている。なお、地球規模の大気・水循環や食物連鎖での広がりから、先進国だけでなく新興国などにおいても、使用にあたって配慮の必要な化学物質の適正管理（環境リスク対策）のための法的規制の要請も年々高まっている。

ＤＤＴなどの有機塩素化合物のように、カーソンが『沈黙の春』のなかで食物連鎖を通して明らかにした環境中での残留性や生物蓄積性、およびヒトや野生生物への毒性、長距離移動性が懸念されるＰＯＰｓ（Persistent Organic Pollutants——残留性有機汚染物質）については、単に輸出入管理のみならず、地球規模での製造・使用・輸出入・廃棄という一連のライフサイクル全体にわたる管理をおこなう必要性が指摘された（残留性有機汚染物質に関するストックホルム条約[4]）。その一方で、急速な経済成長がつづくアジア大陸からの越境大気汚染物質[5]（微小粒子状物質ＰＭ２・５[6]）が問題に挙がっている。

国内では、とりわけ既存建築物に多数利用されてきたアスベストの有害性や、環境負荷が明らかになるにつれ、建物の改修や解体時における施設利用者や作業者、近隣住民などへの健康被害も社会問題化している。二〇三〇年ごろをピークに、アスベスト使用の可能性がある建築物の解体工事が増加すると想定されている。そのため、改正大気汚染防止法（二〇一三年六月二一日公布）により、アスベストの飛散をともなう解体工事などの届出義務の対象を、施工者から発注者に変更するなどその対策が見直された。

さらに、新築建物におけるトルエンやキシレン、エチルベンゼンなどのＶＯＣによるシックハウス症候群の発生も問題になった。そのごく微量の低濃度長期曝露によって被害が発生するおそれがあるため対応がむずかしい。そこでアスベストやＶＯＣのように従来の大気汚染とは異なる室内空気汚染への対処が求められ、広範囲の化学物質使用に関する法規制が強化されている。[7]

ほかにも、化学物質の内分泌攪乱作用の評価手法の確立や、ナノ素材の使用がヒトの健康や生態系にどのような影響を及ぼすかという観点からの規制も必要になっている。こうした情勢を受け、化学物質の製造から廃棄までのライフサイクル全体を、予防的取り組み方法にもとづいて包括的に管理する法律の制定が必要とされている。

化学物質管理には、企業にとって法令違反の問題だけでなく、そのブランド力の低下など「見えないリスク」がひそみ、汚染が発覚した場合の打撃も大きい。よって、社会との関係においてセンス・オブ・ワンダーの感性（派生的センス・オブ・ワンダー）をはたらかせて、「従来からの法規制に従っているだけの管理では、安全性を向上させるのはむずかしい」という意識をもつ必要があろう。

すなわち、法規制に受け身で対応するのでは不十分で、法令順守（コンプライアンス）の先をいく厳格な管理体制の構築としての自主管理（自主的取り組み）が、社会に対するリスク低減（安全性）のため重要性を増す。そのことから、化学物質のリスク管理は、「規制」と「自主管理」の組み合わせで成り立つものと考えられている。ここでいうリスク管理とは、「第一義的には不確実性によりもたらされる損失の発生を未然に防ぐという努力であり、仮に損失が発生した場合であってもその損失の拡大・増殖をできるだけ抑えようとする努力である」（リスクマネジメント協会）とされる。

複合汚染——予防的な方策に向けて

工業的に生産されている化学物質は、世界全体で約一〇万種、年間一〇〇〇トン以上生産されるものは五〇〇〇種程度とされている。このような化学物質は、製造・運搬・貯蔵・使用の過程でその一部が環境中に出ていくことで、いまや地球上のあらゆるところにその汚染が広がっている。経済活動をおこなっている地域はもとより、おおよそ人間活動のない南極の氷からさえ微量のＤＤＴや鉛が検出されている。「人間は自然界の動物と違う、といくら言い張ってみても、人間も自然の一部にすぎない。私たちの世界は、すみずみまで汚染している。人間だけ安全地帯へ逃げこめるだろうか」（カーソン）と、まさに複合する化学物質に汚染された「複合汚染」の世界にわれわれは生きている。

カーソンは『沈黙の春』のなかで、「化学薬品は、たがいに作用しあい、姿をかえ、毒をます」と、化学物質の複数の相互作用により毒性が強くなるという相乗効果を予測している。一方、有吉佐和子は『複合汚染』のなかで、このような有害な化学物質の相互作用による複合汚染の影響（相乗効果）

をリアルに描き、そのころ食品の化学物質汚染が問題になっていた日本社会に大きな影響を与えた。彼女はこのなかでカーソンの『沈黙の春』を紹介している。そして多くの市民が、「複合汚染」という科学（学術）用語を文学から知り、人体や生態系がどのように汚染されていくのかをセンス・オブ・ワンダーの感性（派生的センス・オブ・ワンダー）で気づくことになり、それが科学リテラシー（科学に関する人間として身につけておくべく必須能力）へと結びついた。

ところでカーソンは、『沈黙の春』のなかで、有害な化学物質などによって、人間の「四人にひとり」は、いずれがんになると警告している。現在の日本では、がんは「国民病」ともいわれ、二人にひとりががんになり、三人にひとりががんで亡くなっている。

ロンドンの医者P・ポットが、煤ががんの原因になることを唱えたのは一七七五年のことである。「二十世紀になると、無数の化学的（人為的に合成・生成された）発癌物質があらわれ、人間は、いやがおうでも毒にとりかこまれて生活しなければならなくなった」。カーソンは、この状況を伝染病の病原菌との関連で説明している。パストゥールやコッホは、病原となる病原菌により病気が蔓延することを解明し、その結果として、多くの伝染病は人間の手（予防）で制圧することができた。伝染病の場合、その病原は人間の意志に反して広がった。しかし、がんの病原となる発がん物質は人間の手（合成・生成）で広められたのである。

国立がん研究センターを中心とする国際研究チームは、「ビッグデータ（患者七〇四二人の遺伝子変異約五〇〇万個）」をもとに三〇種類のがんを対象に細胞の遺伝子の突然変異を調べ、がんの原因となる変異のパターン二一種類を発見した（二〇一三年八月一五日付ネイチャー電子版）。変異のパターンのうち、一部は喫煙や加齢、紫外線などの影響で引き起こされていることが推定されたが、ほかの多くは原因が特定できていない。今後、生活習慣や発がん物質の影響などについて解明を進めることとしている。なお、国内で受動喫煙が原因とされるがんなどで死亡する人の数は、交通事故による死亡数を超える年六八〇〇人にのぼると推計されている。分煙ではなく、欧米並みに建物内を全面禁煙にすること。喫煙率を減らせば、発がんなどのリスクを大幅に減らせるとされている（中川恵一・東京大学付属病院准教授）。[9]

「私たちみんなが《発癌物質の海》のただなかに浮んでいる」。現代社会から、われわれの生活に不可欠ではない化学的発がん物質を取り除くことができれば、「発癌物質の圧力」も大幅に弱まるだろう。「まだ癌の魔手がとどいていない者——そして、まさにまだ生れ出てこない未来の子孫たちのために、何としても、癌予防の努力をしなければならない」と、カーソンは述べている。

このような予防の考え方は、わが国においても一九九四年以降の環境政策の指針のひとつに予防的な方策として取り上げられている。[10] また、二〇〇六年に「がん対策基本法」が成立し、「がん対策推進基本計画」（二〇〇七年）が策定されて、総合的かつ計画的にがん対策を推進する方向性が示された。[11] 国際的にも、二〇〇二年に世界保健機関（WHO）が国家的がん対策プログラムの推進を提唱している。その目的とするところは、[12] 第一に、がんの罹患率と死亡率を減少させることであり、第二に、がん患者とその家族のQOL（Quality of life）を向上させることである。この二つの目的を達成するため、予防・早期発見・診断・治療・終末期ケアからなる一連のがん対策が求められている。なお近年では、「がんの早期発見」のための「科学的根拠のあるがん検診」については、がんによる死亡の減少をはじめとする「利益」と、偽陽性や過剰診断などの「不利益」とのバランスを考慮し、「利益」が「不利益」を上回るとする証拠があることが求められる。

一方、「人体に及ぼす化学物質の影響については、発がん性だけでなくホルモン作用の攪乱ということにも目を向けなければならない」と、『奪われし未来』の「がんだけでなく」で、「ホルモン作用攪乱物質（いわゆる、環境ホルモン）は、生殖能力や発育を知らず知らずのうちに蝕んでいる。しかもその影響が及ぶ範囲も実に広い。だからこそ、この有害物質には、種全体を危機に陥れるおそれがある。人類ですら安閑としてはいられないだろう」と、T・コルボーンらは述べている。しかしながら、カーソンも『沈黙の春』の「そして、鳥は鳴かず」で、すでにＤＤＴによるコマツグミ（図3-5参照）やハクトウワシ（図7-1参照）の生殖（内分泌系）への異常による影響や次世代影響に気づいていたのである。

このように『奪われし未来』で「有毒の遺産 hand-me-down poisons」として取り上げられた環境ホルモンは、きわめて低用量（微量）でも有害な影響がある疑いが指摘されて社会問題になり、その後の研究から、「環境ホルモン」問題は、①低用量効果（ごく微量でホルモン疑似作用をもつ）、②考慮すべき毒性範囲（発がん性から生殖や免疫、神経系への悪影響へ）、③リスク低減目標（成人の「死」から「子どもや将来世代の生活の質の低下」へ）の三つの点から「リスクの視点を変えた」。

「少量の薬品でもよい。じわじわと知らないあいだに人間のからだにしみこんでいく。それが将来どういう作用を及ぼすのか。こういうことこそ、人類全体のために考えるべきであろう」と『沈黙の春』でカーソンは述べているが、まさに「環境ホルモン」問題を予見していたといえるだろう。

＊

『奪われし未来』では、『沈黙の春』で取り上げられたＤＤＴやＰＣＢ、およびダイオキシンなどの有機塩素化合物が蓄積されやすい母乳から幼児への移行、あるいは臍帯中には、有機塩素化合物のみならず、ビスフェノールＡや鉛など多数の化学物質（環境ホルモン）が検出され、これらの有害物質が胎盤を経由して胎児にも移行していると考えられている。まさに「複合汚染」の世界において「いまや、人間という人間は、母の胎内に宿ったときから年老いて死ぬまで、おそろしい化学薬品（化学物質）の呪縛のもとにある」（カーソン）といえる。

このような環境ホルモンの影響は、成人（大人）では影響を打ち消すが、発達段階にある胎児や乳幼児には、微量でも中枢神経や免疫系などに影響が残り、あとになってなんらかの異常があらわれる可能性がある。これまでの化学物質のリスク評価のように大人を基準にしたものではなく、乳幼児を含む子どもや高齢者、妊産婦などのリスクの高い集団（脆弱集団）を対象にしたものに変えていく必要がある。とりわけ子どもは、大人よりも化学物質などの影響を受けやすく、「子どもは小さな大人ではない」とされ、「人の健康および疾患の素因の多くは、受精卵環境、胎内環境、乳児期環境にある」（佐藤洋）と考えられている。

最近は、子どもにぜんそくや先天異常などの発生率の増加がみられ、その原因として複合する化学物質の曝露が指摘されている。そこで、将来世代の健康に悪影響をもたらす化学物質曝露をはじめとする環境要因を解明し、「高感受性期（胎児や乳幼児期）」の脆弱性を考慮したリスク管理体制の構築を図るための「健康と環境に関する全国調査（エコチル調査）」（環境省）が、妊娠時から一〇万人を対象に二〇一一年から開始されている（二〇二五年度に中間とりまとめ）。これは、胎児の期間から一三歳に達するまで、定期的に健康状態を確認することで、環境要因が胎児、乳幼児から子ども（小児期）の成長や発達にどのような影響を与えるのかを明らかにするものである。

すなわち、「胎児期から小児期にかけての化学物質曝露をはじめとする環境因子が、妊娠・生殖、先天奇形、精神・神経（発達）、免疫・アレルギー、代謝・内分泌系などに影響を与えているのではないか」という中心仮説を解明するため、化学物質の曝露などの環境影響以外にも、遺伝要因や社会要因、生活習慣要因など、幅広く調査することとしている。エコチル調査には、環境保健行政に見られる、かつての対症療法的なアプローチから予防的な方策、さらには、センス・オブ・ワンダーの感性をはたらかせて、潜在的な問題に気づくという思想の萌芽が見られる。この調査によって「複合汚染」の世界に生きる子どもの成長や発達に影響を与える環境要因が明らかになることで、化学物質規制の審査基準や企業における自主的管理への反映、ならびに環境基準（水質、土壌）など、適切なリスク管理体制が構築されるものと期待される。

科学コミュニケーション——リスク社会を生きる

社会における経済の規模が大きくなればなるほど、そのシステムは科学技術により複雑・巨大化する。その結果、リスク（よくないことの起こる可能性や確率）の実態が伝わりにくい、いわゆる「原発」的なものが現代社会には満ちている。われわれがリスクを強く感じるようになってしまう一〇の要因は、アメリカのハーバード大学リスク解析センターによると、「恐怖を強く感じる」「自分で制御できない」「子どもに関係する」などであり（佐藤健太郎）[13]、どれもが原発にかかわるものである。

二〇一一年三月一一日一四時四六分に発生した地震により、東京電力福島第一原子力発電所は、強い揺れならびに高さおよそ一四〜一五メートルの津波によって全電源を失い、原子炉の冷却が不能となり、炉心溶融、水素爆発、そして放射性物質の放出という大きな事故をもたらした。それによって、原発は人類の生存を脅かすほどの危険なものであることが白日のもとにさらされた。福島第一原発事故（以下、原発事故）が浮き彫りにしたのは、東日本大震災（以下、震災）という緊急事態においていったん制御不能に陥れば、われわれの生存そのものを危うくする複雑・巨大なシステムに身をゆだねていることへの不安だった。現代社会は、システムの複雑さ、巨大さに起因するリスクの不確実性から逃れることはできないのである[14]。

つまり、ドイツの社会学者U・ベック（一九四四〜）が、『危険社会（*Riskogesellschaft*, 1986）』で「いまや政府の役割は『富の再分配』から『リスクの分配』へと転換しつつある。『リスク社会』の出現である」と指摘したように、原発事故は、科学技術が「ゼロ・リスク」ではありえず、かならず社会的リスク（人びとへのリスクの分配）をともなうことを知らしめた。

原発事故に遭う以前から、公共意識のある多くの市民（国政にあずかる地位の人びとであり、一方の国民は国権に服する地位の人びと）が、原発の安全性（リスク）に対する懸念をくりかえし表明してきた。にもかかわらず、住民の健康と安全を最優先にする意識の欠如が、時間的制約のもとでの避難に関する適宜適切な事実の情報発信を妨げた。

『沈黙の春』で、「私たち自身のことだという意識に目覚めて、みんなが主導権をにぎらなければならない。いまのままでいいのか、このまま先へ進んでいっていいのか。だが、正確な判断を下すには、事実を十分知らなければならない。ジャン・ロスタンは言う――《負担は耐えねばならぬとすれば、私たちには知る権利がある》」と。

そこで、「原子力災害対策指針」（二〇一二年一〇月三一日、原子力規制委員会）の前文には、「国民の生命、身体の安全を確保することが最重要という観点から、住民に対する放射線の影響を最小限に抑える防護措置を確実なものとすること」を目的に、その事前対策には、「住民への情報伝達に関する責任者および実施者をあらかじめ定め、集落の責任者や住民に迅速かつ正確な情報が伝達されるような仕組みを構築することが必要」とされている。

また、緊急事態応急対策の考え方として、「可能な限り確実性の高い情報に基づき住民の防護措置を的確に講じることが必要」であり、住民への情報提供も緊急時には、「住民に正確な情報提供を迅速に、かつ、分かりやすい内容でおこなわなければならない」「情報は定期的に繰り返し伝達すべきである」とされている。さらに今後、詳細な検討などが必要とされる事項のひとつに「地域住民との情報共有のあり方」が挙げられている。

原発事故は、「深刻な人災（事故調査委員会）」であり、高度な科学技術がもたらした未曾有の災害であり、「文明災」（梅原猛）ともいわれる。今回の震災によって、「科学と社会」の関係にかかわる多くの課題が提起された。それらの重要な課題の多くに関係するのが、「科学」の伝え方や情報共有についての科学者（専門家）と社会とのコミュニケーションの問題である。そもそも「社会」という言葉は、「社《やしろ》で会う」と読む。「社に集う」ということである。その村の神社に、共同体の人たちが、村の祭りの日に集まって、共同体をどのように運営していくかを協議するところであった。そこで、イネの作付けはどうの、いつからはじめるかといったことを持ち寄ったそれぞれの情報とコミュニケーションによって決めていたのである。

よってこの問題は、専門家と市民の科学に関するコミュニケーション（科学コミュニケーション）を実践することであり、そのことで、科学（あるいは科学技術）をめぐる社会的な問題に市民が主体的にかかわっていく「科学の市民化」（武内和彦）にもつながる。また、科学者のあるべき姿をまとめた声明「科学者の行動規範（日本学術会議）」では、「社会的期待に応える研究」や「市民との対話と交流に積極的に参加すること」が求められている。そこでは、科学的事実（情報やデータ）と社会的な価値判断が複雑に絡み合っており、専門家だけに解決を任せてはおけない、「科学なしでは解けないが、科学だけでは解けない問題」にかかわるトランス・サイエンス（超科学）――アメリカのアルビン・ワインバーグ（核物理学者、一九一五〜二〇〇六）の考え方――が必要になる。

それは、問題を科学的に定義できても、答えを科学的には出せない問題、たとえば低い線量の放射性物質の安全性の確認には、膨大なデータが必要で実験的検証ができないというような問題である。これまでは企業論理が優先されて、危険であるという証拠がなければ安全であるといわれてきた。ワインバーグは、このような問題に対する科学者の使命は、「どこまでが科学によって解明でき、どこからは解明できていないのか、その境界を明確にすること」であり、「科学でわからないことは、正直にわからないというべき」であると主張する。

また、科学コミュニケーションは、科学（あるいは、科学技術）リテラシーを社会に定着するための手段にもなる。そこで、震災と原発事故にかかわる山積みの課題に市民が納得する科学・技術的な解決法を見つけるためには、科学者や技術者の側から知識の提供をすることは必要であるが、このとき市民は「技術には絶対ということはない」「公に定められた基準はあくまでも暫定的なものである」など、知識を超えた「科学的なものの考え方（科学リテラシー）」を身につけておく必要がある。これは科学コミュニケーションが目指す大きな目標のひとつ「科学の社会化」でもある。そこでは、市民一人ひとりが、「知る市民」から「考える市民」に、そしてリスク社会において「行動する市民」へと変わる。

つまり、市民の参加と協働を基盤に、政府というひとつの権力による統治から、自分たちで「共に」つくり替えていく、市民が「共に」統治する社会に向かうと考えられている（イタリアの哲学者A・ネグリとアメリカの哲学者M・ハート）。それはまた、政治学者で戦後最初の選挙による東京帝国大学総長になった南原繁（一八八九〜一九七四）の「今日的意義」（山口周三）のひとつである、「国民共同体が大切であること。国家は誤ることがあるし、その場合の責任は後代の国民が負わなければならないこと」につながるものである。「原発推進」のように国家はいったん方針が決まると、なかなか方針の変更はできないのである。

一方、「科学に国境はないが、科学者には祖国がある」（L・パスツール、フランスの生化学・細菌学者）といわれるように、「国民的科学の提唱」[15]（一九五二年）で示された科学者のあり方、「国民的科学の創造と普及」の流れからすれば、母国語である日本語の発想による言語（文学）表現で、「国民」から「市民の科学」を創造していかねばならないであろう。世界には、英語や中国語をはじめとする多様な言語がある。それゆえ、われわれ日本人にとって、日本の自然（風土）や文化に育まれた言語（日本語）による科学的思考やそのコミュニケーションこそが、尊重されねばならないと考えるからである。

＊

最近、科学コミュニケーションの取り組みとして、科学と社会の信頼関係、すなわち人びとのための科学（技術）であるという認識のもと、サイエンスカフェ[16]が多くの都市で大学（キャンパス）をはじめ開催されている。サイエンスカフェの横のつながりや、市民だけでなく子ども（将来の市民）の参加もできれば、さらに大きな力になると期待されている。そこでは、カーソンが、「海辺の潮だまり」や「森のコケ」について述べているように、専門家は市民に「科学」を文学的に伝えなければならない。市民は、社会のことを文学的に知り、文学的に考え、そして行動する。人はだれしも文学的に生きているのである。

よって、われわれにとって「科学の知」は、そのまま「市民の知」にはなりえない。日本語で文学的に知ることによってはじめて「市民の知」となり、そこから社会的なセンス・オブ・ワンダーの感性をはたらかせて、「考える」ことも「気づく」こともできるのである。たとえば、日本各地の民話には、津波や地震、洪水など、災害を題材にしたものが多い。先人の知恵や自然への畏敬の念を込め、歳月を経て民話に昇華された話（文学）は、子どもの心にも響くであろう。それは、時代を超えた「タテのコミュニケーション」といえる。なお、サイエンスカフェでは、自然科学者だけではなく、専門家に人文・社会科学者が加わることで、「ニュー・エコロジー」[17]における専門家と市民の協働、すなわち専門分野を超えた「ヨコのコミュニケーション」も可能になるであろう。

一方で震災は、リスク社会を生きぬくための人と人の絆をわれわれ一人ひとりに再認識させた。それは、地元・地区の消防団や全国から集まった災害ボランティアの人びととのつながりであり、携帯電話やパソコンなどネット上で複数の人が双方向に交流できるソーシャルメディアによるつながりであった。簡易ブログ、ツイッター Twitter や交流サイト（SNS）、フェイスブック Facebook などの時間を追ったコミュニケーションツールにより、メディアの報道だけでなく現場や専門家によるリスク情報などが集まり、ライフラインの機能を発揮することができた。これらネット上の「つながる力」（人と人の絆）に、もうひとつの社会を観ることができるであろう。

リスク社会を生きるための「正確な判断を下すには、事実を十分知らなければならない」（カーソン）という。事実（正確な情報）を「知る権利」とともに、専門家や報道による情報だけでなく、われわれは双方向に情報を「知らせる義務」がある。「情報とは情けに報いること。報道とは人の道に報いること。人の道に報いないものは情報でも報道でもない」（冨田きよむ・報道写真家）のである。そのことによって、われわれ一人ひとりが、社会におけるセンス・オブ・ワンダーのアンテナを張りめぐらせることができるのであろう。

科学技術と社会――「未来の春」を観る

社会の科学技術への信頼は、一六世紀以後の近代科学の発展とそれ以前の合理主義の考えが生み出した歴史的産物である。それは民主主義や市場主義とともに現代文明を築いてきた大きな要因である。「長いあいだ旅をしてきた道は、すばらしい高速道路で、すごいスピードに酔うこともできるが、私たちはだまされているのだ。その行きつく先は、禍いであり破滅だ」（カーソン）。

いま人類が直面している二つの大きな問題は、世界の人口増加と経済成長のための食糧とエネルギーの増産にかかわる問題である。そのうちエネルギーについては、原子力技術によるクリーンで経済効率がよいとされた原子力発電が、戦後のわが国の急速な経済成長の一端を担ってきた。われわれはそれを生み出した科学技術によって、これまで「すばらしい高速道路で、すごいスピードに酔うこと」ができたのである。[18] 一方の食糧の増産については、バイオテクノロジー（遺伝子組換え技術）による遺伝子組換え植物の農作物[19]（GM作物、以下、組換え植物）への開発・実用化（商品化）が一九九〇年代半ばに本格的に進められ（表6-4）、現在、アメリカやブラジル、アルゼンチン、インド、中国などで商業栽培されている。二〇一二年には、二九カ国でその栽培耕作地面積は一九九六年のおよそ一〇〇倍（一七〇万平方キロメートル）にまで達している。

組換え植物とは、いままでの栽培植物の性質を残したまま、あるひとつの遺伝子を導入した（付け加えた）植物である。現在までに、日持ち性やウイルス耐性、除草剤耐性や害虫耐性の形質をもったトウモロコシやダイズ、ナタネ、ワタなど組換え植物が商品化されている（表6-4）。カーソンは『沈黙の春』で、殺虫剤を散布することで駆除したはずの害虫が耐性をもつようになり大量発生する（殺虫剤抵抗性の発達）[20]、そのことでもっと強力な殺虫剤を使用することになると指摘している。同様に、遺伝子組換えによる害虫耐性植物（農作物）を多用すると、耐性を獲得した害虫を誘導し効力がなくなり、新たな選択性殺虫因子をさがし、さらにその遺伝子をその農作物に導入しなければならなくなる。すでにアメリカのイリノイ州では、害虫耐性の形質をもった（土壌中の細菌がつくる殺虫作用のあるタンパク質の遺伝子が組み込んである）Ｂｔトウモロコシに過度に依存したことで、その組換え植物に耐性をもつ害虫（ハムシの幼虫、ネキリムシ）の被害が広まっている。また、組換え植物

表 6-4　商品化されている組換え植物（山田・佐野 1999 をもとに作成）。

農作物	商品化された国(開発会社)	商品化年
日持ちのよいトマト、フレーバーセイバー	アメリカ（カルジーン社）	1994
高ペクチン含有トマト	アメリカ（ゼネカ社）	1995
日持ちのよいトマト、エンドレスサマー	アメリカ（DNAP 社）	1995
除草剤耐性ダイズ	アメリカ（モンサント社）	1995
除草剤耐性ナタネ	カナダ（モンサント社）	1995
害虫（甲虫類）に強いジャガイモ	アメリカ（モンサント社）	1995
ウイルス病に強いスクワッシュ	アメリカ（アスグロー社）	1995
除草剤耐性トウモロコシ	アメリカ（デカープ社）	1996
害虫（蛾の仲間）に強いトウモロコシ	アメリカ（チバ・シーズ社）	1996
害虫に強く除草剤耐性トウモロコシ	アメリカ（モンサント社）	1996
除草剤耐性ワタ	アメリカ（カルジーン社）	1996
害虫（蛾の仲間）に強いワタ	アメリカ（モンサント社）	1996
色変わりカーネーション	オーストラリア（フロリジーン社）	1998
日持ちカーネーション	オーストラリア（フロリジーン社）	1998
高オレイン酸ダイズ	アメリカ（デュポン社）	1997
ウイルス病に強いパパイヤ	アメリカ（ハワイ大学、コーネル大学）	1997

世界の組換え植物は、農耕地全体のおよそ 10% の 170 万 km^2（日本の農耕地のおよそ 40 倍）で栽培されている。その栽培面積は、2012 年現在、トウモロコシで全体の 35%、ダイズで 81%、ナタネで 30%、ワタで 81% である（出典：国際アグリバイオ事業団）。わが国の輸入農作物のうちトウモロコシやダイズなど 1600 万トン（全体の 50%）が組換え植物である。

日本で安全性が確認され、販売・流通が認められているのは、ダイズ、ジャガイモ、ナタネ、トウモロコシ、ワタ、テンサイ（砂糖大根)、アルファルファ、パパイヤの食品 8 作物（169 品種)、添加物 7 種類（15 品目）である（2012 年 3 月現在、厚生労働省)。ただし、国内で開発（2004 年）され、実際に生産・販売（2009 年から）されているのは、園芸植物の「サントリーブルーローズ アプローズ」のみである。

と組み合わせて使う除草剤で枯れない「スーパー雑草」の発生が年々増加している。

よって、このような遺伝子組換え技術の運用には慎重な安全性評価（環境影響評価と食品の安全性評価）が必要とされる。そのうち、環境影響評価における組換え植物の「生態系への影響（生物多様性影響）」が危惧され、その野外栽培の影響は、次の三点にまとめられる。

第一に、導入遺伝子が野生生物に拡散していく可能性（遺伝子汚染）。拡散の内容としては、大きく分けて、組換え植物の野生化、交雑による導入遺伝子の近縁植物への拡散、組換えによる導入遺伝子の微生物への拡散の三つの現象が考えられる。第二に、組換え遺伝子に関係して、新たな系統の病原体や雑草ができてしまう可能性（対抗進化）。第三に、組換え植物でつくられる導入遺伝子の産物であるタンパク質のはたらきにより、環境に対して予期せぬ影響を及ぼす可能性も指摘されている。また、人体に対してもそれが、がんやアレルギーを引き起こすおそれはないのか危惧されている。

原子力技術と遺伝子組換え技術は、物質と生命の基本である原子と遺伝子を、それぞれ科学技術によって改変・操作することで、自然には起こりえない原子と遺伝子の力（それぞれ、原子力と「遺伝子力」）を引き出して利用するものである。核実験や原発事故などにより環境中に放出された放射能は、ヒトや野生生物の遺伝子に損傷を与え生命にリスクをもたらす。一方の組換え植物は、野外の抵抗性品種の遺伝子汚染により生態系に予期せぬリスクをもたらすかもしれない。

なお、「遺伝子力」を用いた技術は、農業分野だけでなく、皮膚細胞などのＤＮＡに数種類の新たな遺伝子を導入することで作製されたｉＰＳ細胞[21]のように医療（臓器の再生）分野での利用も期待されている。

ところで人類は、産業革命による蒸気機関の発明以来、石炭や石油、天然ガスなどの化石燃料に技術文明の発展のためのエネルギーを頼ってきた。エネルギーは一般に、この化石燃料と再生可能エネルギー（水力や太陽光、風力、地熱など）、原子力の三つに分類される。原子力エネルギー（表6-5）は、もともと太陽エネルギーに由来するものであって、原子炉内で起こっている核分裂による巨大なエネルギーは、この太陽での爆発のシミュレーションである。

太陽は、光源であり熱源であり、「核」を連想させる存在である。それは、生態圏（地球）内部の化石燃料とは違って、植物の光合成によって「媒介」されることもなければ、バクテリアなどの微生物による分解・炭化といった「媒介」を経ることもない。よって、そのようなインターフェイスを欠いているがゆえに、原子力エネルギーは、生態圏の外部に存在するものとしての危険性を本質的に抱えている。そのため原子炉は、自然から何層にも厳重に隔離されている。

よって原子力は、われわれにとっての「外部性」ゆえに、われわれの存在にかかわる不安、おそれをもたらさないわけにはいかないのである。原子力の「外部性」とは、生態圏に属するものの存在原理では決定不可能であるという点にある（中沢新一）。

この説によれば、「遺伝子力」による組換え植物なども生命の内部、すなわち生命という「内部性」では自然には起こりえないもの、生命の「外部性」であるがゆえ、その存在原理では決定不可能である。そして、かつての原子力技術が核兵器を生み出したように、予想せぬ怪物を誕生させるかもしれ

表6-5　原子力エネルギーと再生可能エネルギーとの比較（勝田 2013をもとに作成）。

	原子力エネルギー	再生可能エネルギー
	・理解に高度な専門的知識が必要 ・統合的 ・自然界から隔離（外部性）	・感覚的に理解しやすい ・分散的 ・自然界とのつながり（内部性）
燃料	・持続的な核分裂という自然界にない状態を利用	・使用の有無にかかわらず存在する自然の状態を利用
利用時の資本	・集約的・大型化 ・特定の人間が関与	・多岐にわたる・小型化 ・比較的だれでも参入可能
特徴（発電時）	・CO_2排出なし ・放射性廃棄物が発生する	・CO_2排出なしがほとんど ・放射性廃棄物が発生しない
需要への対応	・発電が固定的で、需要を過剰な供給に合わせる必要あり	・発電が変動的なものもあり、需要を低い供給に合わせる必要あり
運用	・情報管理が必要	・情報公開が必要

ない。つまり、導入された遺伝子はさまざまな方法で変化しうるし、それは何世代ものちに起こるかもしれない。よって、原子力技術も「遺伝子力」技術もともに「外部性」ゆえのコントロール不能となるリスクをはらんでいる。

一方、ドイツのユルゲン・ハーバーマス（哲学者、一九二九〜）は、遺伝子組換えのように遺伝子レベルで生命の質に介入する技術は、「われわれの道徳的経験の構造全体を変えてしまう」（三島憲一訳）ものであり、現代社会に取り返しのつかない影響を与える可能性をはらんでいると述べている。そして、伝統や宗教的な規範が弱まった現代において、われわれが従う「規範的構造」の根拠は、対等な市民のコミュニケーション（たとえば、サイエンスカフェなどにおける科学コミュニケーション）により、社会におけるセンス・オブ・ワンダーの感性をはたらかせて生み出すしかないと考えられる。

その遺伝子レベルへの介入が問題になるのは、組換え植物のように「人が、ある生物の『あり方』を決めることにつながってしまう」という生物倫理と「人の手」による放射能や化学物質（化学的発がん性物質）のように「他人が、ある人間の『あり方』を決めることにつながってしまう」という人間倫理によるものである。これら生物倫理と人間倫理を合わせて生命倫理とよばれる。

放射能により変異した遺伝子や組換え植物などに導入された遺伝子は、生命の内部に深く組み込まれて宿命（図6-1A）になってしまう。宿命は変えることができない。なぜなら、本来的に「内部性」である命そのものに宿ってしまうからであり、ひとたび組み込まれるととりのぞくことは困難である。それゆえ、「人類の歴史がはじまって以来、いままでだれも経験しなかった宿命」（カーソン）を、われわれ生物（生命）は背負うことになるのである。

＊

原発や組換え植物（農作物）は、どちらも安く大量に生産するという生産力（経済効率）を上げるための科学技術とされる。工学の目的が「生産力を向上させるための応用的（科学）技術」であるように、科学技術はもっぱら生産に主眼が置かれた。その意味では、産業革命以来ずっと、生産主導の偏った科学技術しか追求してこなかった限界を露呈している。たとえば、原子力工学における原子力技術は、高レベル放射性廃棄物（使用済み核燃料や核のごみ）処理のための「未来可能な科学技術」を担保しなければならないという技術の限界を露呈している。そして感性（派生的センス・オブ・ワンダー）をはたらかせれば、これら「原発」的なものが「生命への畏敬」（第2章）を欠いていることに気づくのではないだろうか。

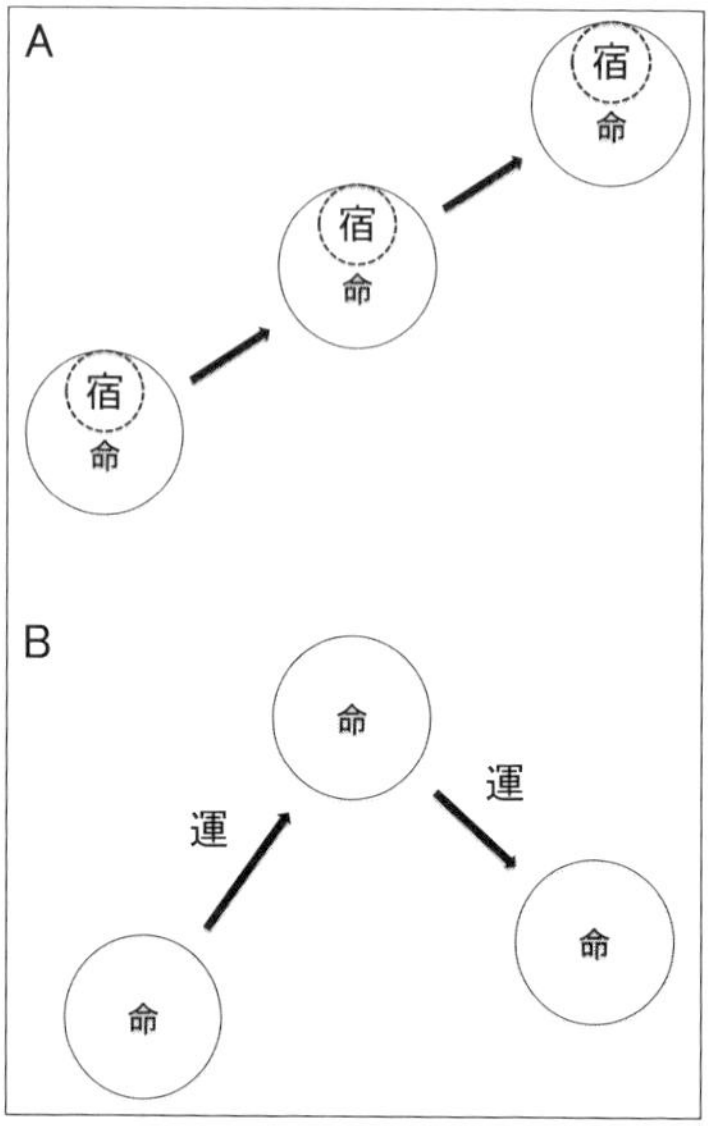

図6-1　宿命（A）と運命（B）の模式図。A：命そのものに宿ってしまうことで、その命の運ばれる先は、あるひとつの方向に決まってしまう。B：命はそのときそのときの運によってある方向に運ばれる。

われわれは、これまで科学技術による効率の時間を生きてきた。「もっとよい、楽な生活」を求めるために「時間」を失っているともいえる。そしていまもっとも大事なことは、経済効率優先ではなく、われわれの生命こそ最優先に考えなければならない。この地球上に四〇億年続く生命の途方もないつながり（生命誌）のなかで、いま一人ひとりがその一つひとつのいのちを生きている。これにまさる意味（価値）がどこにあるのだろうか。明治時代初期にはじまったわが国初の公害事件、足尾鉱毒事件で生涯をかけて闘った政治・社会運動家の田中正造（一八四一～一九一三）は、「真の文明[22]」

は生命よりも経済（カネ）を重視するようなことはないと述べている。

カーソンは『沈黙の春』のなかで、現在の人間の化学薬品（農薬などの化学物質）の乱用について、「これから生れてくる子供たち、そのまた子供たちは、何と言うだろうか。生命の支柱である自然の世界の安全を私たちが十分守らなかったことを、大目にみることはないだろう」と述べているが、それはとりわけ、原子力や「遺伝子力」のように安全とはいえない決定不可能なリスクに対するものであろう。そして「こうした問題の根底には道義的責任――自分の世代ばかりでなく、未来の世代に対しても責任を持つこと――についての問い」がある。彼女は、人間倫理を「私たち」（現代世代）が、「これから生れてくる子供たち」（将来世代）の「あり方」を決めることにつながってしまうという「世代間倫理」に広げているといえる。

さらに、「人類全体を考えたときに、個人の生命よりもはるかに大切な財産は、遺伝子であり、それによって私たちは過去と未来とにつながっている」（カーソン）。この遺伝子に影響が及ぶのは「私たちの文明をおびやかす最後にして最大の危険」なのである。

われわれは、みずからの運命（図6-1B）を子孫（将来世代）のために選びとらねばならない。運命の「命」は「運」とは切り離されて、ある向かうべきところに運ばれる。その気になれば、人間はその運命をみずから変えることもできるのである。それは、カーソンのいうもうひとつの道（べつの道）[23]の「行きつく先」に「狂気から覚めた健全な精神が光り出す」スローでスマートな「未来の春」、われわれの運命となるべき「春」を観ることである。どのような「未来の春」になるかは、自分（自由で責任のある個人）たち一人ひとりの決断にかかっている。「春の暖かさを肌で感じられる、手を伸ばせば触れられる社会」にわれわれの命が運ばれるように。

2　社会観——社会を観る

安全・安心——未来可能な社会へ

カーソンの最後の講演となった「環境の汚染（The Pollution of Our Environment, 1963）」で、ただやみくもに新しいテクノロジーに飛びつくことの危険性をきちんと認識しようとしない社会への批判とともに、海を「原子力時代の有害廃棄物投棄場」にしてはならないと、遺言ともいえる警告を発していた。

過酷災害（原子力事故の国際評価尺度ＩＮＥＳの最悪レベル７）となった福島第一原発事故（以下、原発事故）では、放射性物質の大規模な拡散により、人びとはもとより生物の営みを支える大気や水、土壌などの自然環境が広範囲に汚染された。なかでも原発事故による高濃度放射能汚染水（以下、汚染水）の海への漏出は、いまでも収束するどころか拡散傾向すら見せている(24)。

原発事故は、地震と津波という自然災害を直接的な契機とする世界初の「原発震災」（石橋克彦・

地震学者）という複合的な災害であった。それは当初、「最大の環境問題」とされたが、原発事故によって汚染された土地、被害を受けた人びとの暮らし、増大し続ける汚染水のことを考えると、これは最悪の「公害」でもある。

また、膨大な使用済み核燃料や「死の灰（核のごみ）」といわれる放射性廃棄物によって、はるか未来の世代まで計り知れないリスクと隣り合わせになっているかも知らされた。すなわち、放射能を無害化するのに要する時間は、低レベル廃棄物で三〇〇年、高レベルになると十万年ともいわれ、放射性廃棄物を抱えた原発が「トイレのないマンション」にたとえられる理由もここにある。

「いったいなんのために、こんな危険を冒しているのか――この時代の人はみんな気が狂ってしまったのではないか、と未来の歴史家は、現代をふりかえって、いぶかるかもしれない」（カーソン）。

さて、アメリカのデニス・メドウズ（環境学者、一九四二～）らの『限界を超えて（*Beyond the Limits*, 1992）』は、『成長の限界』の二〇年後の世界の変化をふまえ出版された。現代世界がこのまま経済成長を追求すれば、環境破壊を中心として事態は悪化の一途をたどり、人類社会にはもはや破滅しか残されていない。破滅を避けるためには「持続可能性を追求する革命」が、いま必要であるというものであった。

「すばらしい高速道路の行きつく先は、禍いであり破滅だ」とするカーソンの立場、その破滅を避けるための「べつの道」は、「持続可能性を追求する革命」というメドウズらの立場に近いと見ることができよう。その革命こそ、いまでいう「持続型社会の構築」である。

現在、その国難ともいわれる震災復興に向けて、さまざまな取り組みが進められているが、二一世紀環境立国戦略（二〇〇七年）で謳われた低炭素社会と循環型社会、自然共生社会を統合した持続型社会の構築という基本施策は、今後とも堅持していくべきものであろう。

しかし、震災の経験をふまえて、安全・安心な社会づくり[25]の重要性が再認識されたいま、安全・安心社会は、三つの社会像にもうひとつ付け加えるのではなく、それらの根底にあるものと位置づけることで、安全・安心な持続型社会が構築されると考えるべきであろう。それは未来可能な社会の観方でもある。それはまた、「地域の活性化」や「ライフスタイルデザイン」といったキーワードを軸とした「環境・生命文明社会[26]」（環境省）の実現へとつながるものである。

ここで、安全・安心な社会づくりに際して、大震災後、二つのキーワードが重視されるようになってきた。それは「減災[27]」（表6-6）と「レジリエンス resilience」である。これらの言葉には、今回のような大震災では、科学技術的な対策には限界があり、いかに災害からの被害を軽減するかが問われているからである。カーソンは、「生物科学について（Biological Sciences, 1956）」のエッセイのなかで、生態学という新しい科学の存在を強調して、「この力（生物を統制する広大無辺の力）と闘うよりも、むしろ調和して生きることを学べるかどうかに、人類の未来の幸福が、そしておそらくは、その生存がかかっている」と「人と自然の調和」の必要について述べている。これは、生態学を通した減災やレジリエンスにつながる考え方でもある。

防災が、災害から人命や財産を守りぬくことを追求するという発想であるのに対して、減災は、災

表 6-6　国の津波防御の防災と減災の考え方(三船 2013 をもとに作成)。

対象とする津波	レベル1津波 近代で最大 数十年から百数十年に1回程度の発生	レベル2津波 最大級 500年から1000年に1回程度の発生
津波防御施設整備の考え方	防災 ・人命を守る ・財産を守る / 経済活動を守る	減災 ・人命を守る ・経済的な損失を軽減する ・大きな二次災害を引き起こさない ・早期復旧を可能にする

注）東日本大震災で発生した津波はレベル2に該当。

害は避けられない場合もあることを前提に、人命救助を最優先し、災害による被害を減少させるという発想である(表6-6)。両者を意識的に使い分け、とくに大災害では減災の発想に立つことが重要である。たとえば、高台などへの避難道路を整備し、リスク情報が住民に的確に伝わるようにすれば、多くの人命を守ることができるはずである。

一方のレジリエンスは、災害をしなやかに受け止めながら、場合によっては、それを新しい社会づくりに生かすという、したたかな思想である。『方丈記』以外に自然災害が古典に取り上げられないのは、天変地異に常にさらされ、ごくあたりまえのように自然の驚異に対して騒ぎたてることもなく、しなやかに受け止めて「この力」と調和して生きていたからであろう。かれらは自然に逆らわず、いのちを見すえ、人為と自然の危うい接点を謙虚に見つめていたのである。

これまでの「危機を未然に防ぐ」という防災の考え方は、得てして「対抗しよう」「克服しよう」という姿勢につながりがちである。しかし、自然災害に対しては、「リスクと向き合い、受け入れたうえで、危機的状況を防ぐ方策、つまり被害を最小限にするにはどうあるべきか」を考える必要がある。それがまさに「減災」と「レジリエンス」の発想であり、「コントロールの思想」をもつことである。そのことによって、われわれは、大災害の「災間」を生きているという認識にいたることもできる。それはまた、「災害が起きても大きな被害が出ない国」という信頼を得ることが、震災を経験した次代の日本の力にもなる。

一人ひとりが「コントロールの思想」をもつためには、リスク情報に関するコミュニケーション（リスクコミュニケーション）や科学コミュニケーションによって、社会に対するセンス・オブ・ワンダーの感性をはたらかせて、個人の価値観を超えた思想（大きな価値観）の共有を図ることである。一般に災害被害を低減させる（減災）、すなわちコントロール（危機管理）するには、自助・共助・公助それぞれの取り組みが欠けることなく実施されることが必要となる。自助とは、自分の身は自分で守ることであり、防災（避難）訓練[28]などの啓発活動によって強化できる。

共助は、個々人の自助には限界があるため、地域で協力し合って防災・減災力を高める行動となる。具体的には、被災初期の救助や消火活動、避難所の運営、被災者のケアなどがこれにあたる。そして公助は、自衛隊の災害派遣をはじめ、警察や消防などによる組織的災害対応のことである。

それらを実施するには、個人、家庭、地域コミュニティー、学校、企業、地方自治体、国……。あらゆる過程、段階で、それぞれがコントロールを強く意識すること。さらには、具体的な対応と自分たちとを比較し、想像力をめぐらせることである。つまり、社会におけるセンス・オブ・ワンダーの感性をはたらかせて、いま、自分がどんな場所で、また、いざというとき、社会的にどんな役割を果たせるかを知ることではじめて、備えの仕方も見えてくる。震災で身を守った人びとは、平時から準備や訓練を積み重ね、そのときしっかりと実態を直視し、自分の頭で判断し行動した。

すなわち、自助・共助・公助それぞれの取り組みのなかで、一人ひとりが知る・備え・行動するという防災・減災のための「行動変革」に前もって地道に取り組むこと、これが「災害の世紀」といわれる「マルチリスクの時代」（表6-1）に生きるわれわれの社会観にもつながるのであろう。

＊

わが国は、戦後の高度経済成長の時代から、最近では経済のグローバル化に対応し、規模の効率性を求めてエネルギーや生産、流通などが一極集中してきた。大震災ではこうした社会経済システムの脆弱性が露呈した。よって、莫大なリスクをともなう原子力エネルギーのようにひとつに集中させるのではなく、「エネルギーの地産地消」ともいわれる地域分散型エネルギー（再生可能エネルギー、表6-5）によりリスクを分散化させることが必要である。それが持続型社会への転換にもつながる。すなわち、自立的な分散型エネルギーシステムの導入などにより、災害に強く環境負荷の小さい地域づくりを目指すことにつながる。

再生可能エネルギー（絶えず補充される自然のプロセスに由来するエネルギー[29]、国際エネルギー機関IEA）の利用拡大にあたり、各地の風土と条件に合った太陽光や風力、地熱、小水力などの自然エネルギーの開発を進めることで、これらの「国産エネルギー」によって、同時に地域の雇用と産業の活性化につなげることができるであろう。

国は、太陽光や風力といった再生可能エネルギーを増やし経済成長につなげるための政策をまとめた「グリーン成長戦略」(二〇二一年七月四日)[30]のなかで、将来的に原発依存度を減らしていくために、洋上風力発電など海洋発電(海洋エネルギー)の強化や蓄電池の低コスト化などを柱にした「先導的中核プロジェクト」を掲げ、二〇二〇年までのあいだに官民あげて取り組むこととしている。

しかしながら、太陽光や風力などは天候に左右されるので、稼働率が低いという問題が指摘されている。そこで、同じ島国であるアイスランド(世界最大の露天温泉で知られ、主要エネルギーの六割以上を地熱でまかなっている)と同様に火山の多いわが国においては、地熱のなかでも温泉熱の利活用や温泉発電[31]が安定的な発電として評価されている。全国にある温泉地は、観光だけでなく健康回復のために出かける場所として、日本人の生活文化に密接にかかわり古くから利用されてきた[32]。

たとえば、福島県の磐梯朝日国立公園に囲まれ、国民保養温泉地として指定された土湯温泉では、温泉水を利用するバイナリー発電[33]や温泉街を流れる河川にある砂防堰堤の落差を利用する小水力発電の事業が計画されている。それは、二酸化炭素削減とともにコスト削減を果たすことにもなり、温泉経営の改善や地域おこし、すなわち「地域の活性化」にも大きく貢献するものと期待されている。また、エネルギーの有効利用が課題となるなかで、熱と電気を同時に供給するコジェネレーション[34](co-generation——熱電供給)に注目が集まっている。温泉熱の利活用や温泉発電は、まさに自然エネルギーによるコジェネレーションといえるであろう。

健康は「水と空気から」といわれるように、人の健康は自然環境によってもたらされる。自然のなかで水と空気を楽しむ温泉利用は健康増進につながる。それは、自然と共生するエコ・ヘルス（自然に支えられた健康、自然のなかでの健康）なライフスタイルでもある。未来可能な社会とは、自然エネルギーに支えられたエコ・ヘルス優先の安全・安心な持続型社会であるといえよう。

アメリカの先住民（ネイティブアメリカン）のホピ族は、「地球は子孫からの預かりもの」として、なにか話し合いで問題を解決する際、その基準は七代先の子孫（将来世代）にとってその決定が良か否かであるといわれている。そもそも持続型社会とは、「将来世代がそのニーズを満足させる可能性を損なうことなしに、現代世代がそのニーズを満足させる」（ブルントラント委員会、一九八四年国連に設置された「環境と開発に関する世界委員会」の報告）というカーソンが『沈黙の春』で示した「世代間倫理」による社会の観方をあらわしている。

二〇一〇年、すでに世界の発電容量で、再生可能エネルギーが原子力を超え、これからさらに差は広がると予想されている。日本の原発事故に欧州諸国は即座に反応し、いくつかの国（イタリアやスイス、オーストリア、ドイツ、ベルギー、スウェーデンなど）は脱原発を決めた。なかでも、二〇一二年末までの脱原発（全一七基の原子炉の稼働を停止）にかじを切ったドイツでは、二〇一三年の国内総発電量に占める再生可能エネルギー（風力やバイオマス、太陽光など）の割合が二三・四％と過去最高となった（ドイツ・エネルギー水利事業連盟）。

「原子力の平和利用が人間の全ての目標設定と使命を規定するようになると、人間は自らの本質を失わねばならぬ」（ハイデッガー）[35]。ドイツの哲学者や宗教家、社会学者、政治家ら一七人で構成された「より安全なエネルギー供給に関する倫理委員会」報告書（二〇一一年五月三〇日）は、計り知れない深刻なリスクを抱えた原発の利用に「倫理的根拠はない[36]」と結論づけ、ドイツ政府に廃炉を勧告し、政府は国内すべての原発の廃炉を決定した。原発問題が、その負債を次世代に継続させないという「倫理問題」として位置づけられたのである。

古代ギリシャの哲学者アリストテレス（紀元前三八四〜紀元前三二二）は、ある目的を果たすための手段は、「立派」でなければならないという。では、発電の手段である原発は「立派」なのかどうか。ドイツの「倫理委員会」は、計算高い理性（経済的理性）に縛られることなく、人間存在の本質にかかわる「感性につながれた理性」（倫理的理性）で判断したのであろう。この場合の倫理は人間（世代間）倫理（前項）を意味する。

再生可能エネルギーを中心とした「創エネ」と徹底した「省エネ」で、エネルギーの地産地消に支えられた安全・安心な持続型社会（未来可能な社会）を実現すること。それは、未来を担う子どもたち（将来世代）に地球の恵みを引き継ぐことになり、現代世代に課せられた責務でもある。

感性（派生的センス・オブ・ワンダー）をはたらかせれば、「原発はエネルギーの問題」であるなら、「脱原発は命の問題」である。将来世代は、「生命の支柱である自然の世界の安全を私たちが十分守らなかったことを、大目にみることはない」（カーソン）のである。なぜなら、現在まき散らされている放射線がいまの世代の人びとに与える肉体的な被害よりも、将来の子孫が被るであろう放射性廃棄物など原発にかかわるリスクのほうがはるかに大きいからである。[37]
石牟礼道子は、原発事故の直後に「毒死列島身悶えしつつ野辺の花」という句を詠んでいる。その野辺の花は子どもたち一人ひとりなのかもしれない。

幸福な群衆――「分かち合い」

二一世紀の日本は、人口減少と少子高齢化が進む社会となる。それとともに、核家族化や家族や家庭の役割分担の変化、女性や高齢者の社会進出、都市化、地方と中央の格差、個食化などのこれら社会の変化により、豊かな時代に生まれた世代の価値観の座標軸は変わって、競争より共生、「物量的な豊かさ（所得向上）」より「余暇時間の増加がもたらす多様な価値観に基づく新しい豊かさを尊重する」、「物」より「心」、「効率」より「安定」を求めるようになっている（山下ゆかり）。

さらに、震災後の「生活の豊かさについて何かあなたの価値観で変化があったこと」についてのアンケートでは、「身近なところにある重要性に気がついた」がもっとも多く、「無駄」や「贅沢」をのぞいた質素な生活や家族や友人との「つながり」「絆」を重視する意見などが目立った。

また、日本は国内総生産（GDP）で、将来「先進国から転落しかねない」との報告がある。「先進国」や「経済大国」でなくとも、「つつましき文明国」（長谷川櫂）であればよいという。効率性を追求するあまり、過剰な利便性による、いわば、ものの「量」の「豊かさ」から「質」のそれへの転換のなかにこそ、日本の将来像は見出されるべきなのであろう。社会的なセンス・オブ・ワンダーの感性をはたらかせて、「つつましき文明国」であるために「必要なもの不必要なもの」を経済・社会のなかで見極めるところからはじまる。

そこで、物量的な規模の拡大による「経済成長」ではなく、質的な構造の改善による「経済発展」のなかでこそ、社会・環境の持続可能性を維持し、日常生活の「質」[38]の「豊かさ」を高めることができ、そのなかで得られる幸福感の高い社会を目指す必要があると考える。

しかしながら、人はそれぞれ、みな違った個性をもつ多様な存在であり、まったく同じ人生を歩む人もいないように価値観にも多様性がある。たとえばいま、日本の若者は自分の好きなファッションもスポーツもばらばらで、多様性があたりまえになりつつある。以前のような他人との相対価値で幸福感を測るのではなく、かれらの幸福感は絶対価値へと移りつつある。自分が望ましいと思うライフスタイルを貫くことが「幸せ」になる。自分がよいと思うことをやる――それが多様な「幸福への道」につながるのであろう。

そのためにも、東日本大震災という未曾有の災害を受けたいまだからこそ、人びとが安心して暮らせる幸福な社会を実現することが強く求められている。そこでわが国は、持続可能な社会の実現に向けて、物量的な豊かさよりも質的な豊かさに重点を置いた「環境・生命文明社会」[39]を基本概念として、政策の立案や制度設計に取り組みはじめている。

ところで、日常生活の「豊かさ」について、スウェーデンの子どもたちが教わっている二つの言葉がある。人間には所有欲求と存在欲求の二つの欲求があり、所有欲求が満たされると豊かさを感じる。一方の存在欲求とは、「人と自然の調和」や「人と人の調和」が満たされる、いわば愛し合う（分かち合う）欲求であって、これが満たされると幸福を感じるというものである。さらにドイツのエーリヒ・フロム（社会心理学者、一九〇〇〜一九八〇）は、存在欲求とは、「ある」ことと同時に「なる・なっていく」ことでもあり、自分自身が変わっていくことへの欲求でもあると述べている。これは、マズローの欲求五段階説[40]（一九四三年）をより現実的なものとして発展させたアメリカのクレイトン・アルダーファー（心理学者、一九四九〜）のＥＲＧ理論[41]（一九七二年）のうちの関係欲求にかかわるものである。

カーソンは、『センス・オブ・ワンダー』のなかで、感性（根源的なセンス・オブ・ワンダー）をはたらかせて、「わたしたちがふだん急ぐあまりに全体だけを見て細かいところに気をとめず見落としていた美しさを、子どもとともに感じとり、その楽しさを分かち合うのはたやすいこと」「自然のなかにある繊細な小さいものを見ていると、いつしか人間サイズの尺度の枠から解き放たれていく」と、「人と自然の調和」について述べている。そして、「地球の美しさについて深く思いをめぐらせる人は、生命の終わりの瞬間まで、生き生きとした精神力をたもちつづけることができる」と自然（地球）との心の調和による幸福感についてもふれている。

他方の「人と人の調和」は、もともと人類が長い狩猟採集生活のなかで発達させた「分かち合い」の精神であり、農耕や牧畜の社会になっても食の共同を通じて生き残ることができたのである。人間は、「物」だけではなく、「心」を分かち合うという高度な精神活動をもっている。よろこびや怒り、悲しみや痛みを分かち合うことで、心の絆によって人間関係を保っているのである。

それによって、初期人類は言葉を発明する以前に音楽的なコミュニケーションを発達させて、心をひとつにして協調することのできる「共鳴集団」を完成させたのである（山極寿一）。ただし、深く感情移入できる関係を同時にもつことのできる共鳴集団の規模は、いまもそうであるが一〇〜一五人程度である。共鳴集団とは、狩猟採集社会からの「分かち合い」の精神が息づいているまとまりであり、互酬ではなく見返りを求めない向社会的な感情によって支えられている集団である。それは、まさに思いやりに満ちた幸福な集団であったに違いない。

とりわけ、初期人類の時代につくりあげられた共感と同情の精神がためらいもなく発揮される共鳴集団が家族である。お互いに協力して子どもという弱い存在を守り育て、助け合うことで、さまざまな困難を乗り越えてきた。家族という社会単位は、常に社会の基本的な組織として保ちつづけられてきた。

現代社会において人間は、家族以外にそういった共鳴集団を複数もてるようになった。家族に属し、職場の仲間と共同で仕事をし、スポーツの仲間と集まる。われわれは普段のそういった共感し合える集団を遍歴しながら過ごしている。そこでは、一人ひとりが、友人や仕事の同僚、両親、子どもなど対人関係によって「分かち合い」のなかで、いわばさまざまな「分人」[42]（平野啓一郎）となって生きている。これは社会観につながるものである。そしてそれは、特定の誰かとの反復的なコミュニケーション、すなわち「物」や「心」を分かち合ってはじめて「分人」になるのである。

たとえば、カーソンは、魚類・野生生物局を退職して文筆活動に専念するため、一九五三年七月、メイン州ブースベイの別荘に移ってまもないころ、ドロシー・フリーマンと偶然に出会った。音楽を通して親交を深めていくなかで、カーソンにとって彼女の存在が大きなもの（分人）になっていく。そして、その思いを「白いヒヤシンスの手紙」（一九五四年二月）のなかで、「確かなのは、私を人間として深く愛してくれる人、ときには押しつぶされそうな創造的な努力の負担を、自分のことのように受けいれてくれる包容力と理解の深さをもつ人、相手の心の痛みや心身の疲れ、ときに訪れる暗い絶望感に気づくことのできる人――私や私が創ろうとしているものを慈しんでくれる人がいる、そのことが、私にとっては欠かせないということです」（L・リア、上遠恵子訳）と綴っている。カーソンにとってフリーマンは、心の「分かち合い」によって深い絆となった「分人」なのである。

アメリカの女性作家アン・モロウ・リンドバーグ（一九〇六～二〇〇一）は、『海からの贈りもの（*Gift from the Sea*, 1955）』のなかで、「その価値はまったくそれ自体にあり、ほかのすべての価値を超越する。それこそが人間と人間の、人間としての繋がりなのである」（落合恵子訳）と述べて、「このもっとも人間的な愛は、人が結びつく場合も離れる場合にも、無限の共感があって、やさしく、透き通っていなければならない。ふたつの孤独がたがいにたがいを保護し合い、触れ合い、敬意を払い合うような……、そんな愛である」とリルケの言葉を引用している。

＊

アメリカのデイヴィッド・リースマン（社会学者、一九〇九～二〇〇二）は、比較文化論や精神分析学、歴史的方法、社会調査の技法を駆使して、「豊かな社会」とそこに生きる人間像を描き出している。『孤独な群衆（*The Lonely Crowd: A Study of the Changing American Character*, 1950）』において、その現代社会に支配的な社会的性格を「他人指向型 other-directed」と規定している。それは、現代のインターネット社会にもあてはまる。

「万有引力とは／ひき合う孤独の力である」「宇宙はひずんでいる／それ故みんなはもとめ合う」（谷川俊太郎）。いまや人びとはネットという宇宙で引かれ合い、求め合っているのかもしれない。

しかしながら、「色も深さも見えない海」のようなネット社会において人びとは、自分のことについて常に不特定多数の「見えない」他者の目が気になるという状況に置かれるようになった。ネット上でつながった他者はかつての伝統指向（過去の伝統に従って行動する）段階の社会のように協働の相手ではない。また、内部指向（個人の内面的な価値で行動する）段階の社会であったように自分の目標を追求するだけでよいというものでもなくなった。そこには、ネット上で「つながれている」という受動的な依存性が横たわる。

よって、「見えない」他者は常に監視する他者であり、自分はネットという群衆のなかにあっても、まわりを意識しつつ、不安で孤独なひとりなのである。つまり、そこにおける自分は、大海の小舟にたとえられる存在なのである。

このようなネット社会における不特定多数の「見えない」集団のなかでの「つながり」ではなく、普段の面と向かった共鳴集団のなかでのコミュニケーション（つながり）による「分かち合い」によって、「孤独な群衆」ではなく「幸福な群衆」のひとりに「なる・なっていく」（存在欲求や関係欲求が満たされる）のではないだろうか。

そしてカーソンが幼少のころ、戸外のことや、自然界のすべての興味は、母親から受け継いだものであり、母親とはいつもそれを分け合っていたように、人の成長過程でもっともコミュニケーションの機会が多いのは、基本的に両親、あるいはそれに相当する存在であり、そして家族である。つまり、生まれてきて、最初に愛を分かち合うのは親であり、その家族であることを忘れてはならない。人類がこれほど大きな社会をつくりあげることができたのは、共鳴集団である家族に生まれ、共感にあふれた人びとのなかで育ったこと。見返りを求めず、自分の成長のために大きな犠牲をはらって尽くしてくれた人びとの記憶なのである。

数年前、茨城県つくば美術館の『チャレンジアートフェスティバルinつくば』展（障がい者作品展、二〇〇二年から毎年開催）で、「父兄姉弟妹母」と書かれた縦長の書に目が止まった。「兄姉弟妹」を父と母が両側からしっかりと包み込んでいるように見えた。その題名は「自分さがし」であった。

そこには、作者である自分は書かれていない。しかし、そこには、確かに「自分」がいるのである。いまの自分のなかには、家族（父兄姉弟妹母）すべての「分人」がおり、その家族一人ひとりにも、自分の「分人」がいるのである。そこで、顔かたちや体型などの外面だけでなく、性格や癖といった内面の心につながる部分をもさがすのである。そのとき、自分はこの家族のひとりであるとともに、その家族に「溶けていく」ような心地よさ（幸福感）に包まれて笑みがこぼれるのである。

人生とセンス・オブ・ワンダー――内なる声・三つの価値・思いやり

「なにをなすべきか（to do）の前に、なにであるべきか（to be）をまず考えよ」。これは、一九〇六年から第一高等学校の校長をしていた新渡戸稲造（教育家・農政学者、一八六二〜一九三三）の言葉である。外面の世界でなにかをしようとする前に、自分の内面を省みること。内面からみずからを築きあげていこうではないかという意味である（山口周三）。

『海からの贈りもの』のなかで、「友人や社会そのものと、いろいろなことを分かち合い、ひとりの女として、ひとりのもの書きとして、ひとりの市民としても、社会に対する責任を果たしたいと考えている」「ものごとの核心を正しくとらえ、通俗的なことに足をすくわれることなく、自分の生活の核に、いつもたしかな座標軸があることを望み、光りと共に生きていきたい」と、リンドバーグは内面を省みて人生について語っている。「光りと共に」とは、精神的な調和、内面と外面との調和を意味する。

「君たちがもつ時間はかぎられています。人の人生に自分の時間を費やすことはありません。誰かが考えたドグマ（結果）に従って生きる必要もないのです。自分の内なる声 inner voice が雑音に打ち消されないことです。そして、もっとも重要なことは自分自身の心と直感 intuition に素直に従い、勇気をもって行動することです。心や直感というのは、君たちが本当に望んでいるものを知っているのです。だから、それ以外のことは、すべて二の次でもかまわないのです」（アメリカの実業家スティーブ・ジョブズ氏のスタンフォード大学二〇〇五年卒業式でのスピーチより）。

自分の「内なる声」は、他者と分有している「分人」（前項）の集合体としての声でもある。「ものごとの核心を正しくとらえ」、自分の「内なる声」が「通俗的なこと」（後述の社会現実）に打ち消されないこと。自分自身の心と直感に素直に従い、勇気をもってそれぞれの個性に合った行動ができればよいのであろう。

それは、「自分たち一人ひとりの人生のおこないによって社会は形成され、動いていく」という「自主的精神に満ちた」「個人の価値」にもとづく社会の観方にもなるであろう。その社会は、さまざまな個性を、考え方を、才能を、互いに認め合う多様性の尊重される「しなやかな社会」である。

それはまた、南原繁が『政治理論史』（一九六二年）で述べているように、理想を高く掲げながら、「現実的なものから逃避することなく、ことに社会現実――その経済的＝物質的な欲求に直面して、それに確固たる精神的支柱を与える……『現実的理想主義』」の社会につながるものである。(43)

カーソンは、『沈黙の春』の「はじめに」に、「仕事にとりかかってから、私を助け、はげましてくれた人は、数かぎりなく、その名をすべてここに書きつらねるわけにはいかない」「そのほかたくさんの人々のおかげをどれほどこうむったかを記して、このまえがきを終りたい。個人的には知らない人たちが大部分だが、こういう人たちがいるということに、どれほど勇気づけられたことか。この世界を毒で意味なくよごすことに先頭をきって反対した人たちなのだ」と述べている。

そこには、アメリカをはじめ外国の政府機関や試験所、大学、研究所につとめている多くの専門家だけでなく、編集者のポール・ブルックスや家政婦のアイダ・スプローにも感謝の気持ちをあらわしている。さらには、執筆のきっかけとなった友人オルガ・オーウェンズ・ハキンズからの手紙(44)やドロシー・フリーマンとの心の分かち合いによって、カーソンは心のなかに「たしかな座標軸」＝「確固たる精神的支柱」をもつことができたのであろう。ハキンズの手紙に対しては、「もし、私が沈黙を続けるなら、私の心に安らぎはありえない」とそのときの気持ちをあらわしている。それは生命に対する彼女の基本的な姿勢にもとづいており、心のもっとも深いところにある信念でもあった。

そしてカーソンは、自分の「内なる声」に耳をかたむけ『沈黙の春』の執筆を決意したとき、「直感」（センス・オブ・ワンダーの感性）に従って、勇気をもって社会に対する責任を果たしたいと考えていたに違いない。その「内なる声」は、母親やさまざまな人びとの声だけでなく、あらゆる生命や、あこがれだった海からの声でもあったのであろう。

『沈黙の春』の原稿が完成に近づいたとき、彼女は、「可能なことはしなければならないという厳粛な義務感に縛られていることを、私は感じています。――もし、私がいささかなりともそれを試みようとしなかったら、私は自然のなかで二度と再び幸福にはなりえないでしょう」（P・ブルックス、上遠恵子訳）と親しい友人に書き送っている。『沈黙の春』は、膨大な労力と才能の産物であるとともに、道徳的な大きな勇気をもったカーソンの行動を象徴するものであった。

すなわち、海洋生物学を専門とする彼女にとっては、殺虫剤のような手ごわいテーマについて、それまでの「海の三部作」のようにベストセラーを書き上げることはおおよそ不可能だと思われた。さらには、化学産業界などの反感や反発をまねくだけでなく、人びとの心を動かしアメリカ社会をも揺るがしかねないからである。カーソンは、執筆を始めた当初、最愛の母マリアを亡くして、その後も自身は「病気のカタログ」とまでいわれた病魔との孤独な闘いのなかで「内なる声」に励まされて、ついには、寝たきりのなかで『沈黙の春』を書き上げたのである。

このようなカーソンの行動は、彼女が、もっとも大切にしていたあらゆるもののため、すなわち「生命の織物」をなす一つひとつの生命や社会の人びと、生まれてくる子どもたち（声なき将来世代）に向けたいわば大欲[45]によるものであったに違いない。

＊

「どんな時も、人生には意味がある。あなたを待っている『誰か』がいて、あなたを待っている『何か』がある。そしてその『何か』や『誰か』のためにあなたにもできることがある」と、オーストリアの精神科医ヴィクトール・E・フランクル（一九〇五〜一九九七）は、『夜と霧（強制収容所におけるある心理学者の体験 *Ein Psychology Erlebt das Konzentrationslager*, 1947）』で人生の意味、人生の観方について述べている。かれがただ「ユダヤ人である」というだけの理由でナチスにとらえられ、過酷な強制収容所生活を余儀なくされた経験を綴ったものであり、「人生の意味を問う」のではなく、「人生に問われている」として命がけでその問いに向き合った、人間精神の気高さを感じるノンフィクションである。

人間という存在の本質は、自分ではない「誰か」、自分ではない「何か」とのつながりによって生きる力を得ているところにある。カーソンは、幼少のころの母親との自然体験、そして、ウッズホール海洋生物研究所での「生涯で最も幸福な日々」を過ごした運命的な海との出会いによって、その後の人生に生きる力を得たのであろう。

「自分を待っている何か、自分を待っている誰かとのつながりを意識した人は、けっしてみずからの生命を断つことはない」と、フランクルはいう。誰もが、いままで「物」や「心」を分かち合った「分人」とともに生きているのである。「あなたがどれほど人生に絶望しても、人生のほうがあなたに絶望することはない」と。

フランクルは、自分の人生に与えられている意味と使命を見つけるための手がかりとして、「三つの価値」を示している。これらは、強制収容所という社会のなかで、かれの研ぎ澄まされたセンス・オブ・ワンダーの感性によって気づいたものであろう。

まず「創造価値」は、二次的センス・オブ・ワンダーの感性のはたらきで、「創造活動」を通して実現される価値のことで、芸術家が作品をつくったり、研究者がプロジェクトを遂行したり、学生が論文を書いたり、主婦が料理をつくったりすることによって実現される価値である。フランクルのいう「創造価値」の実現には、職業の内容はそれほど重要ではなく、「自分に与えられた仕事にどれだけ最善を尽くしているか」「自分の仕事において、どれだけ使命をまっとうできているか」が重要なのである。仕事の大きさや社会的な価値が問題なのではないのである。

「たとえ、どんなにそれが小さかろうと、ぼくらが、自分たちの役割を認識したとき、はじめてぼくらは、幸福になりうる、そのときはじめて、ぼくらは平和に生き、平和に死ぬことができる、なぜかというに、生命に意味を与えるものは、また死にも意味を与えるはずだから」（サン＝テグジュペリ『人間の土地』堀口大學訳）。

そして、「一番近い義務を果たせ（Do the Nearest Duty）」。イギリス（スコットランド）のトーマス・カーライル（歴史家・評論家、一七九五～一八八一）の『サーター・レサータス（*Sartor Resartus*, 1836）』に出てくる言葉。新渡戸は、学生たちに「諸君は、いろいろ先のことを考えるけれども、まず今日の一番近い義務――the nearest duty――を果たすことが大切である」と説いた。『サーター・レサータス』（原題は「仕立て直された仕立て屋」という意味。宇宙をひとつの衣服にたとえて当時の社会を語っている）では、「そうすればその次にやるべき義務はみずからあきらかになってくる」という言葉が続く。

カーソンは、大学で修士号（一九三二年）を得たものの、世界恐慌（一九二九年）後の時代で、職を見つけるのも困難であった。そんな時期の一九三六年にアメリカ内務省の漁業局の生物専門官に採用され、与えられた仕事である海洋資源などを解説する広報誌の執筆と編集に最善を尽くして、その使命（義務）をまっとうした。その結果、局長のすすめによって『アトランティック・マンスリー』に送った原稿「海のなか」が、はじめてその全国誌に掲載され、『潮風の下で』の出版のきっかけとなった。大学時代に断念した作家への途が再び開かれたのである。

二つめの「体験価値」は、自然とのふれあいや、人とのつながりのなかで実現される価値のことであり、自分ひとりの能力によってなしとげられる創造価値とは異なり、「何か」や「誰か」との出会いによってもたらされる価値のことである。たとえば真善美を味わうような体験や大自然とふれ合う体験、他者と深くつながり合う体験、そして、誰かと愛し合う体験……これらの体験によって実現される価値のことである。

カーソンは、草むらや海辺の小さくはかない生命にそれ自体の美しさと同時に、象徴的な美と神秘を味わうような体験、ロジャーとともに真暗な嵐の夜に、大きな波の音がとどろきわたる海辺で、心の底から湧き上がるよろこびに満たされた体験、そして、フリーマンと心の底から分かち合い深い絆となった体験をしている。

こうした体験はすべてその人の人生を豊かにし、生きていてよかった、生まれてきてよかったという思いを与えてくれるものである。人間は、自然や人とのつながりなくして「生きているよろこび」を感じることはできない。

そして「誰かと愛し合う体験」。これは、たった一度でもよい、かつて本当に深く愛し合った経験があり、それが心のなかに刻まれているならば、人はそれを支えにして生きていくことができるのである。誰よりも、シュバイツァーの「生命への畏敬」を体現していた母マリアとカーソンは、親子の愛、「生命への愛」によって深く結ばれていたのであろう。

三つめは「態度価値」である。これは、自分では変えることのできない出来事に、その人がどのような態度をとるかによって実現される価値のことである。強制収容所という同じ体験をしても、それに対してその人がとる「態度」によって人は天使にもなり、悪魔にもなりえたのである。すべては、自分の運命に対してその人がとる精神的態度にかかっていたのである。「人（ナチス）が強制収容所の人間から一切をとり得るかも知れないが、しかしたったひとつのもの、すなわち与えられた事態にある態度をとる人間の最後の自由、をとることはできない」のである。これは、フランクルの根源的なセンス・オブ・ワンダーから派生する社会に対するセンス・オブ・ワンダー（能動的な精神能力である感性）、あるいは宗教体験のように高次元に深化された根源的センス・オブ・ワンダーの感性により気づいたものであろう。

死期が迫っていたカーソンは、自分の別荘でフリーマンとひとときを過ごした最後の夏のある朝のこと、モナーク蝶（図2-3参照）が、一匹また一匹と漂うようにゆっくりと飛んでいく生命の終わりへの旅立ちの光景（自然な営み）に深い幸せを見出している。すなわち、「どんな生物についても、かれらが生活史の幕を閉じようとする時、私たちはその終末を自然な営みとして受け取ります。モナーク蝶の一生は、数カ月という一定のひろがりを持っています。私たち自身について言えば、それは別の尺度で測られ、私たちはその長さを知ることが出来ません。しかし考え方は同じです。このような測ることの出来ない一生を終えることも、自然であり、決して不幸なことではありません」（P・ブルックス、上遠恵子訳）と。ここには、カーソンの迫りくる死を受け入れる深い洞察と生命への畏敬という態度価値が見て取れる。

フランクルによる「三つの価値」は、人間の人生はいついかなるときでも――すなわち、健やかなるときも、病めるときも、死の瞬間にあってもなお――その意味を実現する機会が失われることはないこと、また、これら三つの価値のいずれかによって、われわれの人生はいつでも有意義なものにすることができる可能性が残されていることを示している。

ところでフランクルは、「苦悩の本質は、『何かのための苦悩』であり『誰かのための苦悩』である」という。そこに人間が「ホモ・パティエンス（苦悩する人）」であることの理由もある。そしてかれは、「人生からの問い」として与えられた困難を徹底的に悩みぬき、苦しみぬいた絶望の果てにこそ、一条の希望の光が届けられてくるという人生の真実を多くの人に伝えている。

カーソンは、「化学物質の海」を漂う社会のなかで、自然の生きものたちのために、人びとのために、そして生まれてくる子どもたちのために「どうすべきなのか」と悩みぬき、『沈黙の春』を執筆したのであろう。『沈黙の春』は、「シュヴァイツァーの言葉――未来を見る目を失い、現実に先んずるすべを忘れた人間。そのゆきつく先は、自然の破壊だ」ではじまる。そして、その最終章（べつの道）の最後に、「おそろしい武器を考え出してはその鋒先を昆虫に向けていたが、それは、ほかならぬ私たち人間の住む地球そのものに向けられていたのだ」「いったいなんのために、こんな危険を冒しているのか――この時代の人はみんな気が狂ってしまったのではないか」と、われわれ人間の行為に絶望する。しかしその「まえがき」の最後には、「私たち人間が、この地上の世界とまた和解[46] accommodation するとき、狂気から覚めた健全な精神が光り出すであろう[47]」と人間（社会）の未来に希望の光を見出そうとしている。そして、その健全な精神は、「人と神」「人と自然」「人と人」の三つの調和のなかでこそ光りつづけるのであろう。

＊

「人はひとりでも生きなくてはいけない。でも、人はひとりでは生きられない」。社会には、乳幼児や子ども、高齢者などの弱者もいる、障がいをもった人たちもいる。そこには、心身ともに「一〇〇％障がいの人も一〇〇％健常な人もいない」といわれる。これは社会の観方でもある[48]。地球上でこれほどまでに繁栄した人類は、「物」も「心」も分かち合って他者への思いやりを育んできた。それゆえ、われわれ一人ひとりの人格もまたその半分は他者なのである。

その共鳴集団のなかで形成された人格を発揮するなら、学校や職場では、「(勉強や仕事で）困っている人ほど助けなければならない」「(勉強や仕事で）遅れる人ほど助けなければならない」。貧しいときは、「皆で助け合って、この苦境を乗り切ろう」というと、だれもが安心して学び、働くことができるのである。それはヒトという生物種内の「生存協力」であるとともに、人を思いやる共助の精神であり、「人と人の調和」につながるものである。

ある秋の日、母親と連れだって京都東山（左京区）の永観堂禅林寺(49)を訪れた。外の紅葉を愛でているのか、堂内は人もまばらであった。中央のやや高い場所に金色の厨子が安置されていた。その厨子に納められた阿弥陀如来。正面から顔を拝み見ることのできない見返り阿弥陀は、その姿ゆえに人びとの心を強く引きつけてきた。

無造作に後ろを振り返るのではなく、注意深く見返るということ、これは周囲の細かなことに気遣う気持ちのあらわれである。先を行く人が立ち止まり、後ろを振り返ってくれると、心温まる思いがする。遅れてくる人を思いやる気持ち、また自分自身を省みる反省する気持ち、見返り阿弥陀は、みずからの態度で示し、人を思いやる大事な気持ちをわれわれに教え導いてくれている。

ところで、メキシコでは一一月一、二日は「死者の日」とされ、日本のお盆に相当する祭日で、死者の魂が現世に戻ってくると信じられている。モナルカ（モナーク蝶、図2-3参照）はちょうどこの時期にメキシコに飛んでくるため、アステカ帝国をつくったアステカ人は「死んだ子どもの魂が蝶になって戻ってきた」と信じて大切にした。先住民マサウア族はそれを「太陽の娘たち」とよんだ。カーソンの高校時代のアルバム写真の脇には、「レイチェルは真昼の太陽のように／いつも明るく／はっきり理解するまで学ぶことを止めない」と書かれてあった。

カーソンは生涯を通して、「海の三部作」を、『沈黙の春』を、そして『センス・オブ・ワンダー』をわれわれに残していった。自然を思いやり、人びとを思いやり、そして子どもたちを思いやり、きらきらとはばたくモナーク蝶のように、われわれの社会の上空を漂うように飛んでいった。それはあたかもなにか見えない力に引かれていくように。そして、『沈黙の春』で社会を省みることを、『センス・オブ・ワンダー』で自然と和解することを願っていたのではないだろうか。

（1）わが国では、PCBによる環境汚染問題を契機として、一九七三年に「化学物質の審査及び製造等の規制に関する法律（化学物質審査規制法）」が制定され、新たに製造・輸入される化学物質について事前にヒトへの有害性などについて審査するとともに、環境を経由してヒトの健康を損なうおそれがある化学物質の製造、輸入および使用を規制する仕組みが設けられた。これは、世界に先駆けた化学物質の事前審査制度であり、DDTやPCBなどの難分解性、高蓄積性、ヒトの健康への長期毒性を有する化学物質を対象とするものである。

二〇〇四年からは、化学物質の動植物への影響に着目した審査・規制制度、環境中への放出可能性を考慮したいっそう効果的かつ効率的な措置などを導入している。そして、二〇〇九年の改正では、化学物質のリスクを評価するリスク評価[8]へ、さらに二〇一〇年からは、包括的な化学物質管理の実施によって、有害化学物質によるヒトや動植物への悪影響（環境リスク）を未然に防止するため、国際的動向をふまえた規制合理化のための措置などを講じている（環境省環境保健部）。

（2）大気中にあるベンゼンやホルムアルデヒドなどの揮発性がある有機化合物のうち、沸点が五〇～二六〇度（WHO基準）の物質の総称で、一〇〇種類以上もあり、なかには発がん性など人体に有害な影響を及ぼすものも多い。またVOCは、光化学スモッグの原因となる光化学オキシダント（Ox）、およびSPM（粒径が一〇マイクロメートル以下の粒子、一マイクロメートル＝一〇〇〇分の一ミリメートル）の発生原因と考えられている。Oxは、大気中のVOCを含む有機化合物と窒素酸化物（NOx）

の混合系が、紫外線（ＵＶ）照射による反応で生成され、頭痛やめまいなど人体に悪影響を及ぼす。そのため、O_x注意報を低減させるため、ＶＯＣ排出量の削減が急務となった。

（３）短寿命気候汚染物質（ＳＬＣＰｓ）とは、大気中での化学的な寿命が数日から数十年程度と比較的短く、気候を温暖化する作用をもつ大気汚染物質（ヒトの健康や農業、生態系に悪影響を及ぼす）とされている。対象には、メタンと対流圏のオゾン、およびブラックカーボンの三物質がある。近年は、ＳＬＣＰｓの削減を通した温暖化の緩和策に大きな注目が集まっている（国立環境研究所）。

（４）「残留性有機汚染物質に関するストックホルム条約（ＰＯＰｓ条約）」（二〇〇一年採択され、二〇〇四年に発効）においては、現在（二〇一三年）、ＰＯＰｓであるＰＣＢ等一七物質に係る製造・使用・輸出入の原則禁止と、ＤＤＴ等二物質に係る製造・使用・輸出入の原則制限を定めるほか、非意図的に生成されるダイオキシンなど四物質の削減等による廃棄物の適正管理（環境リスク対策）が定められている。

（５）石油や石炭の燃焼、化学製品工場などで排出される汚染物質などが、発生源から気流に乗り、国境を越えて飛来したもの。有機物が不完全燃焼を起こして生じるブラックカーボンや硫黄化合物が空気中で化学反応した硫酸塩エアロゾル、自動車の排ガスに含まれる窒素化合物などがある。近年、九州などで観測されるO_xやＰＭ２・５の原因はおもに越境大気汚染物質とされている。

（６）大気中を漂う粒子状物質はＰＭとよばれ、大きさ、構成要素、発生源の異なるさまざまな粒子の混合物である。そのうち粒径が二・五マイクロメートル以下（毛髪の太さの三〇分の一程度）の微粒子（ＰＭ２・５）は、肺の奥深くまで入りやすく、呼吸器系への影響（肺がん、アレルギーぜんそく、鼻炎など）に加え、循環器系への影響も懸念され、その有害性が問題となっている。最近では、さらに小さな超微粒子（〇・一マイクロメートル以下）、いわゆるナノ粒子（ＰＭ０・１）による健康影響が懸念されている。PM2・5には、燃焼などによって直接排出されるもの（一次粒子）と、SO_xやNO_x、VOCなどのガス状の大気汚染物質が環境大気中での化学反応により粒子化したもの（二次粒子）がある。発生源は、工場の煤煙や自動車、船舶、航空機などの人為起源のもの、さらには土壌や海洋、火山、植物などの自然起源のものまで多種多様である。また、たばこの煙もそのひとつでフィルターを介さずに周囲に広がる副流煙に多く、受動喫煙による健康被害が問題になっている。

（7）一〜一〇〇ナノメートル（一ナノメートル＝一〇〇〇分の一マイクロメートル）の粒子状の物質や構造体をもつ物質のことで、フラーレンやカーボンナノチューブなどの新しい炭素系素材をはじめ、化粧品や日用品に使われている銀ナノ粒子や酸化チタンナノ粒子など、さまざまな物質が含まれている。

（8）化学物質のリスクは曝露量（もしくは蓄積濃度）と有害性の二つの要因によって決まる。曝露量は生物が化学物質を取り込む量や体内に蓄積する量から推定される。一方、有害性は実験動物などに化学物質を投与し、投与量依存的に認められる毒性影響（毒性データ）やヒトの疫学的な知見から判断される。発がん物質のグループ指定（表6-2）はその例である。ついで有害性（毒性の強さ）と曝露量が明らかにされると、両者からリスクの定量的な算定や評価が可能になる。

（9）動脈硬化や高血圧、心筋梗塞、糖尿病などのいわゆる「生活習慣病」は、その名のとおり「生活習慣」に原因があるとされて、運動不足やカロリー・脂質過多、肥満、喫煙などが、これらの疾患を引き起こすと考えられている。

（10）環境基本計画（一九九四年）において、「不確実性を伴う環境問題への対処が今日の環境政策への重要な課題」とされ、そのなかで、予防的な方策は、環境リスクの考え方、汚染者負担の原則、環境効率性とともに、環境政策の指針となる四つの考え方のひとつとして取り上げられている。

（11）全体目標として「がんによる死亡者の減少（七五歳未満のがんの年齢調整死亡率を今後一〇年間に

二〇％減少）」と「すべてのがん患者及びその家族の苦痛の軽減並びに療養生活の質の向上」の二つを設定し、①がん医療、②医療機関の整備等、③がん医療に関する相談支援及び情報提供、④がん登録、⑤がんの予防、⑥がんの早期発見、⑦がん研究、の各分野において個別目標を設定した。二〇一二年六月に閣議決定された新基本計画では、全体目標としては、第三の目標として「がんになっても安心して暮らせる社会の構築」が加わった。また新基本計画では、「小児がん」と「がんの教育・普及啓発」「がん患者の就労を含めた社会的な問題」の三つが新たな章立てとして追加された。

(12) 身体的、精神的、社会的にも調和のとれた状態（トータル・ヘルス・ケア）で、主体的に自分の人生をデザインする生き方ができているかの尺度。

(13) 「平成二三年（二〇一一年）東北地方太平洋沖地震」は、牡鹿半島の東南東一三〇キロメートル付近の三陸沖を震源とするマグニチュード（M）9・0（国内観測史上最大、一九〇〇年以降に世界で発生した地震のなかで四番目の規模）の地震で、最大震度7（宮城県北部）の揺れをもたらした。この災害は、「東日本大震災」（同年四月一日、閣議了解）と称された。この地震は、太平洋プレートと大陸プレートの境界で発生した海溝型地震で、震源域は、気象庁によると、岩手県沖から茨城県沖までの長さ約四五〇キロメートル、幅約二〇〇キロメートルにわたると解析されており、この域内の断層が三分程度にわたり破壊されたものと考えられている。

海上保安庁の調査によると、震源の直上において海底が水平方向に約二四メートル移動し、垂直方向に約三メートル隆起しており、このため、広範囲に揺れが観測され、東北地方を中心に大規模な津波を発生させ、津波の高さの最高位は一六・七メートル（岩手県大船渡市）、遡上高（陸上でもっとも高い位置に到達した箇所の高さ）の最高位は四〇・〇メートルと判定されている。なお、津波は、「港（津）を襲う波」という意味で、海底地震による海底地盤の急激な変動により生起される巨大な海水（高波）

の塊の運動である。海底から海面までの海水全体が動くためエネルギーが莫大であり、海岸線に到達後、波高は急激に高まり、大きな水圧をともなって高速で押し寄せるため、そこに存在するあらゆるものを押し流して、甚大な被害をもたらす。また、沿岸を中心に大きな地盤沈下が発生し、浸水面積は全国で五六一平方キロメートルに達した。仙台平野では海岸から五キロメートル近くも浸水した。

この地震は、日本で記録されたことのない「想定外（M9クラス）」の巨大地震であったが、三陸沿岸でも、仙台平野でも、過去に似たような津波に襲われていた。一八九六年六月一五日には、明治三陸津波が三陸沿岸を襲い、その高さは今回とほぼ同程度であったことが知られている（佐竹健治・堀宗朗）。

(14)『平成二四年版防災白書』（内閣府）において、被害を完全に防げない大災害を想定し、被害を最小化する「減災」の考え方を対策の基本とする必要性が示された。東日本大震災では市町村庁舎が被災し、行政機能が低下した自治体が相次いだ。このため、国や自治体の「公助」による災害対応の限界をふまえたうえで、国民一人ひとりの「自助」や地域ごとの「共助」による防災の取り組みも重要だと指摘している。

(15)「国民的科学の提唱」において、第一に「この日本人がぶつかっている問題に課題を見いだすこと」。第二は「日本国民が解決を望んでいる問題をとりあげること」。第三に「われわれは、民族の解放という明確な目標をもって科学を推進すること」。そして最後に、「われわれは、国民のなかにはいって啓蒙し、普及しともに学ぶばかりでなく、しんぼう強く国民のなかから新しい科学、文化のにない手を育てあげてゆくこと」でなくてはならないと、「国民的科学の創造と普及」のための科学者（専門家）のあり方が示されている（廣重徹）。

(16) イギリスにおいて「市民は科学に対する理解が不足しており、より教化される必要がある」との考えから、科学についてより深く知りたいという思いを抱いていた市民によってはじめられた。一方、フランスにおいては、市民に対してより充実した情報提供をすべきだと考えた科学者らによってはじめられた。両国においてサイエンスカフェは、大学などのアカデミックな場所から、やがてカフェなどの一般的な場所へとその居を移すこととなる。カフェには、リラックスしたり、議論を楽しんだり、好きなときに来て好きなときに出ていけるというイメージがある。そのため専門家とでも対等の関係、すなわち知識においては対等ではないが、敬意においては対等の関係で議論することができる。国内では、毛利衛（日本科学未来館館長）のはたらきかけで全国にサイエンスカフェができている。つくば市でも学研労協（筑波研究学園都市研究機関労働組合協議会）とつくば市民大学との共催で定期的に開かれている。なお、サイエンスカフェのねらいをアメリカの神経科医で作家のO・サックス（一九三三〜）は、「科学を再び文化のなかに戻すことである」と述べている。

(17) 拙著『レイチェル・カーソンに学ぶ環境問題』（二〇一一年）、第5章参照。

(18) 科学と技術の融合は、二〇世紀の原子力の時代にピークに達した。そこで科学と技術が前例のないほどの発展をとげたのは、二つの相互作用に負うところが大きい。一八世紀にはじまった産業革命は、この相互作用のもっとも顕著な成果のひとつである。科学と技術の交配は、二〇世紀の核技術、航空宇宙技術、そして計算機技術を生み出した。現代の科学は技術なしには効果的に追究できないし、技術も科学なしには飛躍的な発展は望めない。

(19) 組換え植物が実用化されたのは、一九九二年、中国の農場でウイルス耐性タバコが栽培されたのが最初であった。その後、一九九六年に本格的な商業栽培がはじまったアメリカなどで、その実用化（商品化）が精力的に進められた。しかしながら、いわゆる「環境問題、食糧問題」にこたえられるような実用品種はまだ生まれていない。現実には、農薬汚染などの環境問題を解決するための組換え植物はほとんど実用化されていない。実用化された作物は環境問題の解決というよりはむしろ、食糧生産の商業化を促進するのに役立つようなところがある。その原因のひとつとして、組換え植物に関する技術が、まだ開発過程であることが挙げられている。

(20) 全世界の殺虫剤抵抗性の発達は、一九〇三〜二〇一一年の期間で、延べ九九一三事例(種/化合物/場所、日本では延べ三四三事例)、延べ三三八化合物、および延べ五七〇害虫種が報告されている(山本敦司)。その上位一〇の害虫種(抵抗性が発達した有効成分数)は、次の順序である。ナミハダニ(九三)、コナガ(八一)、モモアカアブラムシ(七三)、コロラドハムシ(五一)、イエバエ(五〇)、タバココナジラミ(四五)、リンゴハダニ(四五)、チャバネゴキブリ(四三)、オウシマダニ(四三)、そしてオオタバコガ(四三)であった。分野別では、農業害虫が六六%、衛生害虫が三一%、およびその他分野が三%であった。

(21) 人工多能性幹細胞のことで、ほぼ無限に増殖させることができ、培養条件を変えることで心臓や神経など目的の細胞や組織に変化させることができる。医薬品医療機器総合機構(PMDA)の外部機関である科学委員会は、治療に使う細胞に育ち損ねたiPS細胞などが混入していないかを確認するなどして、移植後に細胞ががんになるリスクを減らす必要性を指摘している(再生医療製品の安全性に関する報告書、二〇一三年八月二〇日)。

(22) 晩年の有名な日記の一節に、「真の文明は、山を荒らさず、川を荒らさず、村を破らず、人を殺さざるべし」とある。「真の文明」に対して「偽の文明」として断罪されているのは、明治以降の日本がモデルとして追求してきた西洋の近代文明(科学技術文明)であり、物質中心の、経済成長(効率)優先の、生命よりも経済(カネ)を重視する文明である。

(23) 「私たちは、いまや分れ道にいる。(中略)長いあいだ旅をしてきた道は、すばらしい高速道路で、すごいスピードに酔うこともできるが、私たちはだまされているのだ。その行きつく先は、禍いであり破滅だ。もう一つの道は、あまり《人も行かない》が、この分れ道を行くときにこそ、私たちの住んでいるこの地球の安全を守れる、最後の、唯一のチャンスがあるといえよう」（青樹簗一訳「一七　べつの道」の冒頭の一節）。

(24)　福島第一原発で地下水を通じて、事故直後のきわめて高濃度の放射能汚染水が海に漏れつづけている。国は一日あたりの漏出量をおよそ三〇〇トン（二〇一三年一二月四日現在、四〇〇トン）と試算している。これまで海に漏れた放射性物質の総量は、ストロンチウム90で最大一〇兆ベクレル、セシウム137で同二〇兆ベクレルと見積もった（東京電力）。ベクレル（Bq）は、放射性物質が放射線を放出する能力をあらわす単位。二つの放射性物質を合わせると通常運転時の年間海洋放出管理目標値（二二〇〇億ベクレル）の一〇〇倍を超える。なお、ストロンチウム90の半減期は約二九年。体内に入ると骨に蓄積し、放射線を出しつづけて骨のがんや白血病を引き起こすおそれがある（二〇一三年八月二二日付、朝日新聞朝刊）。

(25)　安全・安心は「日本固有のリスク論」とよばれる。安全・安心の概念は、『平成七年版国民生活白書』（総理府）において、安全・安心な生活の再設計が掲げられ、明示的にこの概念が導入された。本来、安全は科学的根拠をもって国が定めるものの、安心は、主観的概念であるので、個人一人ひとりが判断するという指摘がされている。安全についてのコミュニケーションによる相互理解にもとづく信頼関係によって人びとは安心する。

(26)　「環境・生命文明社会」とは、低炭素社会や循環型社会、自然共生社会を包括する概念であり、大量生産・大量消費型に代表される既存の物質文明社会から、エネルギーや資源を浪費することなく、自然や人とのつながりを実感できる社会の実現を目指すことである。それには、物質的な豊かさだけではなく、日本人が大切にしてきた人と人のつながり（礼儀正しさや謙虚さ、思慮深さなど）や、自然との共生など生命（いのち）のつながりを実感する質的な豊かさに重点を置き、「地域の活性化と世界への発信」と「技術イノベーションとライフスタイル」を軸とした政策を平成二六年度から整理・展開する（環境省）。

(27) 注14参照。

(28) たとえば、岩手県釜石市の防災教育によって、日ごろから合同で避難訓練を重ねていた小・中学校の児童・生徒は、大震災の際にそのほとんどすべての命が救われ、「釜石の奇跡」とよばれている。

(29) 地熱発電は、地下（一五〇〇〜三〇〇〇メートル）にたまっているマグマの熱で加熱された高温・高圧の蒸気でタービンをまわして発電する。気候状況に左右されず、年間を通じて安定的に発電できる。産業技術総合研究所（つくば市）の試算によると、国内には一五〇度以上の地熱エネルギーが推定およそ二三四七万キロワットで、アメリカ、インドネシアに次ぐ世界三位の地熱資源（原発二〇基分以上）を有する。しかし、その八割が国立・国定公園にあり、稼働中の地熱発電所は東北と九州を中心に一七カ所で、合計出力は約五二万キロワットと資源量のおよそ二％しか利用されていない。

(30) カーソンが無限の可能性を感じた海は、海洋エネルギーの宝庫でもある。それには、風や波、潮流、潮汐、海流、温度差、濃度差など、さまざまなエネルギー形態があり、それぞれに異なる発電技術が開発されている。このなかで、洋上風力および潮汐力発電はすでに実用化されており、多くの商用プラントが稼働している。

海岸線が長く島が多い日本は、陸域の一〇倍の二〇〇カイリ経済水域があるため、世界で六番目の海洋面積とおよそ三万五〇〇〇キロメートルに及ぶ海岸線延長（国土交通省）を誇る海洋大国でもある。年間を通して安定した風が得られる茨城県神栖沖は、風力発電施設（着床式）の適地とされ、工業地帯から海岸沿い約二〇キロメートルにかけて四二基が稼働し、関東随一の再生可能エネルギーの生産拠点となっている。一方、風車を土台ごと海面に浮かべる浮体式洋上風力発電の技術が進み、福島県沖で東京大学と民間企業一〇社の共同チームが、経済産業省の委託を受けて開発した「ふくしま未来」(風力発電設備)の大規模な実証試験がはじまっている。日本近海は年平均六〜七メートル以上の風が吹き条件はよいため、潜在的な発電規模は一六億キロワットと大きく、その一%を利用するだけで、原発一五〜一六基分の電力を生み出せるとされる(環境省)。

(31) 地熱発電の一種で、温泉地の源泉や井戸で汲んだ高温のお湯を活用し、蒸気タービンをまわして発電する。発電後のお湯は入浴用に使える。

(32) 古くから自然湧出の温泉が湯治に利用されていた。『日本書紀』は、飛鳥時代の天皇が「伊豫温湯」(道後温泉・愛媛県)や「有馬温湯」(有馬温泉・兵庫県)に滞在したと伝えている。庶民も古代から温泉を楽しむ風習があり、奈良時代の『出雲国風土記』(七三三年)には、現在の玉造温泉(島根県)が、万病に効く「神の湯」とあがめられ、老若男女で連日にぎわい、大勢がうちとけて酒宴を楽しんでいると記されている。戦国時代には、戦乱で負傷した多くの武将や兵士が治療目的で利用。江戸時代になると、農民や町人も役人に「湯治願」を出せば、遠方の温泉にも旅行できるようになった。

(33) 温泉では摂氏数十度から百数十度の熱が利用されずに捨てられていることが多い。温泉発電は地熱発電の一種だが、新たに掘削するのではなく、すでにある温泉の廃熱を利用する。代表的なバイナリー発電は、温泉温度が低い場合(五〇度〜)、水よりも沸点の低い触媒(アンモニアなど)を使用することで、蒸気をつくりだしタービンをまわすことができることに特徴がある。すでにある温泉や蒸気井を使用でき、熱源調査や井戸の掘削は必要ないため、導入しやすいというメリットがある。その手軽さが理解され、各地で検討がはじまっており、今後急速に拡大する可能性がある。大分県の湯布院温泉で、すでに実施されている例がある。

（34）天然ガスや石油、バイオマス（生物資源）ガスなどを燃料に使い、エンジンやタービン、燃料電池で発電し、さらに廃熱も利用するシステム。エネルギーの変換効率は熱と電気を合わせて八割程度まで高まり、二酸化炭素の排出削減にもつながる。北欧などを中心に、地域熱供給などで広く利用されている。

（35）ドイツのマルティン・ハイデッガー（哲学者、一八八九〜一九七六）は、「人間は原子力エネルギーによって生きていけず、逆に滅んでいくだけだ。たとえ原子力エネルギーが平和目的にのみ使われたとしても」（金森誠也監修）とも述べている。邦訳されたのは一九六〇年。広島と長崎に投下された原爆のことは知っていても、チェルノブイリ原発の大事故はまだ起きていない。「平和利用」の名で広がりつつあった原発の危険性を『存在と時間（*Sein und Zeit*, 1927）』で知られる透徹した哲学者は見抜いていた。

（36）報告書では、その理由を次のように説明している。「原子力の利用とその停止、さらには停止にあたっての代替エネルギーによる穴埋め、こうしたことにかかわる一切の決定は、社会における価値決定にその根拠をもつ。こうした価値決定は、技術的側面や経済的側面に先行する」。ここでいう倫理とは、「習慣的な行動の指針となる一般的な信念、態度ないし標準」のことである。

（37）「小児甲状腺がんになるリスクは、一〇〇万人にひとりといわれている。福島で約一七万四〇〇〇人の子どもを検診し、一二人の甲状腺がんが見つかった。ほぼ一万五〇〇〇人にひとり。さらに一六人に疑いがある。福島県の『県民健康管理調査』検討委員会は、原発事故と甲状腺がんの関係を認めていない。チェルノブイリでは、事故の四年後以降に甲状腺がんの発症が増加したとされるが、福島ですでに一二人のがんが見つかっているのは尋常ではない」（二〇一三年八月二日、鎌田實・諏訪中央病院名誉院長）。なお、リスク評価における安全の基準は、たとえば、がんになる確率が一〇万人にひとりとされている。

（38）　生活の質は、個人が置かれている状況、選択の機会の程度に依存する。そこで、生活の質を測定するには、個人の健康や教育、活動、環境の状況に関する測定手法の改善や、とくに、社会的なつながりや政治的な発言権、不安・危険などの生活の満足感を示すもので頑健で信頼できる測定をおこなうべきである（吉田文和）。

（39）　注26参照。

（40）　欲求を五段階に分け、人はそれぞれ下位の欲求が満たされると、その上の欲求の充足を目指すという欲求段階説。下から、生理的欲求、安全の欲求、帰属の欲求、承認の欲求、自己実現の欲求という順になっている。

（41）　現在、幸福論に関する研究の蓄積が進んでいるが、それに呼応するような幸福度に関する尺度研究が欧米や日本（内閣府）でも取り組まれている。ERG理論は、人の欲求を生存欲求、関係欲求、成長欲求の三つに分類するというもので、内閣府の「主観的幸福度に関する研究会」（経済社会総合研究所）においても、結果的に同様の分類がなされている。そこで注目すべきは、地域や社会、家族のつながりが強調されていることである。そういう意味では社会関係資本といわれるソーシャルキャピタルの「助け合いと信頼の規範」という共助に関する考え方はとても重要な論点を提供している。なお、ソーシャルキャピタルは、「信頼」「交流」「社会参加」という三つの要素で指標化されている。実際これらの指標と地域の安全性には有意な関係があるとの研究結果も公表されている。

（42）　個人 individual が唯一無二のものであるのに対し、「分人 dividual」は他者との関係ごとに生じるさまざまな複数の「自分」を指している。すなわち、両親との分人、学校での分人、職場での分人、趣味の仲間との分人、……それらは、かならずしも同じではない。それは直接会う人だけでなく、小説や絵画、音楽といった芸術、自然の風景など、人以外の対象や環境も分人化を促す要因となりうる（平野啓一郎）。

（43）戦後、日本国憲法とともに制定された教育基本法（昭和二二年法律第二五号）第一条において、教育の目的は「平和的な国家及び社会の形成者」としての個人の育成にあるとされ、「自主的精神に満ちた」「個人の価値」について言及している。その教育社会観は、多種多様な価値観をもった人びとのコミュニケーションのプロセスとして「社会」をとらえている。

（44）手紙には、一九五七年、マサチューセッツ州で、蚊の撲滅のための飛行機による農薬の空中散布によって、自宅近くの小さな鳥類禁猟区で、小鳥がたくさん死んだことが書かれてあった。

（45）密教では、寂静となる涅槃を求めることなく、清浄で清らかな大欲の世界に生きることを目指している。ここでの大欲は、多くの人を救う欲であり、自分だけの小さな欲を超えて万人のために尽くす欲という意味である。いずれ寂静を求めるときが訪れても、恐れずに死を迎えることができると考えられている。

（46）原文の accommodation は適応や順応を意味する。よって「和解する」とは、いままでおろそかにしていた「環境に適応する」という考え（ダーウィン進化論の適者生存）に戻ることである。

（47）ここでいう神とは、目には見えない、たとえば、「自然の奥には、超自然がある。創造主といってもいい」（宗左近、詩人・美術評論家）もの。トインビー（イギリスの歴史家）の思想として「宇宙の背後の究極の実在者」（南原）。あるいは、カーソンのいう「広大無辺の力」や「密（大生命）」「大なる生命」「宇宙生命」のもとになるもの……宇宙の「生命力」のこと。

（48）二つの「幸せホルモン」によって「我慢せず幸せになる方法」があるという（鎌田實）。ひとつは

「喜びホルモン」のセロトニン。おいしいものを食べたり、感動したりすると出る。睡眠や体温調節のほか、不安を抑え、幸せ感をつくりだす。もうひとつが、誰かのためになにかをするときに出る「思いやりホルモン」のオキシトシン。抗炎症作用がある。動脈硬化も炎症の一種であり、人のためになにかをすると、まわりまわって自分の老化を防ぎ、血管の若々しさを保ってくれる。鎌田は人びとに「一%だけ、誰かのために」とよびかけている。

(49) 平安時代初期に、空海の弟子真紹僧都（七九七～八七三）によって、「禅林寺清規《しんき》」に、「仏法は人によって生かされる、従って、我が建てる寺は、人々の鏡となり、薬となる人づくりの修練道場であらしめたい」と、八五三年に創建された。鎌倉時代に法然上人（一一三三～一二一二）がこの寺の第一一代住職に就き、その後、かれの高弟西山証空上人（一一七七～一二四七）、その弟子浄音上人（一二〇一～一二七一）が住職を継いで浄土宗西山派の寺院となり、以来今日までおよそ八〇〇年、永観堂は浄土宗西山禅林寺派の根本道場として、法灯を掲げている。

第7章——センス・オブ・ワンダーとともに——鳥と人のつながり

『沈黙の春』の鳥たち

カーソンは『センス・オブ・ワンダー』で、子どもたちが、とくべつに早起きをして聞いた鳥たちのコーラスを、大人になってもけっして忘れないであろうと述べている。鳥たちの最初の声は、太陽が顔を出す前に聞こえてくる。まず、真紅のかわいらしい鳥、カーディナル（ショウジョウコウカンチョウ）の歌ではじまり、ノドジロシトドの天使のようにけがれのない歌声、少し離れた森からはヨタカの夜の歌が聞こえる。やがて、コマツグミやモリツグミ、ウタスズメ、カケス、モズモドキたちののびやかな歌声が合唱に加わり、コマツグミの数が増えるにつれて朝のコーラスをリードするようになっていく。

ところが、『沈黙の春』（一　明日のための寓話）の「アメリカの奥深くわけ入ったところにある町」では、事態が一転する。「自然は、沈黙した。うす気味悪い。鳥たちは、どこへ行ってしまったのか。みんな不思議に思い、不吉な予感におびえた。裏庭の餌箱は、からっぽだった。ああ鳥がいた、と思っても、死にかけていた。ぶるぶるからだをふるわせ、飛ぶこともできなかった。春がきたが、沈黙の春だった。いつもだったら、コマツグミ、ネコマネドリ、ハト、カケス、ミソサザイの鳴き声で春の夜は明ける。そのほかいろんな鳥の鳴き声がひびきわたる。だが、いまはもの音一つしない。野原、森、沼地――みな黙りこくっている」。

「鳥がまた帰ってくると、ああ春がきたな、と思う。でも、朝早く起きても、鳥の鳴き声がしない。それでいて、春だけがやってくる――合衆国では、こんなことが珍しくなくなってきた」（八 そして、鳥は鳴かず）。なかでも、ロングアイランドでは郊外の広い範囲でＤＤＴの大量散布を受け、「鳥、魚、カニ、益虫も、みな殺しだった」とされるようなものであった。このため、住民のひとり、鳥類学者（アメリカ自然史博物館前名誉キュレーター）のロバート・クシュマン・マーフィ（一八八七〜一九七三）らにより被害補償を求める裁判も提訴された。

カーソン自身、このロングアイランド住民の訴訟に直接関係することはなかったが、深い関心を寄せていた。そして原告の訴えが却下されたことには憤りを感じていた。そのころ、『沈黙の春』の「まえがき」(1)にあるように、ハキンズ夫人の手紙を受けとり、その執筆に取り組むきっかけになったのである。

その手紙には、「彼ら（コマツグミなどの小鳥たち）は私たちの身近なところで生活し、私たちを信頼し、そして私たちの家の庭の木に毎年巣を造っていたのです」「さらに次の日、近くの森の枝から一羽のコマツグミが突然落ちてきました」と書かれてあった。農薬による害虫駆除のために昆虫の最大の敵である捕食性の昆虫や「自然の番人（鳥）」までも殺してしまったのである。

また「八　そして、鳥は鳴かず」では、「毎年毎年DDTが撒布されるようになると、町からはコマツグミ、ホシムクドリが姿を消したのです」とイリノイ州のヒンスデイルの町に住む主婦が、絶望した調子でマーフィに宛てた手紙を引用している。さらに、ミシガン州ブルームフィールド・ヒルズのクランブルック研究所での調査では、その町だけで毒死した鳥の報告は一〇〇〇件を超え、おもに犠牲になったのはコマツグミだった。研究所で検査した鳥の種数は六三にもなった。ある婦人は電話をかけてきたが、庭の芝生では一二羽もコマツグミが死んだ、という。

『センス・オブ・ワンダー』や『沈黙の春』で見られる鳥のうちで、とりわけコマツグミ（図3-5参照）は、アメリカ人なら「誰でも知っている鳥」である。「ロビン（コマツグミ）は、四月が始まったばかりの頃、無邪気にたっぷりと、真昼を歌でいっぱいにするの」（アメリカの詩人、エミリー・E・ディキンソン、作品番号八二八の一節）と詩に歌われているように、アメリカの風土と生活には欠かせない春告げ鳥なのである。

『沈黙の春』では、なぜ「一　明日のための寓話」のように「沈黙の春」になったのか。それが「生命の連鎖が毒の連鎖に変わる」という化学物質の生態系への影響から説明されている。たとえば、一九三〇年ごろ以降、ミシガン州立大学構内のニレの木がオランダニレ病（ニレの木樹皮にすむニレノキクイムシが媒介する病気で、日本の松枯病とよく似ている）にかかるようになり、一九五四年からこの病気の原因とされたニレノキクイムシの駆除のために、ＤＤＴ（毒）のスプレーがはじまり、その結果として、コマツグミの大量死が引き起こされた。

葉に付着した毒は、雨が降ってもあまりとれず、やがて散る。その落ち葉をミミズがあさる。「葉といっしょに殺虫剤もミミズの体内に入り、蓄積され、濃縮されていく。解剖してみると、ミミズの消化管、血管、神経、体壁にＤＤＴが残留していたという（バーカー博士）。もちろん毒にあたって死んだミミズもいる。が、あるものは生きのびて、毒の《生物学的増幅器 biological magnifires》となる。そして、春になると、コマツグミがきて、ニレの木―キクイムシ―殺虫剤―ミミズ―コマツグミ、という連鎖の輪が完全につながる」と、カーソンは二次的センス・オブ・ワンダーの感性で気づくのである。そしてこれらの事実は、化学物質の生態系へのリスク、すなわち生態リスク（生態系に悪影響を及ぼすおそれ）の考え方に結びつく。

一方、原発事故後の調査（二〇一一年）で、福島県川内村の警戒区域内に生息するミミズから、放射性セシウムがかなり高い濃度で検出されたと報告されている（森林総合研究所）。空中の放射線量が高い地点ほど、ミミズの放射性セシウム濃度は高かった。「空中をただよう放射性セシウム―山林の木の葉―落ち葉（分解された有機物）―ミミズ」というＤＤＴの場合と同様なことが放射性物質でも起こっていたのである。なお、植物の地下茎やミミズなどを食べるイノシシ（二〇一三年二月に福島県南相馬市で捕獲）の筋肉からも、きわめて高いセシウムの放射線量（一般食品の基準値の五六〇〜六一〇倍）が確認されている（二〇一三年八月一四日付、朝日新聞朝刊）。

鳥は、本来、昆虫防除という大切な役目を果たしている。ところが、毒性の強い、あるいは蓄積性の高い農薬（一部の有機リン系や有機塩素系殺虫剤）の大量散布は、「昆虫ばかりでなく、昆虫の第一の敵、鳥をいためつける。あとになって昆虫が再発生するようなことになれば、それを押えるべき鳥たちは、もはやどこにもいない」という事態を引き起こすのである。このような鳥類の死亡事故は、一九九〇年代以前までみられたが、近年においては、事故事例やその規模は減少傾向にある。なお、国内では、通常の営農にともなう農薬の適正な使用によって鳥類が死亡したと推定される事例は確認されていない（環境省）。

『沈黙の春』のなかで、「コマツグミと同じように、まさに絶滅しようとしているほかの鳥がいる」。それは、アメリカの国の象徴である《ワシ》であり、この一〇年間のうちに、その個体数はおそろしく減少した。調査によると、ワシの生殖能力が大きく破壊されているのではないかと、ハクトウワシ（図7-1）をカーソンは取り上げている。食物連鎖で「森の鳥」の頂点にいるこの鳥類の生殖異常から、彼女は内分泌攪乱性の化学物質（環境ホルモン）の存在を予見していたと考えられる。

＊

カーソンは生涯を通じて海に魅了されたとともに、鳥類にも同じくらい深い興味を抱いていた。それはもともと、ペンシルベニア州西部の丘陵地帯を、母親とともに散策することによって育まれたも

図 7-1　ハクトウワシ（*Haliaeetus leucocephalus*）（U.S. Fish and Wildlife Service より）。タカ目タカ科に属する鳥類で、現在は手厚い保護活動により個体数は順調に回復している。夏のあいだ、北アメリカ北部の湖水地方で営巣し、冬がくるとミシシッピ川に沿って南下する。堰や、河川の合流地点に集まり、氷の張らない水面に泳ぐ魚をとらえて暮らす。全長約 80 cm、翼を広げると 2 m を上回る大型のワシ。

のだった。戦時下のワシントンで魚類・野生生物局に勤務していた彼女は、鳥類学への興味を満たすために、コロンビア特別区に新たに設置された全米オーデュボン協会の一員となった。

協会の旅行のなかでもとくに好評だったのは、ペンシルベニア州東部のホークマウンテン鳥獣保護区で秋の鳥（タカ）の渡り(2)を見る旅だった。カーソンたちは岩山の頂に腰をすえて、肌を刺す寒風を受けながら、タカを観察し、その行動を記録した。そのときの野外観察ノートには、彼女がタカのすばらしさに深く心惹かれ、そして、山奥の自然のまっただなかでの体験（タカとの交感）を、海や悠久の地球の歴史と関連づけて考えていたことを明らかにしている。

「鷹たちは風に舞う枯れ葉のようにやってきた。気流に乗って孤独に飛んでいる一羽。弧を描いて、いっせいに舞いあがった数羽が、みるみる雲の彼方の小さな点になったかと思えば、はるか下の谷めがけて降下する。せわしなくぐるぐる飛びまわる大群は、一陣の疾風が、森の木々を激しく揺らしたときに乱舞する木の葉に似ている」（古草秀子訳）と、カーソンはセンス・オブ・ワンダーの感性でもってタカたちの行動を観ている。

森の鳥、庭の鳥——自然の叡智

『森の生活』を書いたソローは、カーソンが敬愛した人物のひとりであったが、かれらは、草木の美しさに目をそそぎ、鳥のさえずりに耳をかたむけるところが共通していることはいうまでもない。かれは、旅行と冒険についてのエッセイである『メインの森（*The Maine Woods*, 1864）』で、「黒々とした山の麓のたそがれてゆく荒地の中で、反射光に満ちたまばゆい川のそばに私はすわりこみ、モリツグミのさえずる声をしばらく聴いていたが、このさえずり以上に高い文明はあり得ないのではないか、という気さえした」と「純粋自然（ウィルダネス wilderness）」発見の旅で述べている。その「高い文明」とは、「人間の叡智」に対して「自然の叡智」によるものであり、かれの至福の感情は、カーソンの到達した『沈黙の春』におけるエコロジー思想の発想に共通するところでもある。これは、鳥に対する生態学的・自然主義的態度（表7-1）にもとづく「哲学的態度」とよべるものであろう。

ソローは、『森の生活』の第2章「どこで、なんのために暮らしたか Where I Lived, and What I

表 7-1　鳥獣に対する態度（安田 1990 をもとに作成）。

審美的（Aesthetic：芸術的、象徴的特性としての興味）
支配的（Dominionistic：支配、制御に関する関心） 動物に対する優越感、動物を支配する欲望であり、動物を支配と管理のための機会を提供するものとみなし、動物と競う技や武勇の表現が強調される。ロディオやトロフィー・ハンティング、馴致訓練などがある。
生態学的（Ecologistic：システムとしての環境、野生動物とハビタットの関係、生態系への関心） 本質的に野生動物と自然環境を指向するが、知性的で偏見のない見方が特徴である。野生でも家畜でも個体に焦点を合わせるのではなく、自然の生息地のなかの種としての動物に関心を向ける。人類も動物種の一種という観念をもち、自然環境に依存していると考える。人類のために環境を守ることに関心を示してきた。
愛玩的（Humanistic：ペットに対して見られるような個々の動物に関する興味や強い愛情） 個々の動物に対して強い個人的愛情を示すのが特徴である。ペットは友だち、なかまあるいは家族の一員とされる。とくに野生動物に関心があるわけではないが、ペットに示す愛情は野生動物を含むすべての動物への関心に拡大される。一般的倫理思想（道徳的）や種に対する特別な関心（生態学的）にもとづいているのではなく、ペットからはじまり野生動物にいたる個々の動物とのふれあいと結びついている。
道徳的（Moralistic：動物の正、不正の取り扱いへの関心、利己的利用や動物虐待への強い抵抗）
自然主義的（Naturalistic：野生動物、アウトドアに対する興味と愛情） 野生動物や野外活動に魅力を感じることで、ペットにやさしい感情を抱くが野生動物より劣ったものとみなす。自然の状態と個人的に接するとき本当に満足する。現代社会から逃れて自然のなかにひたることで得られる野生に戻りたいという姿勢をそれぞれ指している。
哲学的（Philosophic：野生動物に対する精神的な交流） 野生動物と交感することで、エコロジー思想の発想につながる対等で積極的な関係。生態学的・自然主義的態度にもとづく発展的な態度。
否定的（Negativistic：動物に対する嫌悪やおそれの態度）
中立的（Neutralistic：動物に対する中立的関係、感情を示さない態度、動物との消極的関係）
科学的（Scientistic：動物の物理的特質、生物学的機能に対する関心）
実用的（Utilitarian：動物やハビタットの実用的、物質的価値への関心） 実用に適しているか、利益を生み出す素質をもっているかという観点から動物を認識し、動物に対する愛情や関心に欠けるわけではないが、有用性への関心には劣る。動物福祉の問題には関心を示さない。

Lived For」で、彼の住む家の周辺の動物について、具体的な観察結果を述べているが、なかでも第12章「動物の隣人たち Brute Neighbors」では、ライチョウは「森の鳥」であり、森の鳥にふさわしい自然に即した気持ちをもち、振る舞う「野生の隣人」であると述べている。

ライチョウの雛は、多くの種の鳥の雛と違って生まれつき早熟で、親鳥につき従って暮らす。そのためか、「ライチョウの雛たちの大きく澄んだ目は、大人の目のようでありながら、子どもの無邪気さがあり、見る者に強い印象を与えます。目の輝きの中に、雛の知恵のすべてが示されているかのようです」「彼らの目は、幼き者の純粋さだけでなく、経験を通じて明晰になった知恵も映しています。雛が孵化した時に誕生した目ではなく、目が映す大空と同じほどに歳とっているように見えます。森も、これほど素晴らしい宝石をそうは生み出さないでしょう。あなたも、これほど澄んだ泉をそうは覗いてはいないでしょう」(今泉吉晴訳)と。

ソローは、森の鳥であるライチョウの生態や行動を科学的な緻密さで観察することで、雛の目に永遠の生命力を感じ、その「自然の叡智」に気づき、ただ見るだけでなく、あたかもライチョウの雛と交感しているかのようである(3)。その感覚は、「生存の本質」を見抜くための「センス・オブ・ワンダー(神秘さや不思議さに気づく感性)」の感覚そのものといえる。

ソローの取り上げたライチョウは、エリマキライチョウ(図7-2)であり、夏季は開けた森林、冬季は針葉樹林に生息する「森の鳥」である。一方、国内のライチョウは乗鞍岳などの北アルプスや南アルプスなど本州中部の標高二四〇〇メートル以上の高山帯(ハイマツなどの小低木の植生)にす

図 7-2　エリマキライチョウ（*Bonasa umbellus*）。キジ目ライチョウ科に属する鳥類で、アメリカ（ウィスコンシン州南部、ケンタッキー州西部、ニュージャージー州、ニューヨーク州中部、マサチューセッツ州中部、ミシガン州南西部、ミネソタ州東部、メリーランド州東部）に生息する。食性は雑食で、植物の芽や葉、果実、種子、昆虫などを食べる。全長 39–47 cm、体重 600–700 g ほど。

む「森の鳥」である。そもそもライチョウは、およそ二万年前の氷河期、大陸から日本に渡ってきたとされる。そして、氷河期の終わったとき日本に取り残されてしまった鳥である。長距離の飛翔能力はなく、寒冷地を求めて高山に移動したのである。よってライチョウは、年間を通して移動することなく高山（奥山のもっとも奥の神の領域）で暮らす鳥（留鳥）であり、神秘的な冬の白い姿は神の使者として人びとに崇められてきた。それは、日本人が長いあいだ抱いてきた奥山への畏怖、深山信仰などとつながって手厚く守られてきた「森の鳥」なのである。

日本でライチョウがはじめて文献に登場するのは、『夫木和歌抄』（一三一〇年ごろ）のなかで、かつて「しらやま」とよばれた白山（石川県）に生息していた雷鳥である。

しらやまの松の木陰にかくろいてやすらにすめるらいの鳥かな　　後鳥羽院

この歌は、白山に登った人の見た雷鳥についての話が京都にも伝えられ、それを後鳥羽上皇が詠んだものとされる。この時代には、信仰の対象としての高い山への登山が、すでにおこなわれていたことがうかがえる。

また、ライチョウは、雷除けや火除けの鳥として慕われ、絵が描かれたお札やその羽根がお守りとして使われた。一般的にライチョウは、雷が出そうな曇天になると出没するといわれている。上空からのイヌワシなど天敵よりの危険から解放されるためと考えられているが、昔の人びとは、ライチョウは雷が発生する場所でもたくましく生息しているため、彼らのセンス・オブ・ワンダーの感性によってこのような習俗が定着したものと思われる。

白山のシンボル的な鳥であったライチョウは、昭和初期ごろよりほとんど確認されなくなり、白山の高山帯では絶滅したとされていた。ところが、二〇〇九年五月二六日の目撃情報（中元寛人）をもとに、現地調査により、二〇〇九年六月二日にガンコウランやコケモモの葉を採食中のライチョウのメス一羽（図7-3）が確認（上馬康生・石川県白山自然保護センター）され、一九三〇年代の複数の目撃情報以来、約七〇年ぶりの確実な記録となり全国的にも大きな話題となった。白山までの距離や数の多さから、北アルプスの乗鞍岳や御嶽山あたりから飛んできたのではないかと考えられた。二〇一一、二〇一二年六月にも再び同一のライチョウが確認された。

国内に生息するライチョウは、一九八〇年代には約三〇〇〇羽いたが、現在は二〇〇〇羽以下に減少したと推定される。そこで、政府は二〇一二年一〇月一八日、絶滅が懸念されるライチョウの保護強化に取り組むことになった[4]。なお、ライチョウなどの鳥類で、遺伝子（DNA）の多様性（遺伝的多様性）が減少していることが知られている[5]。

＊

『センス・オブ・ワンダー』や『沈黙の春』で取り上げたコマツグミ（図3-5参照）は、自宅の庭や公園、大学のキャンパスなどにもやってくるアメリカ人にとって身近な「庭の鳥」である。同様に国内でも鳥をはじめとする身近な生きものとの交流を図るための活動として、二〇〇九年から日本鳥類保護連盟による「バードピア」が全国的に広がっている。

「バードピア」とは、野鳥（バード）と楽園（ユートピア）を組み合わせてつくった言葉で、「野鳥をはじめとする身近な生きものの楽園」という意味である。主として都市域など人が生活、活動している自宅の庭や企業の敷地などの一部を、本来の目的に支障のない範囲で手を加え、野鳥をはじめとする生きものたちがすみよい環境として維持していくものである。われわれの生活空間の一部を、野鳥などの生きものにも提供しようとするのであり、このような空間を「バードピア」とよんでいる。

図 7-3　白山で発見されたライチョウ（*Lagopus muta*）（小阪 2011 より）。夏羽（左上）、秋羽（右上）、冬羽（左下）、足跡（右下）。ライチョウ類（鳥綱キジ目キジ科ライチョウ亜科 Tetraoninae、6 属 17 種）は、北半球の高緯度地帯に分布し、寒冷地に適応した形態（羽毛で覆われた脚部など）をもつ。日本の高山に生息するライチョウはもっとも低緯度に生息する群である。日本の固有種である亜種ニホンライチョウ（*Lagopus muta japonica*）は、国指定の特別天然記念物であり、長野県・岐阜県・富山県の県鳥である。成鳥の採食物は植物食で、おもに木本の高山植物の冬芽、葉、果実、草本の高山植物の葉、花、種子、蘚苔類、昆虫など多種多様な採食物が報告されている。全長 37 cm、体重 400-600 g ほど。

それは、「人と野鳥の共生」の考え方を発展させ、「庭も小鳥に」の発想、つまり野鳥などの生きものの目線で、その生息に適した環境づくりを進めようとするものであり、二〇一二年一一月末現在、一都一道二府二七県から二〇八件の登録があり、増加傾向にある。

「バードピア」づくりはけっしてむずかしいものではなく、とくべつな方法、技術が必要なものでもない。たとえば、「鳥や生きものの身になって」農薬を使わない、実や花蜜の出る木を植える、水場をつくってやるなど、できることからはじめていけばよいのである。「バードピア」づくりによって、「都市の生活」においても、「野鳥をはじめとする身近な生きものとの共存」という共通認識を広げ、それを実感することができるのである。よって「庭の鳥」は、「都市の生活」をするわれわれにとって身近な「野生の隣人」であるといえる。

庭にやってくる野鳥たちの生態や行動を間近にじっくり観察することで、センス・オブ・ワンダーの感性をはたらかせて、鳥のもつ生命力を感じ、その「自然の叡智」に気づくことも、かれらと交感することもできるのである。それはまた、第3章に見た自然観察・自然体験につながるものである。

なお、庭などにいろいろな鳥がくるようにするには、冬のあいだ、餌を与えることが効果的である。鳥によって餌の好みには違いがある。同じ鳥でも、周囲の環境や地方によっても異なるようである。身近なところにどんな鳥がいるか、どんなものを食べているのか観察して、どんな餌がよいのか、いろいろと試してみるとよいであろう。(6)

野鳥にとっては、餌を与えなくても生きていける自然があることが一番よいことであるが、都市では冬のあいだの食べものが不足しがちになる。それを補うために給餌をおこなうのであるが、鳥たちが給餌に頼りきってしまうことのないよう、与えすぎには注意が必要である。

高松市内にある自宅の小さな庭にも、餌を求めてメジロやヒヨドリなどがやってくる。なかでも一羽のウグイス(7)が、高く澄んだ歌声を庭いっぱいに響かせることがある。

鶯や庭の中では主なり

そして、都市におけるここのバードピアはひとつの点にすぎないものであるが、バードピアが増えていけば、バードピア同士あるいはバードピアと公園など、庭の緑がつながって、「緑の回廊」となり、生物多様性に富んだ街づくりを進めることもできるであろう。またバードピアは、都市のなかで、緑とともに身近な生きものとのふれあいを通して、「庭の鳥」たちとともに暮らすことの大切さについて実感してもらうこともねらいとしており、「緑の回廊」が「鳥の回廊」にもなるのである。

鳥と日本人――スズメとともに

「長柄《ながら》横穴群」(国指定史跡、千葉県長柄町)の横穴墳の壁には、建物や人物とともに二羽の鳥の絵が描かれている。その一羽はトキで、もう一羽はカワセミ類(ヤマセミ)と思われる(中村俊彦)。中国では、トキは「幸せをくれる鳥」といわれ、日本でも、伊勢神宮の遷宮神事でアマテラスに捧げる「御刀」の柄にトキの尾羽が用いられてきた。また『日本書紀』のなかには、「弔問をうける役割のもの」として、「鴗《そび》」というカワセミ類の記述がある。(8) 彼らは、土壁の横穴に巣づくりすることから、横穴墳に葬られた人の魂を守るものと考えられた。身近にいたとりわけこれらの美しい鳥たちに、古代の人びとの感性(根源的なセンス・オブ・ワンダー)は惹きつけられたのであろう。

鳥は、『日本書紀』以外にも『古事記』や『万葉集』『枕草子』『源氏物語』などの古典をはじめ、民話や芸術(絵画や陶芸など)における日本人と自然の親密さの象徴であり、つねに文化の一部として欠かせないものである。なかでも日本人の鳥とのふれあいは、『枕草子』の「うつくしきもの」(一五一段)の「雀の子のねず鳴きするにをどり来る」や「こころときめきするもの、雀の子がひ(飼ひ)」(二九段)にみられる「愛でる」ことを目的とした愛玩的態度(表7-1)であった。『源氏物語』(五帖「若紫」)でも、「雀の子を犬君が逃がしつる。伏籠のうちに籠めたりつるものをとて、いと口惜しと思へり」とあり、召使の少女である犬君が、伏籠(竹の籠)にいれておいた子スズメを逃がしてしまったという記述がある。子スズメを捕獲したり、飼育したりするのは昔からごく普通におこなわれていたのであろう。

『野鳥と共に』を書いた中西悟堂(9)(一八九五〜一九八四)は、群れをなしにぎやかに鳴くスズメは、われわれにもっとも身近な鳥であって、「都市と村落との全き共棲者であるにもかかわらず、およそ野禽中、雀ぐらい人に馴れぬ鳥はないであろう」と述べている。しかしながら、巣にいるままの雛に割餌(人がスズメの口に摺餌を食べさせてやること)を辛抱してつづけてみると、雛たちはやがて馴れて、ほとんど家禽に近くさえなり、ついには人のお伴をして戸外の散歩の道づれにもなるという。のちに、かれの散歩についてくる雀は三一羽にも達した。

スズメは、都市でも農村でも、人の住んでいる場所やその周近には生息しているものの、人里離れた森林や山地、人の住まない孤島などにはいない。スズメは人なしでは生きられない鳥なのである。たとえば、過疎化が進む山村では、人口の減少にともなってスズメの数も減ることが知られている。たとえ巣づくりに適した空き家が残されていても、人の住まない集落にスズメは定着しない。

「スズメ」の「スズ」は、鳴き声を、「メ」は、ツバメやカモメと同様に群れを意味しているという。『古事記』には「須受目」、『和名類聚抄』(平安時代中期につくられた辞書)には「雀、須須目」などの名称で登場する。スズメは、体も小柄で、人家周辺のあらゆる隙間に潜り込み、人には目立たないように振る舞い、それでいて人に接近して生活している「うつくしき(かわいい)もの」である。体が大きく、たくましいカラスとは、いかにも対照的である。昔の人は、比較的に大型の生物にはカラスの名を、小型である「うつくしきもの」にはスズメの名を冠して名づけている。

スズメが人家周辺で繁殖するのは、人が天敵を退け安全を保障してくれる以外に、人間の生活によって捨てられる餌を入手でき、巣場所を確保できるからである。ツバメは、駅や商店街の軒下や駐車場の天井部分、ときには人家のなかにまで入って営巣することがある。これに対しスズメは、人家周辺で営巣してはいるが、人の手の届かない高所や発見されにくい洞状の狭い空間を利用している。人を信じきり、人の存在によって繁殖の安全を保障してもらおうとするツバメとは明らかに異なっている。

一方で、各地に残っている鳥追いの歌が収録されている『はばたけ朱鷺』（佐藤春雄）によれば、スズメとともにトキやサギが水田の害鳥として登場する。日本列島における稲作の急速な拡大が、スズメやトキなどの鳥の生息域を広げ、個体数を増加させたのである。トキやサギの食性は、ドジョウやザリガニなどの水生動物である。田植えをしたばかりの水を張った水田は、かれらの絶好の餌場であり、苗を足で踏みつけたのであろう。また、収穫期に大群となったスズメはイネを食害し、農民を悩ませたに違いない。

しかしながら、中西が述べているように、「雀が稲田を荒らす害もさることながら、稲田の害虫を食べてくれる益のほうはほとんど顧みられていない。一地方で雀の駆逐を行なったために、その土地の森や畑に害虫が蔓延し、もしくは森や畑が絶滅に瀕したという例は少なくない」「繁殖期における普通の雀は虫ばかり食べ、もしくは雛に食べさす。その量はたいしたもので、春夏の候は田畑の害虫を駆除してくれる」、むしろ「恩鳥」といえるのである。このように過去には、トキやスズメは水田の害鳥として農民に嫌われるほど多数生息していたが、いまも繁栄しているスズメとは違って、トキ激減の原因は乱獲と環境破壊であると考えられている。

朱鷺色（くすぶるような桃色）はトキの羽毛の色に由来しており、その美しさが災いし乱獲された。しかも、水生の小動物を食べるトキは水田生態系の食物網の上位に位置し、カーソンが『沈黙の春』で示したように過剰な農薬汚染による生物濃縮の影響を受けたものと考えられる。また、トキ本来の餌場である氾濫原（湿地帯）などの大幅な減少、ならびに水田の耕地改良工事や休耕田の増加などにより、従来の水田に生息していた水生の小動物が減少したことも影響したのであろう。

一方のスズメは、外見が美しいわけでもなく、食性も雑食性なので農薬汚染のリスクも分散される。しかも、人類の随伴生物として人とともに分布を拡大し、人工環境に巧みに適応し、時代とともに生きぬいてきた鳥である。短命にして多産であり、新しい環境にすばやく柔軟に適応してきたのである。なお、スズメは農薬類の生態リスク評価の指標種[10]になっている。

もともと同じ水田の害鳥とされながら、前者は、環境変化に対する適応度の低い鳥、いわば一定の環境に固執するタイプの「トキ型鳥類」であり、後者は、都市環境においても環境への柔軟な適応が可能な「スズメ型鳥類」といえよう。トキ型鳥類としては、水田や湖沼・干潟などの環境に固執して生きる水鳥類（サギ類やシギ・チドリ類、ガン・カモ類、ハクチョウ類、ツル類など）、森林に固執するキツツキ類、草原性鳥類（ヒバリやセッカ、オオヨシキリなど）、食物連鎖の上位を占めるフクロウやワシ・タカ類といった猛禽類などが代表例である。いずれも都市化による環境変化により生息地を追われ、急激な減少を余儀なくされている鳥類グループである。

他方、スズメ型鳥類としては、スズメやイエスズメ、ドバト、ハクセキレイ、カラス類のように、その分布は地球規模の広がりを示し、人工環境へもすばやく適応している。キジバト、カワラヒワ、ヒヨドリ、ムクドリなども、スズメ型鳥類の一員といえよう。今後も、都市にあっては人類への適応を果たしたスズメ型鳥類の優位はつづくであろう（唐沢孝一）。

図 7-4　雛に餌を与えるスズメ（*Passer montanus*）の親子（作図：清谷勇亮）。

これらの鳥類のうちでもカラスは、人とともに都市生態系の頂点に立ち、都市に君臨する捕食者の地位にあり、人類にとっても手強いライバルである。これに対してスズメは、目立たないが、しかし、着実に人びとの生活のすみずみに生息している。カラスが上空から都市を俯瞰するものであるとすれば、スズメは人の生活のにおいを求めて都市の奥深くに潜り込み、つねに底辺にあって上空を見上げる「うつくしきもの」である。

センス・オブ・ワンダーの感性をはたらかせてスズメの生活(11)（図7-4）を観察していると、多くの民衆の声が聞こえてくる。スズメは弱者の立場を代弁する「民衆の鳥」といえよう。そして、弱者であることの哀しさがみえてくる「うつくしい鳥」でもある。

子どもが　子すずめ　つかまえた。
その子の　かあさん　わらってた。
すずめの　かあさん　それみてた。
お屋根で　鳴かずに　それ見てた。

金子みすゞ「すずめのかあさん」

鳥と宗教――ハト、カッコウ

二〇一一年一〇月二二日、オックスフォード大学チャペルの静謐の空間に、吉永小百合さんが読む原爆詩[12]が響きわたる。窓からさしこむ微光が、重厚な木の内装をやさしく包み込む。観客に向けて語りかける詩の言葉一つひとつが、天へ天へと、昇華していくような感覚にとらわれる。深い静寂のなかに言葉が生まれ出る瞬間は、聖書に描かれた、世界の創世における言葉の誕生を思わせた。あたたかな、包み込むような「命」を込めて、吉永さんは朗読した。渾身の朗読に魂を吹き込まれた言霊[13]が、聴く人の心の琴線（センス・オブ・ワンダーの感性）に共振する。

「母さんは空になって／おまえのためにハトをとばそう」[14]という朗読の最中に、不思議な出来事が起きた。一羽の白いハトがチャペルのなかに飛来したのである。そのハトは、しばらくチャペルの天井高く舞うと、光がさしこむ丸い天窓のすぐそばに羽を休めたのである。いつもチャペルを塒《ねぐら》にしていたのか、あるいは遠い彼方の巣からやってきたのかもしれない。

他方、一八六八年一一月六日、フランスの詩人アルチュール・ランボー（一八五四～一八九一）によって書かれた初期韻文詩「生徒の夢想」には、みずみずしい生命感がほとばしり出ている。岸辺に横たわる「生徒（ランボー）」を、真白なハトの群が、高い山のふもとにある彼方の巣へ運んでいく。そこで「生徒」はこんな体験をする。

おお心地よい鳥たちの巣よ！……肩のまわりにきらめきわたる
白い光がその清らかな光の線でぼくの身を蔽い尽した。
そしてその光の姿は、かげと混ってわれらのまなざしをかげらせて
あの暗鬱な光とは、似ても似つかぬものだった。
その天上のみなもとには、地上の光のかけらもない。
神々しさが胸に浸み入り、何か天上的なものが、
ぼくの身内を満々と波打つように流れるのだ。　（部分、粟津則雄訳）

古代ローマ帝国、初代皇帝の時代「アウグストゥスの世紀」に生きた詩人、オウィディウス（前四三〜一七）は、「詩と宗教は、霊感の動きによって、同質のつながりでひとつに結ばれている」としている。吉永さんが朗読する原爆詩も、ランボーの「生徒の夢想」も、ハトによってキリスト教と結ばれているようでもある。

ところで、《受胎告知（Annunciazione）》（一四七二〜一四七三年ごろ、ウフィツィ美術館所蔵）や《最後の晩餐》などの宗教絵画でも知られるダ・ヴィンチが、その画風と作品を高く評価したイタリア人画家が二人いる。中世後期のジョット（一二六七〜一三三七）とルネッサンス初期のマサッチオ（一四〇一〜一四二八）である。

そのうち、ジョットの作であるアッシジ（「イタリアの緑のハート」とよばれるウンブリア州）のサン・フランチェスコ聖堂（上堂）の壁画《聖フランチェスコ伝――小鳥への説教（Storie di San Francesco: Predica agli uccelli）》（一二九六～一二九九年ごろ）（図7-5）に描かれた聖フランチェスコ（一一八二～一二二六）は、鳥の声が理解できたという聖人である。かれは、生きとし生けるものは、すべて神の前では平等だとし、鳥にも語りかけた。かれは聖人のなかでも、とりわけイエス・キリストに近い生き方を実践したことから、第二のキリストといわれる。聖フランチェスコは、イタリアでもっとも敬愛され、国の守護聖人にもなっている。

《小鳥への説教》の前で、センス・オブ・ワンダーの感性をはたらかせて耳を澄ますと、聖人の声とそれにこたえるハトのような鳥たちの鳴き声が聞こえてくるようでもある。あたかも鳥たちがかれの説教を聴いているかのように、「神の御心に目覚めて善行を積む」とされている。のちに教皇ヨハネ・パウロ二世（一九二〇～二〇〇五）は、聖フランチェスコを「エコロジー（自然主義）の守護聖人」（一九八〇年）としている。

＊

第5章に見た空海の著述には、密教の理論が詳しく記されているが、それら以外にも詩や書簡などを集めた『性霊集』（八三五年ごろ）のなかに、彼の漢詩でよく知られる「後夜聞仏法僧鳥（後夜に仏法僧の鳥を聞く）」がある。後夜とは暁の時刻である。

図 7-5　ジョット《聖フランチェスコ伝——小鳥への説教（Storie di San Francesco: Predica agli uccelli）》（1296-1299 年ごろ、フレスコ、270×200 cm、イタリア・アッシジ、サン・フランチェスコ聖堂（上堂）所蔵）。聖フランチェスコの伝記である『大伝記』（1263 年）に次のような挿話をあらわしている。「ベヴァーニャの近くにさしかかった時、さまざまな種類のたくさんの鳥たちが集まっている場所に来た。聖人は、それを見ると、大急ぎでそこに行き、まるで鳥たちがものを解するかのように彼らに挨拶した。すると鳥たちは、じっとしながら彼の方に首を向け、低木に止まっていた鳥たちは通り過ぎる彼に頭を下げ、常ならぬ風情で彼を見た。そこで彼は、すべての鳥たちが神の声を聴けるように彼らに近づいた。そして熱心に説教を始め、彼らに言った。『兄弟なる鳥たちよ、汝らの創造主を褒め讃えなさい。なぜなら、主は汝らを羽で包まれ、飛ぶための翼を与え、きれいな空気を授け、何の苦労も心配もなしに汝らに食べ物を与え給うているのだから』」と。晩年の「太陽讃歌」にも表明される聖フランチェスコの自然と被造物への無限の愛を示すこの挿話は、13 世紀に多くの図像的先行例をもっているが、ジョットはこの壁画で規範的ともいうべき新鮮な自然主義的解釈を打ち出している（森田 1994 より）。

閑林に独坐す草堂の暁／三宝の声一鳥に聞く／一鳥声有り人心有り／声心雲水ともに了了（静かな林に独り坐す草堂の暁に、三宝の声を一羽の鳥に聞く。一羽の鳥にも声があり、人には心がある。その声も心も、耀く雲の光や透明な水のように明瞭である）

どんな鳥であれ、みな三宝(15)の声を響かせている。一晩ずっと坐りつづけて明け方になったころ、まだ深い闇にとざされている森のなかから、一声鋭く鳴く鳥があり、朝の光の到来を告げたのである。

一方、チベットの『鳥のダルマのすばらしい花環（鳥の仏教）(16)』（一七世紀か一八世紀、あるいは一九世紀初期）では、ブッダ（釈迦）の教えを鳥であるカッコウが説く。このカッコウは「森のなかから、一声鋭く鳴く鳥」なのであろう。この書は、チベット人の仏教徒によって密教のもととなる大乗仏教の経典を模して書かれたものである。近年になって再発見され、広まったもので、学問（宗教哲学(17)）としての仏教ではなく、民衆に生きる仏教が説かれている。それは、「チベット語からはじめて翻訳された智恵の小さな宝石箱のような仏典」なのである。

チベットには、ボン教という仏教以前のプリミティブな宗教があった。そのなかでカッコウは、聖なる鳥（トルコ石のように青い鳥）として描かれ、「鳥のなかの王」として高貴な鳥であると考えられていた。カッコウに姿を変えた観音菩薩(18)がブッダのもっとも貴い知恵について語り、集まっていたツル、セキレイ、ライチョウ、ハト、フクロウなどの鳥たちがそれぞれ瞑想し、やがておのおの心に浮かんだことを話しはじめ、幸福へとつづく言葉を紡ぐ。

ベルギーのモーリス・メーテルリンク（詩人・劇作家、一八六二〜一九四九）の「青い鳥」（一九〇八年発表の童話劇『青い鳥（L'Oiseau bleu）』は、一九一一年にノーベル文学賞を受賞）は、幸福の秘密を知っている鳥として描かれているが、その鳥のイメージは曖昧模糊としている。一方、『鳥の仏教』に登場する「青い鳥」は、現実の鳥カッコウであり、そのカッコウの口を通して語られる幸福論[19]は、曖昧でも、少しの揺るぎもない仏教思想の土台に支えられているのである。

では、なぜ鳥が仏教を説くのか。それはアニミズム[20]的であり、鳥の心と人の心のあいだには、本質的な違いはないのである。カッコウに姿を変えた「菩薩（人の理想形）」は、自覚を通して人である存在から完全に自由な「ひとつの心」にもとづく生き方が可能である。その潜在的な「ひとつの心」のなかで、有情（心のはたらきをもっている存在）の生命はすべて永遠回帰をおこなっている。そのような「ひとつの心」は、「密（大生命）」や「大なる生命」「宇宙生命」にもつながるものである。

もともと人は、人以外の生きものと交感的な関係（自然との対話）を築いてきた。それは「神話の時間」や「ドリームタイム（夢の時間）」とよばれ、人と生きもの（有情）との交感[21]がアニミズムとよばれるものであり、近代科学の前に覆い隠されてきてしまったものである。アニミズムは、神話の思考と密接なつながりをもっている。神話の思考の背後には、センス・オブ・ワンダーの感覚ともいえる、その認識と一体になって動く、精密な論理の体系がはたらいている。

その論理は、科学や論理学が用いている「かたい（厳格な）」論理とは違って、矛盾を包含できるべつの成り立ちをした「やわらかい」論理が、神話の思考を可能にしている。その論理とアニミズムは、心のなかの同じ部分をはたらかせている。神話は、宇宙のなかで孤立している人間の現状に少しでも実りのある解決をもたらそうと、その「やわらかい」論理を用いて哲学的に思考しようとしてきた。アニミズムはさらに直観的な感性（根源的なセンス・オブ・ワンダー）をはたらかせて、人と有情とのあいだに、精神的な絆を築き上げて、そこに確実な関係（つながり）を確保しようとする努力を重ねてきたのである。

そこで、ブッダは人だけではない「神々と龍と精霊と魔物と人の言葉を使い」、あらゆる有情に向かってダルマ（宇宙の法）を説こうとした。鳥も獣もブッダの声明にこたえ、またその後の問答における対話のパートナーになる。それは「仏教の教えは人のためにだけあるものではなく、地球上の生態圏に生きるすべての有情のためにある」という考えにもとづいている。それは、第5章に見た空海の「生命の宗教」につながる考え方である。

ここで、キリスト教やイスラム教も含めて、人類の宗教思想すべてがいま変わっていかなければならないとするなら、それは「人間圏の宗教から生態圏の宗教へ」といえるであろう。同じような思想が、「人間は自分たちの世界のことばかり考えているのではなく、正しい生き方を知りたいのなら、空の鳥たちに学ばなければならない」と聖書にある。また、手塚の「火の鳥」のように、鳥は空からすべてを見通し、未来も知っていると日本や中国では考えられていた。

大空を自由に、優雅に羽ばたく鳥たちは、地球上にあって、カーソンの作品や『ウォールデン』

『野鳥と共に』に見られる人と鳥の交感のように、人類と「ひとつの心」を共有し合っている。そして変わっていかなければならないのは、進化の過程で完成して生き残った鳥たちではなく、いまだに未完成（未熟）なままの文明に生きているわれわれ人類のほうなのである。[22]

恐竜の生き残りが鳥ならば人類もまた宙《そら》に羽ばたく[23]

奥日光外山山麓の鳥たち——科学詩

繁殖期の鳥類調査ともいえる「鳥の巣探し」（第3章）をおこなうなど、少女のころから鳥類に深い興味を抱いていたカーソンは、全米オーデュボン協会の一員となり、協会の旅行のなかで鳥類調査をおこなっている。わが国においても一九三四年六月二日、その直前に発足したばかりの「日本野鳥の会」（中西悟堂設立）のメンバー数十人は、富士山麓の須走ではじめての「探鳥会」をおこなった。参加したのは、鳥類学者の内田清之助や、詩人の北原白秋、言語学者の金田一京助、民俗学者の柳田國男などである。かれらは、山中で鳥の巣を見つけるたびに手帳にとどめて写生し、鳥の声を聞くたびに記録をおこなった。それは繁殖期の鳥類相を知る目的であった。

一方、奥日光の外山（標高二一一〇メートル）は、栃木・群馬両県にまたがる白根山（標高二五七八メートル）の東に連なり、その周辺には、戦場ヶ原や小田代原および中禅寺湖などがある。日光国立公園の一部であるこれら奥日光地域は冷温帯に属し、古くから関東の避暑地のひとつとして開かれ、これまでに植物や動物の調査がおこなわれてきた。鳥類については戦場ヶ原でのまとまった報告をのぞいて、ある地点での鳥類の種の確認にとどまっている。

筆者らは、繁殖期の鳥類相を知る目的で、外山山麓の南斜面のハイキング道に二つの調査区を設けて、ラインセンサス法による調査をおこなった。その調査結果が科学論文「奥日光外山山麓における繁殖期の鳥類群集」として、『日鳥学誌』(日本鳥学会)に掲載されている。(24) なお、調査区を横切る外山沢上流付近には、旧奥日光環境観測所(国立環境研究所)があり、渓流の水質と底生生物や周辺のコケ植物の調査がおこなわれた。

第6章では、「科学と社会」の関係にかかわる多くの課題について、専門家と市民のコミュニケーションの必要を述べた。そこでの科学コミュニケーションは、科学リテラシー(科学的なものの考え方)を社会に定着するための手段にもなる。そこで、科学コミュニケーションのためのひとつのツールとして、科学論文の引用をもとに詩の形式(科学詩)に構成することを試みた。また最後に詩のなかで、ブッダの生まれたインドから日本に渡来するカッコウの口を通して語られる幸福論を、前項に見た『鳥の仏教』(中沢新一訳)から引用した。

* * *

奥日光外山山麓の鳥たち

栃木・群馬両県にまたがる白根山の東に連なる外山
山麓の南斜面のハイキング道に二つの調査区（A、B区）
A区では外山沢、B区ではツメタ沢が調査区を横切る

A区――弓張峠近くのハイキング道入口からツメタ沢林道までのハイキング道一・六km
　植生は、ミズナラ、ウダイカンバ、ダケカンバおよびイタヤカエデなどの落葉広葉樹とそれに混在するモミ、ウラジロモミおよびコメツガなどの常緑針葉樹、および林床のチマキザサ（自然林）
B区――ツメタ沢林道から外山沢川とツメタ沢の合流付近のハイキング道入口までのハイキング道一・三km
　植生は、カラマツとそれに混在するミズナラなどの落葉広葉樹、および林床のチマキザサ（人工林）[25]

森のなかのハイキング道を歩きだす
キツツキのドラミング[26]の音
ウグイスの谷渡りの声

キジバトやアカハラがサワサワと落ち葉の上を歩きだす

観察された鳥類は全体で三一種、A区では二四種、B区では二一種

種数と個体数は、A区、B区ともに六月に最多

A区——キジバト、ビンズイ、コマドリ、ミソサザイ、コルリ、アカハラ、ウグイス、ヤブサメなどの地上・草本層で採餌する鳥類

コガラ、ヒガラ、シジュウカラなどのカラ類

キビタキ、センダイムシクイ、メジロ、ニュウナイスズメなどの樹間内の枝葉で採餌する鳥類

アカゲラ、コゲラなどの樹幹で採餌する鳥類

カッコウ類

B区——キジバト、コマドリ、ミソサザイ、コルリ、ウグイスなどの地上・草本層で採餌する鳥類

コガラ、ヒガラ、シジュウカラなどのカラ類

キビタキ、センダイムシクイなどの樹間内の枝葉で採餌する鳥類

アカゲラ、コゲラ、ゴジュウカラ、キバシリなどの樹幹で採餌する鳥類

カッコウ類

初夏の森はコンサートホール
小鳥たちのシンフォニー、沢のせせらぎ
重なり合って響き渡る

『ウォールデン――森の生活』を書いたヘンリー・D・ソロー
森のなかに椅子を出し、森の変化をゆっくりと眺め、小鳥たちの歌声を存分に聞く
つぎつぎと場面が変わる、終わりのないドラマのようなもの
どんな科学者をも超えるソローの豊富な自然経験
科学は部分を説明するに過ぎず、経験はすべてを受け入れる

『センス・オブ・ワンダー』を書いたレイチェル・L・カーソン
甥のロジャーがやってくると、いつも森の散歩に出かける
ソローの『メインの森』を歩いて、自然の「終わりのないドラマ」を経験する
自然は、いつもとっておきの贈りものを子どもたちのために用意する
神秘さや不思議さに目を見はる感性――知ることは感じることの半分も重要ではない

A区――日本本土に生息するカッコウ類四種（ジュウイチ、カッコウ、ツツドリ、ホトトギス）すべてを

確認

B区――カッコウを六月に確認

カッコウ[27]ははるか南のインドから渡ってくる
初夏を伝えるカッコウの鳴き声は、生命のよみがえりを意味しているという
カッコウに姿を変えた観音菩薩[28]が、集まっている鳥たちにブッダの教えを語る

善につながる良い心を、心の中いっぱいに広げるのです
今生でも来世でも、いつも三宝[29]が守りの場所になってくれます
帰依のおおもとは深く信じる篤い心です
いつも心の中にあこがれをもって願い続けなさい
この生で体験する喜びも幸福も、しょせんは夢にすぎません
自分の心の外にあるものに執着してはなりません
この生でなしとげなければならないことを、まっすぐに見つめなさい
そこをめざすときだけ、ほんものの喜びと幸福が得られます
あなた方の心を惹きつけているこの世の行為には、真実の意味がありません
心の奥では、なんの行為にも惹きつけられてはなりません

これこそが、世界に打ち勝った者であるブッダのお考えにほかなりません

カッコウは、この世の無常を説き執着をいましめる

そこにいたカラスが、「救いが来ます」という意味の「トッキョン！」と鳴いた[30]

引用文献

多田満・安齋友巳（一九九四）「奥日光外山山麓における繁殖期の鳥類群集」『日鳥学誌』四三号三五―三九頁。

中沢新一（二〇一一）『鳥の仏教』新潮社（新潮文庫）、東京。

（1）「一九五八年の一月だったろうか、オルガ・オーウェンズ・ハキンズが手紙を寄こした。彼女が大切にしている小さな自然の世界から、生命という生命が姿を消してしまったと、悲しい言葉を書きつづってきた。まえに、長いこと調べかけてそのままにしておいた仕事を、またやりはじめようと、固く決心したのは、その手紙を見たときだった。どうしてもこの本を書かなければならないと思った」（『沈黙の春』の「まえがき」冒頭の一節）。

（2）タカの渡りは古来より、世界中のあちこちで人びとの視線を集めてきた。そのカウント（個体数）調査がもっとも早くはじめられたのは、アメリカのホークマウンテンで、一九三四年からつづけられているという。その調査結果は、一九五〇年代から六〇年代にＤＤＴなどの化学物質の危険性をアピールする際に活用されている。タカの渡り調査は北アメリカやヨーロッパを中心に各地に広がって、現在で

は、東南アジアなども含め、多くの国でカウント調査が実施されている。

日本では、一九七〇年代前半に、沖縄県宮古諸島や愛知県伊良湖岬でタカの渡り調査がはじめられ、その後、各地でカウント調査が実施されるようになった。近年は多数のスポットの調査結果が、ほぼリアルタイムでインターネット上に公開されており、過去の記録も含め、多くの情報を入手することができる。代表的な渡るタカとして、サシバ、ハチクマ、アカハラダカの三種が挙げられる（久野公啓）。

最近では、人工衛星を利用して長距離の移動を追跡することが可能になり、サシバの日本—南西諸島間の、ハチクマの日本—中国—東南アジア（マレー諸島）間のそれぞれ秋と春の渡りの経路が明らかにされている（樋口広芳）。

（3）　人類の歴史のなかで、人はさまざまな自然の事物に対して、交感的な関係、つまり、自然との対話（コミュニケーション）をしてきた。そもそも人類は、宇宙の星々の動きを読み、天候を読み、動物の足跡から情報を読みとり、植物の成長から季節の変化を読みとり、自分の位置を知り、獲物や食糧のありかを確認するために、さまざまに自然と対話してきたのである。それだけでなく、もうひとつの対話として、動物をはじめとする自然の事物を、自分たちの心や気分や内面的価値の比喩や象徴と見てきた。これによってわれわれはみずからを知り、みずからを表現してきたともいえる。

ポール・シェパード（一九二五〜一九九六）は、『動物論——思考と文化の起源について（*Thinking Animals: Animals and the Development of Human Intelligence*, 1978）』で、「われわれの精神と文化は、動物たちと深くかかわることによって、彼らと相互作用の中から生み出されてきたのである」（寺田鴻訳）と述べている。これはまさしく、人が人となるために、動物との交渉、すなわち「交感」がきわめて大きな役割を果たしてきたことを示している。これはまた、生物多様性における人類の文化を育んだ文化的価値や人類の進化を導いた倫理的価値に通ずるものである。

（4）国内のライチョウは、二〇一二年八月、絶滅の危機が増大している「絶滅危惧Ⅱ類」から、近い将来野生での絶滅の危険性が高い「絶滅危惧ⅠB類」に引き上げられた。環境省は二〇一三年度よりライチョウの保護増殖事業をはじめている。生息数が減っているとされる北アルプスや南アルプスなど五エリア（地域）を中心に、長野県など中部七県を事業対象とする。国が本格的にライチョウ保護対策に乗り出すのははじめて。減少の原因として、天敵のキツネやカラスの生息域の拡大、登山者のごみ放置やし尿による環境の悪化が考えられるという。「保護増殖事業計画」（中央環境審議会）は、山岳ごとの生息数や繁殖時期を把握するとともに、減少要因の詳細調査に取り組む。同時に、ライチョウの餌である高山植物を食べるニホンジカや、天敵の生息地への侵入防止対策を図り、動物園などと協力し、飼育下での繁殖などをおこなう。

（5）遺伝的多様性（あるひとつの生物種に含まれるそれぞれの個体のもつ遺伝子の多様性。その多様性が低下すると環境の変化に適応できず種の絶滅をまねく可能性が大きくなる）について遺伝子多様度（数値が大きいほど、その種内の遺伝子の多様性が高い）を用いて調べると、鳥類のミトコンドリアDNAのコントロール領域前半部における遺伝子多様度では、希少種のシマフクロウ、タンチョウ、ライチョウ、イヌワシなどがいずれも〇・三以下で、多様性が低く、一方、狩猟鳥である北海道産のエゾライチョウやマナヅル、ナベヅルなど広域分布種は〇・七〜〇・八と高い。遺伝的多様性は種を保全していく重要な指標となる。とくに〇・三以下であった種に対しては、遺伝的交流を促進する方策や、生息域の分断化が進まぬよう配慮が必要である。

（6）代表的な餌の例（対象となる鳥類）を挙げてみると、パン（スズメやヒヨドリ、ムクドリ、ツグミ、キジバトなど）、ヒエやアワ（スズメやアオジ）、ヒマワリの種（カワラヒワやシメ、シジュウカラ、ヤマガラなど）、ピーナツやクルミ（シジュウカラやヤマガラなどカラ類）、カキやリンゴ、ミカン（半分や輪切りにして木や餌台に固定）などの果物（メジロやヒヨドリ、ウグイス）などである。

（7）　オオルリ、コマドリとともに日本三鳴鳥のひとつ。留鳥または漂鳥のスズメ目ウグイス科の鳥で、体は茶褐色で地味。いわゆるうぐいす色の鳥はメジロである。全長はオス一六センチメートル、メス一四センチメートルほど。

（8）　日本各地の平野部では、カワセミは「普通な鳥」とされていたが、生活の場である水辺の農薬などによる汚染や土地の宅地化による破壊などにより、概ね一九七〇年代までに減少し、一九八〇年代よりしだいに復活し二〇〇〇年代には、また「普通な鳥」になった。その原因は、水質汚染に強いモツゴなど餌の魚が増えたことや、農薬の規制が大きく影響していると推測される。このような現象が、香川県や東京都、埼玉県においてほとんど同時に起こっていた。おそらく日本各地で同様な現象が起こっていたのではないかと思われる（山本正幸）。

（9）　日本における野鳥の研究・保護の礎を築いたことで知られる中西悟堂は、天台宗僧正であるとともに自然保護運動の指導者でもある。『定本　野鳥記（全一五巻）』のうちの第一巻『野鳥と共に』の「山野編　第四章　野鳥賦」で、「されば山野の諸鳥が、そこにある森林や、日に輝やく流れや、路傍の草の花とともに、われわれに与えてくれる無言の慰藉の行為をゆるがせにするな。幾世紀を通じて、あたかも晴天つづきの太陽のように、われわれを無意識のあいだに幸福にし、富まし、喜悦の情を喚起させた世界の一員を、より一層丁重に考えよ」と山野の鳥との愛情に満ちた交感（注3）について述べている。

（10）　陸域生態系に対する農薬のリスク評価については、その範囲は広く、含まれる生物種も多いことから、食物連鎖を通して高次消費者に位置づけられる生態的地位、農薬の非標的生物であること、既存情報の有無などの観点から、鳥類を評価対象としてリスク評価手法が開発されている。わが国では、一般的な鳥種であり、また、農村地域にも多く見られるとともに、農作物を食餌として摂取する割合が高いと想定されること。毒性評価では中・大型鳥種に比べて小型鳥種は一般的に毒性値が小さくなる（感受性が高い）ことから、農薬のリスクへの感受性がより高くなること。以上のことから、スズメがその評価の指標種とされている（環境省）。

（11）スズメは普通、一夫一妻であり協力して子育てをするが、子育ての中心はメスにある。雛になって約二週間後には巣立ち、二、三日間は巣の近くで過ごし、親からの給餌を受ける。四、五日目からあちこちと移動するようになり、親鳥のあとを追いながら給餌を受けたり、みずから採餌したりする。子スズメが巣立つ際にはさまざまな危険をともなう。すなわち、上手に飛翔できないまま、地上に落下することも多い。放っておけば、親鳥が給餌して、少しずつ安全な場所へと誘導していくのが普通であるが、これを見つけた人が、見かねてとらえてしまうことが多い。

（12）広島と長崎の原爆の災禍に遭って、言葉を超える経験のすさまじさを忘れたいという人間の本能に抗うように、自身がどうしても伝えなければならないという使命感をもって、深い苦悩とジレンマから生まれた詩。夜叉のようになって子をさがしつづける母の思い、地下室で生まれ出ようとする小さな命の懸命さ、「げんしばくだんがおちると……人はおばけになる」と真実を誰より的確に表現した少女の言葉、死にゆく弟に最期の水をあげられなかった兄（小学五年生）の断腸の思いなどが表現されている。

朗読を終えて、核兵器（原爆）という巨大な非人間的な力に対して、原爆詩は「もっとも人間らしい応答だった」という学生（オックスフォード大学）の感想は、いまでも世界中に核兵器が散在している現実を意識してのものであった。「核兵器の時代においても（文学は）人間性の存在を主張する意味がある」と語った学生もいた（早川敦子）。

（13）言葉に宿ると信じられた霊的な力のこと。

(14) 旧約聖書の《創世記》八章には、ノアの洪水について書かれているが、このなかにノアが放ったハトがオリーブの若葉を持ち帰り、これによって洪水が終わったことを知る話がある。この聖書の記述がキリスト教世界における「ハト」=「平和」の由来とされている。古代ギリシャ・ローマ時代から、ハトとオリーブは無垢と平和の象徴として用いられており、その起源はかなり古い。もともとは、旺盛な繁殖力や生命力をもつハトを、特別な存在として認めていたことからであろう。

(15) 仏《ブッダ》、法《ダルマ》（おしえ）、僧《サンガ》。仏教でもっとも尊ぶべきもの。

(16) カッコウは、「ほかの種類の鳥の巣に卵を産みつけて、孵化した雛が巣内にあるほかの卵や雛を巣外に放り出す」習性（托卵）をもっているため、好意的に見られることは少ない。ときには悪魔的とも見られていた。そして托卵するところ（他者のなかに自分が入り込むこと）にカッコウの魔性、すなわち神聖を見ていたのであろう。カッコウは、日本全国に夏鳥として、越冬地である中国大陸南部やマレー、インドシナ半島、インドなどから五月中ごろ渡来し、托卵できる時期が過ぎる七月末までの二カ月半ほどで渡去する。

(17) 密教の世界観における宗教哲学では、すべてが平等に大日如来の慈悲の産物であり、語密、身密、意密、すなわち、言葉と身体と心の三つの姿で、大日如来、宇宙の大生命は姿をあらわすのである。風の声、鳥の声、人の言葉すべて大日如来の語密である。また、山の体、獣の体、人の体すべて大日如来の身密であり、川の心、花の心、人の心すべて大日如来の意密である。

(18) 「観世音菩薩」または「観自在菩薩」ともいう。『般若心経』の冒頭にも登場する菩薩でもあり、般若（智慧）の象徴ともなっている。大慈大悲を本誓とする。心の目で見ることを「観《かん》」といい、色なき色を見、音なき音を聴く、これが「観」である。この「観」のはたらきをもってわれわれの悩みや苦しみ、悶えを救う慈悲にあふれた菩薩。

(19) 次項の本文中「カッコウに姿を変えた観音菩薩」が語る、「善につながる良い心を……ブッダのお考えにほかなりません」の部分。

(20) 第5章、注13参照。

(21) 注3参照。

(22) 鳥はいまから一億五〇〇〇万年以上前に、羽毛をもつ恐竜から進化したとされ、現在、一万種が知られる。祖先の恐竜が、羽毛の生えた腕と脚を四つの翼として使いはじめ、鳥に進化する過程で、前の二つの翼だけで飛ぶようになったらしい。なお、最近、カナダからオルニトミムス *Ornithomimus*（鳥 ornith に似たもの mimus）という恐竜化石の発見によって、本来翼は飛ぶためではなく、繁殖行動のために進化したものであるという結果が判明している。

(23) 地球のような惑星は、この天の川銀河系だけで少なくとも一億個はあると考えられている。そのなかには人類よりももっと進んだ文明もあるかもしれない。かれらから見れば、われわれは文明をもってわずか数千年。技術的にも社会的にも、未完の未熟な文明といえるだろう。第6章、注22参照。

(24) あらかじめ設定しておいたハイキング道などのセンサスルート上を歩いて、一定の範囲内に出現する鳥類を姿や鳴き声により識別し、種別個体数を計数する。この際、鳥類は範囲内の環境と対応して分布していることが多いので、鳥類の確認された環境なども記録する。

(25) 日本は森林大国といわれるが、その四割は、人の手によって植栽がおこなわれるなどして成立した人工林である。残りの六割は、自然に成立した森林で天然林（自然林）とよばれる。人工林の面積が多い国を順に挙げると、中国、インド、アメリカ、ロシア、そして日本と続く。国土面積が狭いにもかかわらず人工林面積が五位ということが、日本の人工林の多さを物語っている。日本の人工林の多くはスギやヒノキ、カラマツから構成される単一樹種の針葉樹人工林である。その多くの部分は、戦後の高い木材需要をまかなうために広葉樹天然林や原野を置き換えることによってつくられた（山浦悠一）。

(26) 繁殖期に巣やなわばりの近くにあらわれた外敵を警戒しているときに、「ケキョケキョケキョ」とくりかえして鳴くのが「鶯の谷渡り」である。冬季の「チャッチャッ」は笹鳴きという。おもに樹上生活をするが、高い梢に止まることは少なく、低木の茂みや藪のなかを潜りながら餌をさがすことが多い。

(27) 注16参照。

(28) 注18参照。

(29) 注15参照。

(30) 本章3項、参照。

おわりに――モナーク蝶とともに

少女のころから作家になろうとしていたカーソンは、大学入学後の進路で生物学者の途を選択する。しかし、まわりの学生たちはもとより、教師たち、学長さえも生物学専攻への変更を撤回するよう説得しようとした。当時のアメリカでは、自然科学の分野で女性が成功することはごくまれであった。たとえば、ほぼ同時代を生きたビアトリクス・ポターは、絵本作家になる以前に、地衣類やキノコ（菌類）、藻類の研究により、地衣類が菌類と藻類の共生体であることを提唱するなど専門家から高い評価を受けていた。しかしながら、女性であるがゆえに生物学者にはなれなかった。

ポターは、幼少のころからすぐれた観察力で野生の小動物や植物を描いていた。とりわけ、キノコの細部を正確に緻密に鮮やかな色彩で丹念に描いたスケッチ画を数多く残している。また晩年には、彼女の愛したイングランド北西部の湖水地方のナショナル・トラスト（自然景観と歴史的遺物の保護と保存）の活動支援（土地の買い上げ）をおこなっている。

一方、環境科学の分野では、過去に女性が社会の大きな流れに新しい視点を提供してきた。たとえば、アスベスト作業による健康被害の最初の報告は、一八九八年イギリスにおける最初の女性工場監督官のひとりであるL・ディーンによってなされている。その後、『沈黙の春』のカーソンをはじめ、『奪われし未来』のT・コルボーン、『複合汚染』の有吉佐和子、『苦海浄土』の石牟礼道子などは、社会の大きな流れがいきすぎようとするときに、文学を通して考慮すべき視点を提起し、それが転換点となり、政府の対策に大きな影響を与えた。

それは、女性が環境保全を重要な課題ととらえる性向をもっていること、母性がおのずから子孫の幸せを重要な判断基準とすることを意味するのであろう。女性であればこそ、理屈ぬきに生命の尊さを、損得勘定を離れて直感できるものがあると思われる。

ところで、多田富雄（免疫学者・文筆家）は『言魂』（往復書簡）のなかで、石牟礼のことを「姉さん」とよんでいる。ここでいう「姉」とは、母のような普遍的なものではない。全部をつつみこんでしまうような絶対的な母性ではなく、もっと身近の存在としてのやさしさであり、同じレベルの実存的な「自己」の一部として共感し、ともに涙を流して苦しむ「姉性《あね》」としての存在である。『苦海浄土』のなかの石牟礼は、力の弱いけなげな姉のように、体を張って水俣病患者を庇護している。一方のカーソンは、「自然側の証人」ともいわれ、自然の生きものとまわりの親しい人びとに寄りそって『沈黙の春』をはじめとする作品を書いている。

カーソンは、安西冬衛の短詩にあるような、海峡を毅然と渡っていくたった一匹のてふてふ（蝶）ではなく、群れをなすモナーク蝶のように、ほかと寄りそって渡りをする一羽の蝶のような存在であろう。それは、ただそこに止まって燦々と輝きつづける太陽のような母性ではなく、輝きながら飛びつづけ、ともに分かち合ってくれる「姉性」のような存在なのである。

『沈黙の春』を書き終えたカーソンは、病床にありながらも、鳥の鳴き声を聞き、空に列をなして飛んでいく鳥の群れを眺め、春の訪れを楽しんだという。体調のよいときには、甥のロジャーとともに近くの森に出かけ、「センス・オブ・ワンダー」の体験をしている。彼女は、みずからのがんとともに生きながら、地球の美しさについて深く思いをめぐらせ、生命の終わりの瞬間まで、生き生きとした精神力を保ちつづけていたのである。

カーソンの言葉――もし、私が、私を知らない多くの人びとの心のなかに生きつづけることができ、美しく愛すべきものを見いだしたときに思いだしてもらえるとしたら、それはとてもうれしいことです（上遠恵子訳、ドロシー・フリーマンへの手紙、一九六三年三月）。

本書は、拙著『レイチェル・カーソンに学ぶ環境問題』（東京大学出版会）につづいて企画していただいた。執筆をはじめた段階で、田付貞洋（東京大学名誉教授）先生には、本文の構成にかかわる貴重なコメントをいただいた。久保明弘（国立環境研究所主任研究員）と大山房枝（同研究所高度技能専門員）の両氏には、原稿について適切なコメントをいただいた。ならびに、清谷勇亮（筑波大学芸術専門学群）と早坂はるえ、小神野豊（国立環境研究所高度技能専門員）の諸氏には、本書のために貴重な図や写真をそれぞれ提供していただいた。これらの方々に心からお礼申し上げる。

そして、東京大学出版会編集部の光明義文氏には、このたびも企画から原稿の執筆、編集、出版に際してたいへんお世話になった。目次構成にはじまり原稿の全部について適切な助言をいただき、出版までのすべての段階でスムーズに共同作業を進めることができた。深く感謝申し上げる。また、本書の中扉にサクラバラのイラストを描いてくれた姪の祐季子にも感謝したい。

カーソンは、一九六四年四月一四日、メリーランド州シルバー・スプリングで五六歳の生涯を閉じた。まもなく、彼女が亡くなってからちょうど五〇年になる。そのころには、東京大学キャンパス（文京区）の東西の通りにあるイチョウ並木や南北のケヤキ並木も、芽生えた葉の一枚一枚に美しく愛すべきかがやきを取り戻していることであろう。観念に代わって、生命が訪れてきた。

多田　満

二〇一四年一月七日

【著者略歴】

一九五九年　香川県に生まれる

一九八六年　東京大学大学院農学系研究科修士課程修了

現　　在　国立環境研究所主任研究員、東京大学大学院非常勤講師、博士（農学）

環境科学会、文学・環境学会、環境芸術学会、日本生態学会、日本環境毒性学会、日本リスク研究学会ほか、ならびにレイチェル・カーソン日本協会、各会員

【主要著書】

『レイチェル・カーソンに学ぶ環境問題』（二〇一一年、東京大学出版会）、『環境毒性学』（分担執筆、二〇一一年、朝倉書店）、『楽しく読めるネイチャーライティング―作品ガイド一二〇』（分担執筆、二〇〇〇年、ミネルヴァ書房）ほか

センス・オブ・ワンダーへのまなざし
レイチェル・カーソンの感性

二〇一四年四月一四日　初　版

検印廃止

著　者　多田《ただ》　満《みつる》

発行所　一般財団法人　東京大学出版会

代表者　渡辺　浩

一五三-〇〇四一　東京都目黒区駒場四―五―二九

電話：〇三―六四〇七―一〇六九

振替〇〇一六〇―六―五九九六四

印刷所　株式会社　精興社

製本所　誠製本株式会社

ISBN 978-4-13-063341-3　Printed in Japan

参考文献

[和文]
青木康展　2006　『環境中の化学物質と健康（ポピュラー・サイエンス 277)』東京：裳華房.
赤嶺玲子　1999　「場所，共同体，故郷　石牟礼道子の環境思想」『文学と環境』2：66-75 頁.
亜樹 直（作），オモト・シュウ（画）　2005　「＃2豊穣なる大地への祈り」『神の雫（1）（モーニング KC　1422)』東京：講談社，55-88 頁.
亜樹 直（作），オモト・シュウ（画）　2005　「＃37 その静謐なる神秘の森の奥で」『神の雫（4）（モーニング KC　1477)』東京：講談社，165-204 頁.
亜樹 直（作），オモト・シュウ（画）　2013　「＃351 時と土をめぐるサイコロジー」『神の雫（36）（モーニング KC　2188)』東京：講談社，25-44 頁.
秋道智彌　2013　「第2章　海の生態系論——南と北の海から」『海に生きる——海人の民族学』東京：東京大学出版会，34-74 頁.
秋元雄史　2006　『直島——瀬戸内アートの楽園』東京：新潮社.
秋山弘之　2004　『苔の話』東京：中央公論社（中公新書).
浅見真理　2013　「多様な視点の生かされる社会に！」『水環境学会誌』36（A)：349 頁.
有吉佐和子　1975　『複合汚染』東京：新潮社（新潮文庫).
粟津則雄　2010　『見者ランボー』東京：思潮社.
池内 了　2012　『科学の限界』東京：筑摩書房（ちくま新書).
池上 彰　2011　「第7章　沈黙の春」『世界を変えた 10 冊の本』東京：文藝春秋，167-185 頁.
池田和也　2012　「再生可能エネルギーによる温泉街の復興再生——温泉熱資源と砂防堰堤落差を生かした土湯温泉の挑戦」『生活と環境』57（12)：19-23 頁.
石田 戢・濱野佐代子・花園 誠・瀬戸口明久　2013　『日本の動物観——人と動物の関係史』東京：東京大学出版会.
石橋克彦　2012　『原発震災——警鐘の軌跡』東京：七つ森書館.

石村源生　2012 「土木技術者に必要なアウトリーチ――科学技術コミュニケーションの観点から」『土木学会誌』97 (8)：16-17 頁.
石牟礼道子　1969 『苦海浄土――わが水俣病』東京：講談社.
石牟礼道子　1996 『形見の声――母層としての風土』東京：筑摩書房.
石牟礼道子・多田富雄　2008 『言魂』東京：藤原書店.
石牟礼道子・鶴見和子　2002 『〈鶴見和子・対話まんだら〉石牟礼道子の巻　言葉果つるところ』東京：藤原書店.
泉 邦彦　2004 『有害物質小事典』東京：研究社.
磯部友彦・田辺信介　2010 「臭素系難燃剤による環境汚染とヒトの暴露」『水環境学会誌』33 (5)：134-137 頁.
井田徹治　2012 『鳥学の 100 年』東京：平凡社.
一丸節夫　2012 『エネルギーの科学――宇宙圏から生物圏へ』東京：東京大学出版会.
伊藤俊治　1999 「5　共振する芸術と科学」岡田節人・佐藤文隆・竹内啓・長尾 眞・中村雄二郎・村上陽一郎・吉川弘之編『岩波講座　科学／技術と人間　第 9 巻　思想としての科学／技術』東京：岩波書店, 123-149 頁.
井上則子・上遠恵子・津田塾大学「ウェルネス研究」履修生　2012 『次世代がつくりあげたもう一つのセンス・オブ・ワンダー』京都：かもがわ出版.
ウィトゲンシュタイン, 藤本隆志訳　1976 『ウィトゲンシュタイン全集 8　哲学探究』東京：大修館書店.
ヴィマー・オットー, 藤代幸一訳　2011 「フランチェスコ (アッシジの)」『[図説] 聖人事典』東京：八坂書房, 204-205 頁.
上馬康生　2011 「白山で発見されたライチョウ」『石川県白山自然保護センター普及誌』39 (2)：7-13 頁.
上野 攻　2009 「「バードピア」の考え方――庭も小鳥に」『私たちの自然』550：12-13 頁.
梅原 猛　1980 『空海の思想について』東京：講談社 (講談社学術文庫).
梅原 猛　2013 『人類哲学序説』東京：岩波書店 (岩波新書).
江面 浩　2013 「遺伝子組換え植物の開発利用の現状と今後」『日本農薬学会誌』38 (2)：147-153 頁.
NHK 取材班編著　2012 『NHK スペシャル　宇宙の渚――上空 400 km の世界』東京：NHK 出版.
江原幸雄　2013 「日本における地熱発電の現状と将来展望　ドリームシナリオは 2050 年に地熱発電比率 10%」『地球環境とエネルギー』46

(10)：16-19 頁.
太田哲男　1997 『レイチェル＝カーソン』東京：清水書院.
大竹千代子・東 賢一　2005 『予防原則――人と環境の保護のための基本理念』東京：合同出版.
大塚 直　2009 「わが国の化学物質管理と予防原則」『環境研究』154：76-82 頁.
岡野守也　2005 『空海の『十住心論』を読む』東京：大法輪閣.
岡本太郎　1961 「神と木と石」『沖縄文化論――忘れられた日本』東京：中央公論社（中公文庫），151-182 頁.
奥田夏子・山崎喜美子・川崎晶子　1982 「American robin（コマツグミ）」『野鳥と文学――日・英・米の文学にあらわれる鳥』東京：大修館書店，106-110 頁.
小田垣孝　2012 「科学者の責任――新しい科学パラダイムのために」『科学』82：557-562 頁.
小野寺浩　2010 「第 4 章　国土の生態系保全――長期戦略を提案する」小宮山宏・住 明正・花木啓祐・武内和彦・三村信男編『サステイナビリティ学④生態系と自然共生社会』東京：東京大学出版会，109-141 頁.
カーソン・レイチェル，青樹簗一訳　1974 『沈黙の春』東京：新潮社（新潮文庫）.
カーソン・レイチェル，日下実男訳　1977 『われらをめぐる海』東京：早川書房（ハヤカワ文庫）.
カーソン・レイチェル，上遠恵子訳　1987 『海辺――生命のふるさと』東京：平河出版社.
カーソン・レイチェル，上遠恵子訳　1993 『潮風の下で』東京：宝島社.
カーソン・レイチェル，上遠恵子訳　1996 『センス・オブ・ワンダー』東京：新潮社.
カーソン・レイチェル，リンダ・リア編，古草秀子訳　2000 『失われた森　レイチェル・カーソン遺稿集』東京：集英社.
海洋政策研究財団　2013 『海洋白書 2013　日本の動き　世界の動き』東京：海洋政策研究財団.
嘉田由紀子　2010 「日本文化にとっての生き物のにぎわい」『環境情報科学』39（3）：3-5 頁.
勝田忠広　2013 「エネルギー問題を通じた「豊かさ」の再構築」『科学』83（2）：218-223 頁.
角川学芸出版　2012 『俳句』東京：角川学芸出版，61（4）.

金森誠也監修　2007　『世界の名言100選』東京：PHP研究所（PHP文庫）.
金子みすゞ，矢崎節夫編　1984　『わたしと小鳥とすずと――金子みすゞ童謡集』東京：JULA出版局.
鎌田 實　2013　『がまんしなくていい』東京：集英社.
上岡克己・高橋 勤編　2006　『ウォールデン（シリーズ　もっと知りたい名作の世界③）』京都：ミネルヴァ書房.
亀屋隆志　2012　「8章　化学物質管理の歴史と生態リスク」小池文人・金子信博・松田裕之・茂岡忠義編『生態系の暮らし方――アジア視点の環境リスク-マネジメント』秦野（神奈川）：東海大学出版会，105-115頁.
唐沢孝一　1989　『スズメのお宿は街のなか――都市鳥の適応戦略』東京：中央公論社（中公新書）.
川越久史　2011　「災害復興と自然共生」『生活と環境』56（9）：4-8頁.
河宮未知生　2009　「地球温暖化と海洋環境の変化」『環境情報科学』38（2）：14-19頁.
環境省　2013　『環境白書――循環型社会白書/生物多様性白書　平成25年版』東京：日経印刷.
環境庁編　1996　「第3節　芸術・文化と環境」『環境白書（総説）』東京：大蔵省印刷局，85-98頁.
北川扶生子　2011　「日本近代文学におけるコケの表象とその変容」『蘚苔類研究』10：121-128頁.
北野 大・神園麻子　2013　「残留性有機汚染物質（POPs）規制の動向及びわが国の化審法における化学物質の審査状況と今後の課題」『日本農薬学会誌』38（2）：167-174頁.
北村雄一　2009　『ダーウィン『種の起源』を読む』東京：化学同人.
吉川肇子　2010　「リスクコミュニケーションの意義と必要性」『環境情報科学』39（2）：9-13頁.
木野修宏　2009　「化学物質審査規制法の改正について」『環境研究』154：66-75頁.
キマラー・ロビン・ウォール，三木直子訳　2012　「コケとクマムシの森」『コケの自然誌』東京：築地書館，86-99頁.
久野公啓　2013　「タカの渡り」『私たちの自然』588：12-15頁.
窪田ひろみ　2013　「地熱発電開発と温泉事業……共生するための方策慎重なリスク管理により，地域や温泉を活性化」『地球環境とエネルギー』46（10）：28-31頁.

ゲーテ，高橋健二編訳　1952 『ゲーテ格言集』東京：岩波書店（岩波文庫）.
小池 光　2011 「蝶」『うたの動物記』東京：日本経済新聞出版社，56-57頁.
河野修一郎　1990 『日本農薬事情』東京：岩波書店（岩波新書）.
国立環境研究所編集委員会　2002 『VOC――揮発性有機化合物による都市大気汚染』環境儀――国立環境研究所の研究情報誌．5．国立環境研究所.
国立環境研究所編集委員会　2006 『微小粒子の健康影響　アレルギーと循環機能』環境儀――国立環境研究所の研究情報誌．22．国立環境研究所.
国立環境研究所編集委員会　2012 『ナノ粒子・ナノマテリアルの生体への影響――分子サイズにまで小さくなった超微粒子と生体との反応』環境儀――国立環境研究所の研究情報誌．46．国立環境研究所.
小阪 大　2011 「歴史の中の白山のライチョウ」『石川県白山自然保護センター普及誌』39（2）：2-6頁.
小阪田嘉昭　2007 「ワインの香りについて」『におい・かおり環境学会誌』38：187-192頁.
小滝 晃　2013 『東日本大震災緊急災害対策本部の90日』東京：ぎょうせい.
小林傳司　2007 『トランス・サイエンスの時代――科学技術と社会をつなぐ』東京：NTT出版ライブラリーレゾナント.
コルボーン・シーア，ジョン・ピーターソン・マイヤーズ，ダイアン・ダマノスキ，長尾 力・堀千恵子訳　2001 『奪われし未来（増補改訂版）』東京：翔泳社.
坂本直充　『光り海　坂本直充詩集』東京：藤原書店.
佐々木猛智　2010 「第4章　軟体動物の多様性」『貝類学』東京：東京大学出版会，273-327頁.
佐竹健治・堀 宗朗編　2012 「3　過去にも発生していた津波」『東日本大震災の科学』東京：東京大学出版会，54-59頁.
佐藤健太郎　2012 『「ゼロリスク社会」の罠――「怖い」が判断を狂わせる』東京：光文社（光文社新書）.
佐藤春雄　1978 『はばたけ朱鷺』東京：研成社.
佐藤方彦　2011 『感性を科学する』東京：丸善出版.
サン＝テグジュペリ，堀口大學訳　1955 「二　僚友」『人間の土地』東京：新潮社（新潮文庫），39-48頁.

シェパード・ポール，寺田 鴻訳　1991 『動物論——思考と文化の起源について』東京：どうぶつ社.
ジェフリーズ・リチャード，寿岳しづ訳　1939 『わが心の記』東京：岩波書店（岩波文庫).
島薗 進　2012 『日本人の死生観を読む——明治武士道から「おくりびと」へ』東京：朝日新聞出版（朝日選書).
清水裕子　2002 「エコロジカル・アート——地球へのメタファーと対話：ヘレン・マイヤー・ハリソン&ニュートン・ハリソンの作品をめぐって」『環境芸術』2：1-8 頁.
ショーペンハウアー，鈴木芳子訳　2013 『読書について』東京：光文社（光文社文庫).
白山義久　2009 「海洋生物の多様性」『環境情報科学』38（2）：8-13 頁.
神野直彦・吉原 毅　2013 「お金の弊害から新たな幸福論へ——原発事故から考える」『科学』83：170-180 頁.
菅原信海　2010 『日本人のこころ——神と仏』東京：春秋社.
鈴木貞美　2007 『生命観の探究——重層する危機のなかで』東京：作品社.
鈴木善次　2007 「2　レイチェル・カーソンの思想と現代」上岡克己・上遠恵子・原 強編『レイチェル・カーソン』京都：ミネルヴァ書房，18-30 頁.
鈴木善次　2008 「8. 環境教育の現状と問題」伊東俊太郎編『講座　文明と環境　14　環境倫理と環境教育（新装版)』東京：朝倉書店，148-160 頁.
鈴木 忠　2006 『クマムシ?!——小さな怪物』東京：岩波書店（岩波科学ライブラリー).
鈴木規之　2009 『環境リスク再考——化学物質のリスクを制御する新体系』東京：丸善.
スナイダー・ゲーリー　2008 「場所の詩学」生田省悟・村上清敏・結城正美編『「場所」の詩学——環境文学とは何か』東京：藤原書店，160-177 頁.
瀬戸口明久　2009 『害虫の誕生——虫からみた日本史』東京：筑摩書房（ちくま新書).
宗 左近　2004 『日本の美——その夢と祈り』東京：日本経済新聞社.
ソレル・エティエンヌ，吉川晶造・鎌田博夫訳　2005 『乗馬の歴史——起源と馬術論の変遷』東京：恒星社厚生閣.
ソロー・ヘンリー・デヴィット，小野和人訳　1994 『メインの森——真

の野性に向う旅』東京：講談社（講談社学術文庫）.
ソロー・ヘンリー・デヴィッド，今泉吉晴訳　2004　『ウォールデン――森の生活』東京：小学館.
武内和彦　2003　「科学と市民のバリアフリー化」『環境時代の構想』東京：東京大学出版会，45-47頁.
武内和彦　2012　「環境行政のこれから――理念」『環境研究』165：107-112頁.
武内 正　1999　『日本山名総覧――1万8000山の住所録』東京：白山書房.
竹田恒泰　2011　『現代語古事記　決定版』東京：学研パブリッシング.
多田 満　1998　「化学物質の生態影響」『日本生態学会誌』48：299-304頁.
多田 満　2000　「野鳥との交流『野鳥と共に』中西悟堂」文学・環境学会編『たのしく読めるネイチャーライティング――作品ガイド120』京都：ミネルヴァ書房，220-221頁.
多田 満　2006　「R. Carson『沈黙の春』と有吉佐和子『複合汚染』にみられる化学物質の生態への影響」『文学と環境』9：47-53頁.
多田 満　2010　「環境芸術について（1）環境-科学-芸術のつながり」『環境芸術』9：93-96頁.
多田 満　2011　『レイチェル・カーソンに学ぶ環境問題』東京：東京大学出版会.
多田 満　2011　「3.4.2　環境ホルモン，ダイオキシン」渡邉 泉・久野勝治編『環境毒性学』東京：朝倉書店，108-116頁.
多田 満　2012　「レイチェル・カーソンの文学に見られる鳥類と食物連鎖」『私たちの自然』574：6-8頁.
多田 満　2012　「カーソンの意思を受け継ぐ」『UP』（東京大学出版会）41（1）：5-10頁.
多田 満・安齋友巳　1994　「奥日光外山山麓における繁殖期の鳥類群集」『日鳥学誌』43：35-39頁.
田中ゆり　2011　「宇宙芸術」『環境芸術』10：47-54頁.
谷川俊太郎，W. I. エリオット・川村和夫訳　2008　『二十億光年の孤独』東京：集英社（集英社文庫）.
鶴見和子　1981　『南方熊楠――地球志向の比較学』東京：講談社（講談社学術文庫）.
鶴見和子　2001　『南方熊楠・萃点の思想――未来のパラダイム転換に向けて』東京：藤原書店.

鶴見和子・頼富本宏　2005　『曼荼羅の思想』東京：藤原書店.
デ・ジャルダン・ジョゼフ・R., 新田 功・生方 卓・藤本 忍・大森正之訳　2005　『環境倫理学——環境哲学入門』東京：出版研.
手塚治虫　1978　『火の鳥　望郷編』東京：小学館, 4-5 頁.
手塚プロダクション監修　1995　『火の鳥　懸命に生きる』東京：講談社.
寺田寅彦　1950　『寺田寅彦全集』東京：岩波書店.
都甲 潔　2004　『感性の起源』東京：中央公論社（中公新書）.
冨田きよむ　2012　「伝えることの難しさ」『土木学会誌』97（6）：20-21 頁.
ドラマン・ジャック, 石川 湧訳　2008　『鳥はなぜ歌う』東京：新思索社.
ドレングソン・アラン編, 井上有一訳　2001　「第 8 章　エコロジカルな自己」『ディープ・エコロジー——生き方から考える環境の思想』京都：昭和堂, 158-193 頁.
仲岡雅裕・渡辺健太郎　2011　「アマモ場の生物多様性・生態系モニタリング」『海洋と生物』33：315-322 頁.
中沢新一　2011　『日本の大転換』東京：集英社（集英社新書）.
中沢新一　2011　『鳥の仏教』東京：新潮社（新潮文庫）.
中田典秀　2010　「日本における医薬品類の水環境中存在実態, 排水処理, 水生生物への毒性研究の進捗」『水環境学会誌』33（5）：147-151 頁.
永田良一　2011　『“幸福の国”ブータンに学ぶ　幸せを育む生き方』東京：同文舘出版.
中西悟堂　1962　『野鳥と共に　定本　野鳥記〈第 1 巻〉』東京：春秋社.
中村桂子　2000　『生命誌の世界』東京：日本放送出版協会（NHK ライブラリー）.
中村登流・中村雅彦　1995　『原色日本野鳥生態図鑑——水鳥編』東京：保育社.
中村俊彦　2012　「トキとヤマセミの古墳壁画？とコウノトリの飛来」『私たちの自然』574：10-11 頁.
中村浩志　2006　「9 章　ライチョウが人を恐れない日本文化」『ライチョウが語りかけるもの』東京：山と渓谷社, 99-111 頁.
中山聖子　2009　「多様な日本の藻場」『国立公園』675：5-8 頁.
南原 繁　2007　『政治理論史（新装版）』東京：東京大学出版会.
南原 実　2005　『未来を生きる君たちへ』東京：新思索社.
ニーチェ・フリードリヒ, 信太正三訳　1993　『ニーチェ全集〈8〉悦ばしき知識』東京：筑摩書房（ちくま学芸文庫）.
ニーチェ・フリードリヒ, 白取春彦訳　2010　『超訳　ニーチェの言葉』

東京：ディスカヴァー・トゥエンティワン.
西田幾多郎　1950 『善の研究』東京：岩波書店（岩波文庫).
日本環境教育学会編　2012 『環境教育』東京：教育出版.
日本鳥類保護連盟編　2011 『鳥との共存をめざして——考え方と進め方』東京：中央法規出版.
日本鳥類保護連盟　2013 「バードピアの情報発信」『私たちの自然』583：16-17 頁.
日本弁護士連合会　2004 『化学汚染と次世代へのリスク』東京：七つ森書館.
日本リスク研究学会編　2006 『リスク学事典　増補改訂版』東京：阪急コミュニケーションズ.
ネグリ・アントニオ，マイケル・ハート　2013 『叛逆——マルチチュードの民主主義宣言』東京：NHK 出版（NHK ブックス).
ノヴァーリス，今泉文子訳　2007 「一般草稿」『ノヴァーリス作品集　第3巻』東京：筑摩書房（ちくま文庫)，175-298 頁.
野内良三　2008 『偶然を生きる思想「日本の情」と「西洋の理」』東京：日本放送出版協会（NHK ブックス).
野田研一　2003 『交感と表象——ネイチャーライティングとは何か』東京：松柏社.
野田研一　2007 『自然を感じるこころ——ネイチャーライティング入門』東京：筑摩書房（ちくまプリマー新書).
バード・イザベラ，高梨健吉訳　2000 『日本奥地紀行』東京：平凡社（平凡社ライブラリー).
ハーバーマス・ユルゲン，三島憲一訳　2012 「I　人間の自然の道徳化とはどういうことか？」『人間の将来とバイオエシックス（新装版)』東京：法政大学出版局，44-52 頁.
バカン・エリザベス，吉田新一訳　2001 『素顔のビアトリクス・ポター』東京：絵本の家.
橋本忠和　2011 「環境芸術の定義に関する一考察」『環境芸術』10：55-62 頁.
長谷川櫂　2009 『和の思想——異質のものを共存させる力』東京：中央公論社（中公新書).
長谷川櫂　2012 『震災句集』東京：中央公論新社.
長谷川公一　2012 「福島第一原発事故から学ぶ脱原子力社会」『環境と公害』42（1)：2-7 頁.
早川敦子　2012 『吉永小百合，オックスフォード大学で原爆詩を読む』

東京：集英社（集英社新書）.
原 強　2011 『『沈黙の春』の50年——未来へのバトン』京都：かもがわ出版.
原田正純　1972 『水俣病』東京：岩波書店（岩波新書）.
原田正純　2006 「1章　水俣が抱える再生の困難性——水俣病の歴史と現実から」淡路剛久監修，寺西俊一・西村幸夫編『地域再生の環境学』東京：東京大学出版会，13-30頁.
バルサム・エラ，アンドリュー・リンゼイ　2004 「アルバート・シュヴァイツァー」ジョイ・A.パルマー編，須藤自由児訳『環境の思想家たち（下）——現代編』東京：みすず書房，19-31頁.
檜垣立哉　2011 『西田幾多郎の生命哲学』東京：講談社（講談社学術文庫）.
樋口広芳　2012 「鳥類の渡りを追う——衛星追跡と放射能汚染」『科学』82：876-882頁.
平井宥慶　2011 『空海『性霊集』に学ぶ』東京：大法輪閣.
平野啓一郎　2012 『私とは何か——「個人」から「分人」へ』東京：講談社（講談社現代新書）.
廣重 徹　2012 「6　国民的科学の提唱」『戦後日本の科学運動』東京：こぶし書房（こぶし文庫），174-177頁.
広瀬 武　2001 『公害の原点を後世に——入門・足尾鉱毒事件』宇都宮：随想舎.
フォックス・ワーウィック，星川 淳訳　1994 『トランスパーソナル・エコロジー——環境主義を超えて』東京：平凡社.
福屋利信　2011 「67　1960年代のロックにおける環境意識とカウンター・カルチャー」伊藤詔子監修，横田由理・浅井千晶・城戸光世・松永京子・真野 剛・水野敦子編『オルタナティヴ・ヴォイスを聴く——エスニシティとジェンダーで読む現代英語環境文学103選』東京：音羽書房鶴見書店，355-356頁.
藤井賢彦・石田明生　2013 「海洋酸性化総説」『海洋と生物』35：315-322頁.
藤垣裕子・廣野喜幸編　2008 『科学コミュニケーション論』東京：東京大学出版会.
藤田正勝　2007 『西田幾多郎——生きることと哲学』東京：岩波書店（岩波新書）.
藤沼康実・土屋重和　1991 「10. 奥日光環境観測所の概要」『奥日光地域の環境と生物　奥日光環境観測所資料（1988-1990）』環境庁国立環境

研究所，107-112 頁.
藤原宏子　2007 「鳥のさえずり」『生物科学』59（2）：66-67 頁.
フランクル・ヴィクトール・E.，山田邦男・松田美佳訳　1993 『それでも人生にイエスと言う』東京：春秋社.
フランクル・ヴィクトール・E.，池田香代子訳　2002 『夜と霧　新版』東京：みすず書房.
ブルックス・ポール，上遠恵子訳　2004 『レイチェル・カーソン』東京：新潮社.
ブルトン・アンドレ，巖谷國士訳　1992 『シュルレアリスム宣言・溶ける魚』東京：岩波書店（岩波文庫）.
ベック・ウルリヒ，東 廉・伊藤美登里訳　1998 『危険社会――新しい近代への道』東京：法政大学出版局.
本條晴一郎・遊橋裕泰　2013 『災害に強い情報社会――東日本大震災とモバイル・コミュニケーション』東京：NTT 出版.
松井三郎・田辺信介・森 千里・井口泰泉・吉原新一・有薗幸司・森澤眞輔　2002 『環境ホルモンの最前線』東京：有斐閣（有斐閣選書）.
Mackenzie, A., S.R. Virdee and A.S. Ball，岩城英夫訳　2001 『生態学キーノート』東京：シュプリンガー・ジャパン.
松長有慶　1991 『密教』東京：岩波書店（岩波新書）.
三上 修　2012 『スズメの謎――身近な野鳥が減っている!?』東京：誠文堂新光社.
三上 修　2013 『スズメ――つかず・はなれず・二千年』東京：岩波書店（岩波科学ライブラリー）.
三木 清　1978 『人生論ノート』東京：新潮社（新潮文庫）.
南方熊楠　1971 『南方熊楠全集（全 12 巻）』東京：平凡社.
南方熊楠，中沢新一編　1991 『南方熊楠コレクション〈第 1 巻〉南方マンダラ』東京：河出書房新社（河出文庫）.
三船康道　2013 「東日本大震災における三陸地域の復興計画の課題」『安全工学』52（3）：179-188 頁.
宮坂宥勝・梅原 猛　1996 『生命の海「空海」――仏教の思想〈9〉』東京：角川書店（角川文庫ソフィア）.
宮本憲一　2006 「史上最大の社会的災害か――アスベスト災害問題の責任」『環境と公害』35（3）：37-42 頁.
村岡洋文　2012 「温泉発電への期待――温泉を愛でる国からの新産業創出」『生活と環境』57（12）：1 頁.
村上陽一郎　1994 『文明のなかの科学』東京：青土社.

村上陽一郎　1999「3　西欧科学／技術と東洋文化」岡田節人・佐藤文隆・竹内 啓・長尾 眞・中村雄二郎・村上陽一郎・吉川弘之編『岩波講座　科学／技術と人間　第11巻　21世紀科学／技術への展望』東京：岩波書店, 81-105頁.
村山武彦　2006「環境リスク管理におけるリスクコミュニケーションの重要性」『環境管理』42：225-230頁.
メドウズ・ドネラ・H., デニス・L.メドウズ, ヨルゲン・ランダース, W.W.ベアランズ三世, 大来佐武郎監訳　1972『成長の限界――ローマ・クラブ「人類の危機」レポート』東京：ダイヤモンド社.
メドウズ・ドネラ・H., デニス・L.メドウズ, ヨルゲン・ランダース, 茅陽一監訳, 松橋隆治・村井昌子訳　1992『限界を超えて――生きるための選択』東京：ダイヤモンド社.
毛利 衛　2011『宇宙から学ぶ――ユニバソロジのすすめ』東京：岩波書店（岩波新書）.
モノー・ジャック, 渡辺 格・村上光彦訳　1972『偶然と必然――現代生物学の思想的な問いかけ』東京：みすず書房.
森 有正　1972『木々は光を浴びて』東京：筑摩書房.
森 千里　2002『胎児の複合汚染――子宮内環境をどう守るか』東京：中央公論社（中公新書）.
森 雅秀　2001『インド密教の仏たち』東京：春秋社.
森田義之　1994「第2章　ジョット」佐々木英也・冨永良子編『世界美術大全集　第10巻　ゴシック2』東京：小学館, 87-102頁.
森谷直子　2012「水銀条約の制定に向けた国際交渉に係わる動向」『生活と環境』57（12）：38-43頁.
諸富祥彦　1997『フランクル心理学入門――どんな時も人生には意味がある』東京：コスモスライブラリー.
矢崎節夫　1996『みすゞコスモス――わが内なる宇宙』東京：JULA出版局.
安田直人　1990「新聞記事をもとにした日本人と鳥獣の関係」『動物観研究』1：4-17頁.
山内廣隆・岡本裕一朗・上岡克己・木村 博　2007『環境倫理の新展開（シリーズ〈人間論の21世紀的課題〉④）』京都：ナカニシヤ出版.
山浦悠一　2009「森林の管理と鳥類多様性」『私たちの自然』551：2-4頁.
山岸 健　2007『レオナルド・ダ・ヴィンチへの誘い――美と美徳・感性・絵画科学・想像力』東京：三和書籍.

山岸 健・山岸美穂　1998　『日常的世界の探究――風景／音風景／音楽／絵画／旅／人間／社会学』東京：慶應義塾大学出版会.
山極寿一　2012　『家族進化論』東京：東京大学出版会.
山口周三　2012　『南原繁の生涯――信仰・思想・業績』東京：教文館.
山里勝己　2000　「場所の感覚（Sense of Place）」文学・環境学会編『楽しく読めるネイチャーライティング作品ガイド 120』京都：ミネルヴァ書房，246 頁.
山里勝己　2000　「生態地域主義（Bioregionalism）」文学・環境学会編『楽しく読めるネイチャーライティング作品ガイド 120』京都：ミネルヴァ書房，247 頁.
山下ゆかり　2007　「21 世紀のライフスタイルとエネルギー」『CEL』79：11-17 頁.
山田康之・佐野 浩編　1999　『遺伝子組換え植物の光と影』東京：学会出版センター.
山本敦司　2012　「持続的な害虫制御に向けた殺虫剤抵抗性マネジメントの課題」『日本農薬学会誌』37：392-399 頁.
山本正幸　2013　「消えかけて復活したカワセミ *Alcedo atthis*」『香川学春秋』3：19-24 頁.
結城正美　2010　「第 2 章　水俣，物語，希望　石牟礼道子『苦海浄土』を読む」『水の音の記憶――エコクリティシズムの試み』東京：水声社，53-92 頁.
吉田文和　2011　『グリーン・エコノミー』東京：中央公論社（中公新書）.
四方田犬彦　2006　『「かわいい」論』東京：筑摩書房（ちくま新書）.
ライアン・トーマス・J.，村上清敏訳　2000　『この比類なき土地――アメリカン・ネイチャーライティング小史』東京：英宝社.
リア・リンダ，上遠恵子訳　2002　『レイチェル』東京：東京書籍.
リンゼイ・アンドリュー，エラ・バルサム　2004　「アッシジの聖フランチェスコ」ジョイ・A.パルマー編，須藤自由児訳『環境の思想家たち（上）――古代-近代編』東京：みすず書房，50-59 頁.
リンドバーグ・アン・モロウ，落合恵子訳　1994　『海からの贈りもの』東京：立風書房.
レオポルド・アルド，新島義昭訳　1997　「土地倫理」『野生のうたが聞こえる』東京：講談社（講談社学術文庫），315-351 頁.
ローレンツ・コンラート，谷口 茂訳　1999　『人間性の解体（第 2 版）』東京：新思索社.
渡邉 泉　2012　『重金属の話』東京：中央公論社（中公新書）.

渡辺京二　2013 「『苦海浄土』の世界」『もうひとつのこの世——石牟礼道子の宇宙』福岡：弦書房，28-33 頁.
亘理文夫監修　2010 『ナノ材料のリスク評価と安全性対策——生体・環境への影響，安全性対策・国内外動向』東京：フロンティア出版.

［英文］
Boetzkes, A., 2010. Conclusion: Facing the Earth Ethically, Ichi Ikeda's Future Compass. In *The Ethics of Earth Art*. Minneapolis: University of Minnesota Press, pp. 182–193.
Brooks, P., 1993. A State of Belief. In *House of Life: Rachel Carson at Work*. Boston: Houghton Mifflin, pp. 324–327.
Carson, R., 1991. *The Sea Around Us*. New York: Oxford University Press.
Carson, R., 1998. *The Edge of the Sea*. New York: Mariner Books.
Carson, R., 1998. *The Sense of Wonder* (Reprint). New York: HarperCollins Publishers.
Carson, R., 2000. *Silent Spring*. London: Penguin Books.
Carson, R., 2007. *Under the Sea-Wind*. London: Penguin Books.
Carson, R., L. Lear eds., 1998. *Lost Woods: The Discovered Writing of Rachel Carson*. Boston: Beacon Press.
Colborn, T., D. Dumanoski and J. P. Myers., 1997. *Our Stolen Future*. New York: Plume.
Downs, R. B., 1983. *Books That Changed the World* (Revised). London: Penguin Books.
Fox, W., 1995. Naess's philosophical sense of deep ecology. In *Toward a Transpersonal Ecology: Developing New Foundations for Environmentalism*. New York: State University of New York Press, pp. 103–114.
Gilbert, N., 2013. A hard look at GM crops. *Nature* 497: 24–26.
Jefferies, R., 2010. *Story of My Heart: My Autobiography*. Charleston: BiblioBazaar.
Naess, A., 1995. 4 The Systematization of the Logically Ultimate Norms and Hypothesis of Ecosophy T. In A. Drengson and Y. Inoue eds., *The Deep Ecology Movement: An Introductory Anthology*. Berkeley: North Atlantic Books, pp. 31–48.